工程建设项目管理方法与实践丛书

工程项目策划

《工程建设项目管理方法与实践丛书》编委会　组织编写
赵君华　蒋志高　杨迪斐　易　翼　编著

中国建筑工业出版社

图书在版编目（CIP）数据

工程项目策划/赵君华等编著．—北京：中国建筑工业出版社，2013.3（2022.2重印）
（工程建设项目管理方法与实践丛书）
ISBN 978-7-112-15194-3

Ⅰ.①工… Ⅱ.①赵… Ⅲ.①建筑工程-工程项目管理 Ⅳ.①TU71

中国版本图书馆CIP数据核字（2013）第079627号

本书作为《工程建设项目管理方法与实践丛书》之一，从施工企业的工程项目管理角度出发，重点阐述了施工承包项目策划中的战略性策划、技术性策划与商务性策划，涵盖了建筑施工企业营销阶段、中标后合同前、项目实施期间的全过程策划，并且辅以相关案例的介绍，为国内建筑施工企业的工程项目策划提供参考。这些内容是作者多年理论研究和工程咨询实践经验的总结和归纳，具有很强的指导性和可操作性。全书图文并茂，案例丰富，可读性强，既可供施工企业管理人员在工程实践中学习参考，也可作为高等院校相关专业师生的教学参考书。

责任编辑：范业庶
责任设计：董建平
责任校对：刘梦然　党　蕾

工程建设项目管理方法与实践丛书
工程项目策划
《工程建设项目管理方法与实践丛书》编委会　组织编写
赵君华　蒋志高　杨迪斐　易　翼　编著
*
中国建筑工业出版社出版、发行（北京海淀三里河路9号）
各地新华书店、建筑书店经销
北京科地亚盟排版公司制版
北京建筑工业印刷厂印刷
*
开本：787×960毫米　1/16　印张：15½　字数：301千字
2013年6月第一版　2022年2月第四次印刷
定价：**36.00**元
ISBN 978-7-112-15194-3
（23219）

《工程建设项目管理方法与实践丛书》

编写委员会

丛书序言一

做项目管理实战派

实践如何得到理论指导，理论又如何联系实际，是各行业从业者比较困惑的问题，工程建设行业当然也不例外。这些困惑的一个直接反映，便是如汗牛充栋般的项目管理专著。这些专著的编撰者主要有两类，一类来自于大专院校和科研院所的专家教授，一类来自于长期实践的项目经理，虽然他们也在努力地尝试理论联系实际，但由于先天的局限性，仍表现出前者着力于理论，后者更重视实践的特点。而由攀成德管理顾问公司的咨询师编写的这套书，不仅吸收了编写者多年的研究成果，同时汲取了建筑施工企业丰富的实践经验，应该说在强调理论和实践的有机结合上做了新的探索。这也是攀成德公司的李总邀请我为丛书写序，而我马上欣然应允的原因所在。

咨询公司其实是软科学领域的研发者和成果应用者，他们针对每一个客户的不同需求，都必须量身打造适合的方案和实施计划，因此需要与实际结合，不断研究新的问题，解决新的难题。总部设在上海的攀成德公司，作为国内唯一一家聚焦于工程建设领域的专业咨询公司，其术业专攻的职业精神和卓有成效的咨询成果，无疑是值得业界尊敬的。

此次攀成德公司出版的这套项目管理丛书，是其全面深入探讨工程项目管理的集大成之作。全书共有 11 本，涉及项目策划、计划与控制、项目团队建设、项目采购、成本管理、质量与安全管理、风险管控、项目管理标准化、信息化，以及项目文化等内容，涵盖了项目管理的方方面面，整体上构架了一个完整的体系；与此同时，从每本书来看，内容又非常专注，专业化的特点十分明显，并且在项目内容细分的同时，编写者也综合了不同专业工程项目的特点，涉及的内容不局限于某个细分行业、细分专业，对施工企业具有比较广泛的参考价值。

更难能可贵的是，本套丛书顺应当今项目大型化、复杂化、信息化的趋势，立足项目管理的前沿理论，结合国内建筑施工企业的管理实践，从中建、中交、中水等领军企业的管理一线，收集了大量项目管理的成功案例，并在此基础上综合、提炼、升华，既体现了理论的“高度”，又接了实践的“地气”。比如，我看到我们中建五局独创的“项目成本管理方圆图”也被编入，这是我局借鉴“天圆地方”的东方古老智慧，对工程项目运营管理和责任体系所做的一种基础性思考。类似这样的总结还有不少，这些来自于实践，基于中国市场实际，符合行业管理规律的工具，都具有推广价值，我感觉，这样的总结与提升是非常有意义的，也让我们看到了编写者的用心。

来源于实践的总结，最终还要回到实践。我希望，这套书的出版，可以为广大的工程企业项目管理者提供实在的帮助。这也正是编者攀成德的理想：推动工程企业的管理进步。

是为序。

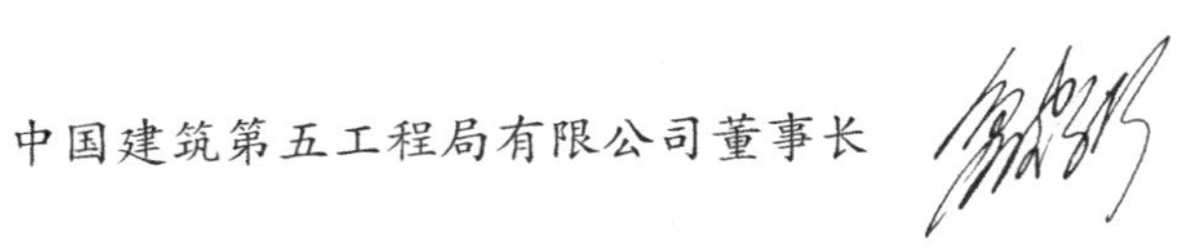

中国建筑第五工程局有限公司董事长

从书序言二

人们有组织的活动大致可以归结为两种类型：一类是连续不断、周而复始，靠相对稳定的组织进行的活动，人们称之为“运作”，工厂化的生产一般如此，与之对应的管理就是职能管理。另一类是一次性、独特性和具有明确目标的，靠临时团队进行的活动，人们称之为“项目”，如建设万里长城、研发原子弹、开发新产品、一次体育盛会等。周而复始活动的管理使人们依靠学习曲线可以做得很精细，而项目的一次性和独特性对管理提出了重大挑战。

项目管理的实践有千百年的历史，但作为一门学问，其萌芽于70年前著名的“曼哈顿计划”，此后，项目管理渗透到了几乎所有的经济、政治、军事领域。今天，项目管理的研究已经提升到哲学高度，人们不断用新的技术、方法论探讨项目及项目管理，探索项目的本质、项目产生和发展的规律，以更好地管理项目。

工程建设领域是项目管理最普及的领域之一，项目经营、项目管理、项目经理是每个工程企业管理中最常见的词汇。目前中国在建的工程项目数量达到上百万个，在建工程造价总额达几十万亿，工程项目管理的思想、项目管理的实践哪怕进步一点点，所带来的社会效益、环境效益、经济效益都是无法估量的。

项目管理是系统性、逻辑性很强的理论，但对于多数从事工程项目管理的人来说，很难从哲学的高度去认识项目管理，他们更多的是完成项目中某些环节、某些模块的工作，他们更关注实战，需要现实的案例，需要实用的方法。基于此，我们在编写本丛书时，力求吸取与时俱进的项目管理思想，与工程项目管理结合，避免陷入空谈理论。同时，精选我们身边发生的各类工程项目的案例，通过案例的分析，达到抛砖引玉的目的。作为一家专业和专注的管理咨询机构，攀成德的优势在于能与众多企业接触，能倾听到一线管理者的心声，理解他们的难处；在于能把最新的管理工具应用到管理的实践中，所以这套丛书包含了工程行业领导者长期的探索、攀成德咨询的体会以及中国史无前例的建设高潮所给予的实践案例。书中的案例多数来自优秀的建筑企业，体现行业先进的做法及最新的成果，以期对建筑企业有借鉴意义和指导作用。

理论可以充实实践的灵魂，实践可以弥补理论的枯燥。融合理论和实践，这是我们编写本丛书的出发点和归宿。

前　　言

中国建筑业经历了过去的黄金十年，未来也许较难保持以往十年的高速增长。不过，由于我国的城市化率刚过50%，城市化进程还有很长的路要走，中国的建筑业依然有无限的机会。但有一点是肯定的：建筑业的竞争必将越来越激烈，“胆子大、有项目就能赚钱”的时代过去了。

工程建设企业面临着机遇，也面临着在新一轮洗牌中被淘汰的风险。施工企业的高管们一方面要开拓市场，另一方面殚精竭虑提升内部管理能力，求得企业的生存和发展。项目策划、成本管理和风险管理逐渐成为施工企业项目管理的关注热点。以往，建设单位对项目全过程进行策划的较多；而施工企业的项目策划，很多还停留在变更/多签几张联系单的水平，主要由项目经理/项目老板完成，是自发的、零星的、不系统的。当然，也有一些优秀的施工企业已经作了很多有益的尝试。

本书借鉴了很多优秀施工企业在项目施工阶段进行全方位策划的成功做法，同时总结了攀成德公司多年的建筑施工行业管理咨询经验，理论结合实际，力争突出指导性、实用性和操作性，说明工程项目策划原理，介绍企业实际操作经验。本书涵盖了建筑施工企业营销阶段、中标后签订合同前、项目实施期间的全过程策划，重点阐述施工承包项目策划中的战略性策划、技术性策划与商务性策划，适用于工程建设领域项目管理人员、研究人员和大中专院校相关专业师生阅读和借鉴。

本书的主要编著者为上海攀成德企业管理顾问公司咨询顾问蒋志高、杨迪菲和易翼。上海攀成德企业管理顾问公司合伙人赵君华及专家顾问何成旗也参与了本书的编写工作。赵君华负责设计全书的总体架构，并协调编写进度。本书第一章、第二章由杨迪菲编写；第三章、第五章由易翼编写；第四章由蒋志高编写。最后由赵君华统稿，何成旗对全书进行统筹修改、增删、审定。本书在编写过程中，曾参考和引用了国内外有关的部分研究成果和文献，在此一并向相关作者和机构，以及所有曾经帮助过本书编写和出版的朋友们表示诚挚的感谢！

编者

目　录

1 绪　论

1.1 策划和项目策划的概念

1.1.1 策划的概念和功能

策划可以说是一个既古老又新鲜的词汇。说它古老，是因为在我国古代典籍中对于策划思想的记录有很多。“策划”一词，在古代汉语中亦作“策画”。“策”原意是驾驭马车的工具，类似鞭子，“策”具有打破表面的意思，意指揭示事物背后的规律。“划”在古代汉语中指“刻画”，形成蓝图的意思。“策划”一词最早出现于公元 2 世纪前后，东晋学者干宝在《晋纪总论》中引《晋纪》注云：“魏武帝为远相，命高祖（司马懿）为文学椽。每与谋策画，多善。”南朝学者范哗所撰《后汉书・隗嚣传》中有句“是以功名终申，策画复得”。说它新鲜，是因为近几十年来才有人对它进行系统的研究，如常说的广告策划、项目策划等等。关于策划一词的涵义也是众说纷纭，相对而言，美国哈佛企业管理丛书编纂委员会对策划所下的定义较为综合全面：策划就是一种程序，在本质上是一种运用脑力的理性行为，基本上所有策划都是关于未来事物，换言之，策划是找出事物的因果关系，衡量未来可取之途径，作为目前决策之依据。亦即策划是预先决定做什么，何时做，如何做，谁来做，怎么做等。

策划是人的一种脑力活动或智力活动。策划的功能，概括起来有以下几点：

（1）计划功能

策划和计划两者存在着一定的联系，但它们的区别也是显而易见的：如果把计划认为是对未来目标的确认的话，那么策划则包含了制订计划和实现计划的行动方案这两个层面。策划的计划功能表现在为生成计划提供事先的构思和设计，保证切实可行的计划的产生，可以说没有策划的计划多是空话。

（2）竞争功能

激烈的竞争必然产生策划，没有竞争就没有策划。策划是竞争的手段。为了在竞争中打败对手，赢得胜利，策划者必须协助策划需要者，使其稳操胜券或有所作为，从而最终赢得竞争。

（3）预测功能

策划的目的是实现未来某一特定的目标，因此预测未来是策划必不可少的功能，策划人员通过对环境的长远发展变化进行超前研究，预测发展趋势，思考未来发展问题，来确保策划主体创造未来的主动性和最终胜利的可能性。

（4）决策功能

决策的前提和准备，是策划。策划为决策提供了各种经过论证、模拟甚至是实验过的备选方案，决策者以策划方案为基础，进行选择和决断，从而保证决策的理智化、程序化和科学化。策划的决策保证功能是决策的正确性和可行性的有力保证。

（5）创新功能

科学策划的程序就是一个创新的过程，成功的策划就具有管理创新功能，策划者们通过策划来合理配置和调整资源，大胆创新，开拓进取。一个好的策划方案本身就是一个创新方案。

总之，策划为人们提供了新观念、新思路、新方法，起到改善管理、提高竞争力的效果，使决策的正确性、计划的可行性、管理的科学性得以保障。策划的过程，是发现问题寻找对策解决问题的过程，策划的行动目标、手段、方法等都是在策划的过程中提出来的。策划通过对策划需要者内外部生存条件的合理调整和科学管理，确保策划需要者在竞争中发挥优势，取得并保持成功。

策划有三个内在的基本特征：

（1）相对的新颖性或精密性

① 相对于策划者自己的以前思维更加新颖或精密，也就是说，面对同样一个问题，策划者思考的深度和广度比以前有一定的进步。

② 相对于决策者的认识水平更加新颖或精密。也就是说，策划者的思维深度或广度要强于决策者，不然，无论策划者的思维水平多么高，决策者也不能视其决策思维为策划。反之，也许一个策划方案对于策划者来说是陈旧的，但对于实施企业的决策者来说是新颖的。

③ 相对于时代的进步程度更加新颖或精密。策划者的思维要与时俱进地创新，要不断超前于时代认识。

（2）相对的超前性

① 相对于其他策划者思维形成所需的时间要超前。一个策划者思考一个方案时，可能会有很多策划者同时在思考，如不超前，则可能在策划方案实施时突然遇到意想不到的竞争者。

② 相对于决策者认识降解所需的时间要超前。策划的思想要转化为决策人的思想，这往往要有一个过程，所以，策划者应为策划思想转化成决策命令留有

足够的时间。

③ 相对于管理者行为分解所需的时间要超前。决策者要把他的思想变成全体员工的行动，也需要一个过程。

（3）相对可操作性

① 策划方案能够降解为决策者能够理解和掌握的思路。

② 策划方案能分解出执行者的行动步骤。也就是说，策划方案的可操作性不仅取决于策划者的思维本身，还取决于决策者和执行者的理解能力，策划者必须要把决策者和执行者的理解能力考虑到策划思维中去。

1.1.2 项目策划的概念和原则

由于项目本身的千差万别，在策划的概念上，项目策划又具有以下几个特点。

① 项目策划是一个知识管理的过程。项目策划涉及较多环节，包括市场调研、项目论证、可行性分析、战略规划、组织策划、管理策划、合同策划、技术策划、风险控制、营销策划等多项内容，因此，需要针对项目策划涉及的不同知识分别进行管理。不仅如此，成功的项目策划还是组织和企业的知识储备库。

② 项目策划非常重视项目的经验和教训。由于项目策划发生在项目实施之前，进行决策之前就需要有大量的历史数据作为支撑的论据。因此有必要展开调查研究和资料收集工作，为项目提供充分的信息资料，在此基础上，针对项目的自身特点与特色，进行决策，或满足实施环节中的现实需求。

③ 项目策划力求通过创新和创意来寻求增值。无论哪种项目，最终的现实诉求都是追求利益最大化。这就要求项目策划人员要利用自身的创新思维，通过提供各种创意，使项目与众不同，从而在差异化中寻求更多的经济增加值。

④ 项目策划是一个动态过程。项目策划发生在实施之前，这就意味着对于市场变化等因素无法完全预测，因此在项目策划结束之后，项目策划人员还必须关注实施阶段现实环境和市场条件的变化，根据反馈的信息对策划的局部方案作相应的调整。

通过上述特点分析，可以认为，项目策划是指在项目建设过程中，通过内外环境调查和系统分析，在获取充分信息的基础上，推知和判断市场形势及用户（业主、建设单位）群体的需求，并针对项目的决策和实施，或决策和实施的某个问题，从战略、环境、组织、管理、技术和营销等方面进行科学论证，确立项目目标和目的，并利用各种知识和手段，通过创新思维为项目创造差异化特色，实现项目管理增值，并有效控制项目活动的一个动态过程。

项目策划有以下几大原则：

（1）可行性原则

项目策划考虑最多的便是其可行性，没有可操作性的策划方案是毫无意义的。可行性原则要求策划人员时刻考虑项目的科学性、可行性，具体可从几方面的可行性分析来考虑。一是利害性分析，分析考虑策划方案可能带来的经济利益、效果、风险等；二是经济性分析，分析策划实施过程中成本与效益之间的效益标准，以求最少的经济投入获得利益最大化的策划目标；三是科学性分析，首先看策划方案是否建立在科学理论的基础之上，其次是分析策划方案的整体性是否和谐统一，各个环节是否具有可行性，没有掉链行为。

（2）价值原则

由于项目策划本身的功利性，项目策划是以价值为主导因素和先决条件，人们一切的策划活动其实质是在谋求价值，因此项目策划要按照价值性原则来进行。项目策划的过程中有必要同时考虑项目的商业价值和战略价值。

（3）集中原则

在面对充满竞争性的项目策划时，需要用到集中原则，即发现并集中自己的优势去攻击对手的劣势。运用这一原则，需要弄清以下四点：

① 辨认出成败关键点。

② 摸清对手的优缺点。

③ 集中火力攻击对手的缺点。

④ 决定性的地方投入决定性的力量。

（4）信息原则

项目策划的关键还在于信息的收集、整理和加工，信息作为必不可少的基础性情报，可以看作是项目策划的起点。信息原则包括以下几项要点：

① 原始信息收集力求全面。

② 原始信息要求真实可靠。

③ 信息加工要准确及时。

④ 信息要求保持系统性和连续性。

（5）权变原则

世间万物都处在一个变化的氛围中，这就要求项目策划要运用权变原则加强项目的动态管理。策划人员需要增强动态管理意识，应能预测项目可能发展变化的方向，并以此为依据，及时调整策划目标。项目策划的权变原则是在实践中完善策划方案的根本保证。

（6）创新原则

好的策划应该是创新的，并且能够取得理想的活动效果，即项目策划的创新原则，这也是项目策划创造性特征要求的。

1.1.3 项目策划的发展历史

无论是东方还是西方，人类从很早就开始运用策划，研究策划。现如今，在世界各地，策划已经得到广泛的应用，策划的历史源远而流长。

（1）古代的项目策划

策划在中国古代的应用相当广泛，但策划的目的多为政治、军事和外交服务，和今天的策划主要以经济效益为主有很大差别，中国古代的策划可以说完全是为国家服务，这也是当时的历史所决定的。

中国古代策划早在春秋战国时期就十分盛行，上至君侯贵族、将相公卿，下至学者谋士都十分重视策划，形成了一片百家争鸣、百花齐放的繁荣局面。当时的谋士，如张仪、苏秦等人，以所谓的“纵横家”名噪一时，为各诸侯国所器重。和纵横家一样，当时的儒家、道家、法家等的创始人和杰出弟子，实际也都是策划家。以孙子为首的兵家也在当时策划活动中占有重要的一席之地，兵家的许多策略放眼今天仍然适用，比如他们在当时以力量取胜的战争条件下，提出了“不战而屈人之兵”、“出奇制胜”等策划观点，至今仍然发挥着作用。

中国古代的策划主要集中在权、势、术这几个层面之中。权，即政权，中国古代策划家许多策划案例都是围绕着巩固政权而进行的，如古代的商鞅变法、吴起变法、王安石变法等，通过策划来达到观念更替的效果，变法风险很大，因此有必要进行周密的策划，提出具体的方案。势，就是形势或局势，比如对目前局势的分析论证，相当于外部环境分析，最典型的可谓三国时期诸葛亮的《隆中对》。术，就是战术或方法，中国古代的术主要是提出一种办法，如《曹刿论战》中曹刿对战事的分析、赤壁之战诸葛亮对战事的分析和决策，都是生动的策划。

虽然中国古代策划大多与政治、军事有关，但在工程建设领域，策划也有过很好的传统。《左传·宣公十一年》说到：“令尹蒍艾猎城沂，使封人虑事，以授司徒。量功命日，分财用，平板干，称畚筑，程土物，议远迩，略基趾，具糇粮，度有司。事三旬而成，不愆于素。”说的是楚国的左尹子重袭击宋国，楚庄公住在郔地等待。令尹艾猎在沂地筑城，派遣主持人“封人”考虑工程计划，将情况报告给“司徒”。测算工作量和工期、费用，分配材料和工具“板、干、畚”等，计算土方和器材劳力的多少，研究取材和工作的远近，巡视城基各处，准备粮食，审查监工的人选。做好策划后再开工，结果只用三十天就完成了筑城工程，没有超过原定的计划。由此可知，在春秋时代已经有日程和定额计算的情况。

在北宋苏轼的《思治论》中也有提到关于土木技术和计划，“今夫富人之营宫室也，必先料其赀财之半约，以制宫室之大小，既内决于心，然后择工之良者而用一人焉，必告之曰：‘吾将为屋若干，度用材几何？役夫几人？几日而成？土石材苇，吾于何取之？’其工之良者必告之曰：‘某所有木，某所有石，用材役夫若干，某日而成。’主人率以听焉。及期而成，既成而不失当，则规矩之先定也”。

在我国古代工程建设中还有许多生动的项目策划案例。

案例 1-1：“一举而三役济”的故事

北宋真宗在位时，皇宫失火。一夜之间，大片的宫室楼台殿阁亭榭变成了废墟。为了修复这些宫殿，宋真宗派大臣丁谓主持修复工程。当时，要完成这项重大的建筑工程，面临着三个大问题：第一，从何处取土；第二，如何运进大批木材和石料；第三，失火废墟以及施工后的建筑垃圾如何处理。不论是运走垃圾还是运来建筑材料和新土，都涉及大量的运输问题。如果安排不当，施工现场会杂乱无章，正常的交通和生活秩序都会受到严重影响。

丁谓研究了工程之后，制定了这样的施工方案：首先，将通向皇宫的大路“挖掉”，形成从施工现场通向城外汴水的大深沟，把挖出来的土作为施工需要的新土备用，于是解决了新土问题。第二步，从城外把汴水引入所挖的大沟中，于是就可以利用木排及船只运送木材石料，解决了木材石料的运输问题。最后，等到材料运输任务完成之后，再把沟中的水排掉，把建筑垃圾填入沟内，使沟重新变为平地，恢复大路。

简单归纳起来，就是这样一个过程：挖沟（取土）→引水入沟（水道运输）→填沟（处理垃圾）。

按照这个施工方案，不仅节约了许多时间和经费，而且使工地秩序井然，使城内的交通和生活秩序不受施工太大的影响，因而确实是很科学的施工方案，成为中国古代项目管理实践的典型案例。北宋著名科学家沈括在《梦溪笔谈》的《补笔谈》中记载了这个故事：“祥符中，禁火。时丁晋公主营復宫室，患取土远，公乃令凿通衢取土，不日皆成巨堑。乃决汴水入堑中，引诸道竹木排筏及船运杂材，尽自堑中入至宫门。事毕，却以斥弃瓦砾灰壤实于堑中，復为街衢。一举而三役济，省费以亿万计。”

案例 1-2：都江堰的奇迹

都江堰水利工程创建于公元前 256 年，迄今已有 2268 年的历史，它是著名的古代水利工程，也是当今正为中国现代化建设发挥着巨大经济效益的水利工程。两千多年前古代水利工程至今还在利用，而且发挥着远超往古的功能，全世界唯此一处。人们高度赞誉这一伟大的古代水利工程是“世界水利史上的奇迹”、

"永恒的工程"。它所蕴藏的卓绝而丰富的科学思想，闪耀着人类智慧的光辉。都江堰是中国的，也是世界人民共同的科学文化遗产。2000年11月，联合国教科文组织世界遗产委员会审议通过，将这个灿烂的中华文明列入了《世界遗产名录》。

都江堰枢纽工程诸设施，分布在上自岷江上游干流在出山口与支流白沙河汇合处，下至内江宝瓶口止的3020m河床中。主体工程包括，分水鱼嘴、飞沙堰、宝瓶口、外江节制闸、引水档水闸等；辅助工程有百丈堤、二王庙顺水堤、人字堤等设施。

都江堰有三大主体工程，分三期工程完成，总历时18年。

第一期，宝瓶口工程。原来岷江流经玉垒山西。使玉垒山西江水泛滥，而玉垒山东边地区干旱。打通玉垒山，使岷江水能够畅通流向东边，这样既可以减少西边的江水的流量，使西边的江水不再泛滥，同时也能解除东边地区的干旱，使滔滔江水流入旱区，灌溉那里的良田。

第二期，分水鱼嘴金刚堤工程。为了使岷江水能够顺利东流且保持一定的流量，并充分发挥宝瓶口的分洪和灌溉作用，李冰在开凿完宝瓶口以后，又决定在岷江中修筑分水堰，将江水分为两支：一支顺江而下，称为外江，另一支被迫流入宝瓶口，称为内江。由于内江窄而深，外江宽而浅，这样枯水季节水位较低，则60%的江水流入河床低的内江，保证了成都平原的生产生活用水；而当洪水来临，由于水位较高，于是大部分江水从江面较宽的外江排走，这种自动分配内外江水量的设计就是所谓的"四六分水"。金刚堤建筑在河流弯曲地段，利用弯道环流原理，80%的流沙在环流作用下排入外江，汇入长江，只有20%的流沙进入内江，就是所谓的"二八分沙"。

第三期，飞沙堰溢洪道。它的主要作用是当内江的水量超过宝瓶口流量上限时，多余的水便从飞沙堰自行溢出；如遇特大洪水的非常情况，它还会自行溃堤，让大量江水回归岷江正流。另一作用是"飞沙"，岷江从万山丛中急驰而来，虽然经过"二八分沙"，仍然挟着大量泥沙，石块，如果让它们顺内江而下，就会淤塞宝瓶口和灌区。飞沙堰真是善解人意、排人所难，将上游带来的泥沙和卵石，甚至重达千斤的巨石，从这里抛入外江（主要是巧妙地利用离心力作用），确保内江通畅，确有鬼斧神工之妙。"深淘滩，低作堰"是都江堰的治水名言，深淘滩是指飞沙堰一段、内江一段河道要深淘，深淘的标准是古人在河底深处预埋的"卧铁"（李冰使用"石马"，后人改为"卧铁"）。岁修淘滩要淘到卧铁为止，才算恰到好处，才能保证灌区用水。低作堰就是说飞沙堰有一定高度，高了进水多，低了进水少，都不合适。古时飞沙堰，是用竹笼卵石堆砌的临时工程；如今已改用混凝土浇筑，以保一劳永逸的功效。

第二、三期工程完全是利用自然条件、因势利导，是其他水利工程不能复制的。因为都江堰已经与大自然融为一体，因此千秋万代奔腾不息，成为世界上年代最久、唯一留存的宏大水利工程。

其他民族的许多具有卓越策划才能的杰出人物，也运用他们的超凡智慧，创造了一个又一个奇迹。如世界七大奇迹之一的古埃及金字塔，在当时来说工程非常浩大，不仅外形壮观雄伟，而且巨石之间叠砌的角度、线条等都事先经过周密的策划计算。

（2）现代的项目策划

西方的现代策划是源于项目投资评价（项目投资评价是策划中可行性研究的重要组成部分），当时的私人资本为了追求利润最大化，开始在私人投资中采用项目前期评价的方法，对投资项目进行项目前期评价以期获得利润最大化。最早的项目投资评价源于美国，早在1936年，在开发田纳西河流域时，美国国会通过了《控制洪水法案》的议案，提出将工程前期可行性研究作为流域开发规划的重要阶段纳入开发程序，使工程建设得以顺利进行，取得了很好的综合开发效益。第二次世界大战后，战争一定程度上刺激了经济的发展，以美国为首的西方国家进入了一个经济高速发展的黄金期，科学技术、经济管理科学以及世界经济一体化的发展，为项目策划提供了广阔的天地。

发达国家的策划在20世纪70、80年代后趋向成熟。在理论和实际操作上，美国的策划业首屈一指。第23届奥运会的策划是美国的大手笔，在此之前的奥运会全都亏损。而这届奥运会美国政府表示不予提供经济援助，但是美国著名策划大师尤伯罗斯，坚持个人组办奥运会，采取了一系列措施，结果不但没有亏损，反而盈利2.5亿美元。在此之后，美国的策划业的从业人员激增，现在的美国策划业，软、硬件都很完备。

相对我国而言，由于经济和体制等方面的原因，现代策划的发展远远落后于西方，中国从20世纪70年代开始进行项目投资评价的理论和方法的研究。但是真正的策划业出现相当晚，在中国改革开放之后策划开始被重新提了出来。特别是进入建设市场经济阶段，随着社会经济的发展，策划获得了前所未有的迅猛发展。

1.2 策划的基本原理

1.2.1 策划的“八大兵法”

（1）核心法则

寻找对决策起关键作用的因素，寻找“蝴蝶的翅膀”。混沌学指出初始条件的极小偏差，将会引起结果的极大差异。混沌学有一个形象的比喻，“一只南美洲亚马逊河流域热带雨林中的蝴蝶，偶尔扇动几下翅膀，可以在两周以后引起美国德克萨斯州的一场龙卷风”。因此，作为策划人员需要在构成一个事件的众多因素中找出最具积极作用的因素，使策划工作事半功倍。对于消极作用的因素，则需要设法避免。

（2）穷究法则

找出问题的所有相关或制约因素，并有针对性的寻求解决之道。当所有小问题都能解决之后，大问题也就迎刃而解了。穷究法则还要求策划人员具有发散性思维，从一个问题发散开来，对项目进行全面的思考，只有对项目挖掘得足够深入，才更有助于项目的实施。

（3）四适法则

适时、适地、适人、适度，即讲求策划的时间性、地域性、人学性和弹性。策划的时间性，即要对项目的开发时间、时间进度等有一个全盘的考虑。策划的地域性，则需要考虑项目所处区域的综合配套、环境面貌、建筑风格等。

案例 1-3：深圳的东方银座楼盘，据了解原定位为富豪人士开心玩乐的“第三空间”（原东方银座定位语），是富豪人士除了家和公司外的第三个去处，但并未奏效。后来园博会在深圳举行的消息传开，策划方敏锐地看到园博会的机会，确定以园博会的会展产业为契机，策划出深圳首家“园博会指定接待酒店”的噱头，终于迎来了营销的新的转机。这是借产业机会，在产业链上进行营销的一个很好的例子。

策划的人学性强调了与人沟通协调在项目中的重要性。策划的弹性，即策划的刚性和柔性，讲求的是策划要根据市场、区域、行业态势等具体情况做到张弛有度。

（4）前瞻法则

不过于纠缠于现况的诸多细枝末节而忽略动态、忽略变化、忽略未来发展态势。策划人员需要具备广博的知识和视野，在对现实清醒认识的基础上，例如前期的市场调研工作，对未来作出前瞻性的判断和把握。

（5）冲突法则

将问题建立在冲突的秩序中，将决策建立在冲突和矛盾的基础上，这样有助于引发策划人员对问题的全方位思考，通过全面的权衡、比较之后，作出比较理性的决策。

（6）让位法则

影响决策的因素中一般起决定性影响的因素不会超过三个，策划人员需要在众多影响因素中寻找出关键性因素，重点分析和研究影响决策的关键性因素，其他因素需要迁就、让位。

（7）换位法则

要做好一个策划的前提是了解各利益群体的实质需求，因此策划人员需要学会换位思考，站在别人的角度分析问题、把握问题，兼顾和协调好与方案相关各方群体的利益。

（8）对位法则

让策划的结论与相关各种人群、各种物件、各类体系自身的一套系统中的符号、语义、群体特征对号入座，使其各得其所，各获所需。恰当的对号，策划之术才能大行其道。

1.2.2 策划的心理原理

策划从本质上来说，是人脑对客观事物的主观反映和理性认识。作为人类智慧和创意的具体体现，无论是哪一类的项目策划，都离不开策划人员的心理活动。而人脑对项目的认知和反应受策划人员自身条件，即知识结构、社会阅历以及个性特征的制约。因此，项目策划带有强烈的主观特征和个体色彩，反映出项目策划人的心理基础。

由于项目策划这一心理基础，不同策划人员已有的认知水平或心理定势的不同，致使现有思维判断背离客观现实，从而影响到项目策划的科学性。因此，项目策划中的心理障碍，正是策划人员在项目策划时应加以注意的。

策划人的心理障碍主要有以下几种。

（1）畏惧心理

畏惧心理是一个在正常生活环境中的人的共同心理特性，也是策划者的一个重要的心理特征。尤其在中国人的眼里，求稳、怕出事的心理更为突出，这一心理特征在常人来说还没什么，但对于策划者就是一个问题。由于存在这样一种心理，很多简单的问题就变得复杂了。“三国”时期袁绍畏惧风险，失掉了多少次消灭曹操的大好时机，使自己原先的大好形势变为劣势，由安全转入险境；诸葛亮因为“从不弄险”，拒绝采纳魏延直捣曹操腹地的建议，失去了北伐中原的大好时机。

任何策划都要付出一定的代价，都要冒一定的风险。风险即意味着机遇，机遇就意味着成功的可能，因此风险与机遇、成功是不可分离的。项目策划者要从心理上消除畏惧，才能减少精神束缚，放手开拓创新，设计出高人一筹的方案来。

（2）刻板现象

刻板现象是指人们对某个社会人群或对象形成一种一概而论的固定的看法，

并作为判断的依据。刻板印象一旦形成就会具有很高的稳定性，且由于刻板印象的普遍存在，项目策划人员也难免会受到它的影响。尤其是在做过许多策划，拥有丰富经验之后，就会形成经验主义的一种心理定势。策划人员要坚决摆脱固定的思维方式，避免因为经验主义造成策划的失败。

（3）井蛙效应

所谓井蛙效应，是指在项目策划的具体实践中，策划人员往往表现出一种急功近利的行为，只顾眼前利益和局部利益，以至于忽略了长远利益和全局利益。为了追求近期的功效，往往忽略对方式、方法的正确性研究，常常以为这种局部的利益、眼前的利益才是全局的利益、长远的利益。这种策划心理，常导致策划的失误，以致失败。

（4）自我投射效应

自我投射是指人的心理外在化，即以己度人，把自己的情感、意志、愿望投射到他人身上，认为他人也是如此，结果往往会造成对他人情感、想法的错误评价。在项目策划中，自我投射效应的影响就在于策划人员会根据自己的情感、意志和愿望，认为其他人员也是如自己期望那样。由于策划人员过分认定自己的思维结果是正确的，而刁难他人的意见，这中间良好的沟通交流的渠道就非常重要。

消费者的心理规律主要有：

① 满足心理需要。马洛斯将人的需要分为五个层次：生理需要、安全的需要、归属的需要、尊重的需要、自我价值实现的需要。人们的这些需要在人际活动中都有一定的体现，项目策划就需要了解人们的这些需要并善加利用，进行有效的心理诉求。作为一个策划人员，凡能了解策划对象的心理需要，以合理的方法满足他们的相应需求，就会有的放矢，取得最大的成功。

② 利用心理弱点。由于人的自身能力、信息的获知程度等主客观因素的干扰，使人在反映客观现实事物时，有时不能完全地、正确地反映客观事物，即使正确反映了客观事物，受人的心理素质和活动水平的制约，也不一定就能得出与实际完全吻合的判断。因此，作为策划人员也需要合理地利用心理弱点达到意想不到的效果。

在我们的日常生活中，人们总是希望能买到一个物美价廉的商品，哪怕稍稍少花一点儿钱，也会获得极大的满足和成就，这是人们的一个共同心理。这也是一个策划者可以利用的心理弱点。

1.2.3 策划的情感原理

情感是人所特有的一种心理过程或心理状态，是主体对客体是否满足自身的需要而产生的态度评价或情感体验。情感在性质和内容上取决于客体是否满足了主体的某种需要，满足了需要，就产生了积极、肯定的情感，反之，就产生了消极、否定的情感。情感对人的行为有着重要的影响。人们对于那些符合或满足自身需要的客观事物，就会产生一种积极的、肯定的、喜爱和接近的态度和情感体验，甚至于对相关的其他事物也会产生一种“爱屋及乌”的心态，而对那些与自身需要无关或相抵触的客观事物，则抱着消极、否定、敬而远之的情感倾向。项目策划面向策划客体（如人）时，项目策划人员就需要充分考虑消费者的情感体验，加强情感沟通，激发主体人的积极、肯定、喜爱和接受的情感及情绪体验，让项目策划能最终在消费者（包括项目的“甲方”和用户）中产生积极、良好的情感导向。很多文艺类项目策划就利用了这一情感原理获得了成功。例如，近几年一直火热的选秀类节目之所以吸引人，正是因为它一方面满足了普通人也能成为明星的欲望，另一方面也为这些普通人提供了一个展示自我和宣泄情感的最佳机会。

1.2.4 策划的创新原理

好的新设想能带来好的项目策划方案，而新设想则来源于创新思维。创新是人类赖以生存和发展的重要手段，创新适用于人类一切的自觉活动。人类正是在创新思维与实践中不断地使生存的环境得到优化，策划作为人们一切理性活动的前提，创新原则当然也就成了它的重要评价标准了。为了更好地组织和发挥创新思维，项目策划人员有必要深入了解项目特点，并加以准确运用。当然并不是所有项目策划过程都需要创新思维，项目策划也会运用到许多程式化的东西。例如，施工类项目的项目策划需要满足许多国家规范，这方面做不了创新，但在成本管理、风险管理方面的策划上就可以通过创造性思维的有效整合，获得更多的优势和利益。这就需要项目策划人员根据不同的项目，从策划的各个层面，包括观念层面、操作层面和现实层面上，找寻突破口去进行创新。

创新思维具有以下几个特点：

（1）项目策划创新思维最显著的特点是独创性。这里的独创性或新颖性因项目而异。例如，对于房地产项目来说，可能是全新的地产概念；对于一届奥运会来说，可能是一场无与伦比的开幕式；对于竞争激烈的电子产品市场，可能是一款新产品的横空出世。因此，新思想、新概念、新方法、新产品都是独创性的表现形式。对于策划人员来说，首要的就是要打破思维惯式，跨入立体的思维空间，才有可能实现独创性。

（2）策划人员需要具备将复杂情况进行抽象化和概念化的能力，也就是一种综合性的思维能力。运用这种能力，策划人员需要能够将项目看作一个整体，理解项目各部分之间的关系，统筹兼顾项目的方方面面。对于综合性项目来说，这种思维能力尤为重要。

(3) 发散性是项目策划创新思维的又一重要特点。虽说人的思维可以很活跃，但平时思维还是时常局限于某一思维平面，难以获得解决问题的答案，因此需要培养发散性的思维。策划人员需要打破思维定势，运用联想的方式，可能会达到意想不到的效果。

(4) 项目策划人员在项目策划中还需具备创新思维中的灵活性。一方面，策划人员在面对不断变化的外在需求时，需要以灵活性来应对；另一方面，策划人员还须具备从已有假设性定论迅速而灵活地转到另一类新结论的思考能力。创新思维的灵活性不仅在于善于把握新机会，还在于舍弃无益或有害的假设或观念。

(5) 项目策划还要求策划人员具有捕捉机遇的敏锐性，这不仅体现在把握市场机遇，还包括了对技术、管理以及其他方面的关注度。

(6) 创新思维不是一两天可以练成的，一个好的创新构思一般需要长时间艰苦的思考和研究，并且经历多次的失败和挫折。因此，项目策划人员都需要有抗压能力，做好打持久战的准备。

1.2.5 策划的人文原理

项目策划的人文原理即利用人与自然界之间的和谐，激起人对自然利用开发的热情，从而达到资源的优化配置。

20 世纪末的昆明世界园艺博览会就是一个很好的证明。这次博览会是由国际博览局和国际园艺生产者协会批准并经正式注册的 A1 类专业博览会。从 1999 年 5 月 1 日到 10 月 31 日，历时 184 天，其主题是：“人与自然——迈向 21 世纪”。策划人员在“人与自然”的主题之上，还提出了“万绿之宗，彩云之南”这句能向世界展示和传播云南形象的核心理念。事实上，这一理念不仅成功描绘和传达了云南当地特有的文化底蕴，凸显了云南人与自然的和谐，也明确了云南绿色产业、旅游产业的定位。

这次世博会不仅是自然界物种的盛会，还向世人展示了人与自然的和谐相处，自然景观与人文景观争相辉映。

1.2.6 策划的造势原理

项目策划的造势原理是指策划人在进行策划时，利用一定的活动项目，比如文化节、博览会、比赛等，进而推广与之相关或不相关的事物的知名度，从而取得一定的效益。

1.3 工程项目策划

1.3.1 工程项目策划的概念

所谓工程项目策划是指在工程建设领域内策划人员根据项目业主或项目承包商总的目标要求，从不同的角度出发，通过对建设项目进行系统分析，对建设活动的总体战略进行运筹规划，对建设活动的全过程或其中的某一个子过程作出预先的考虑和设想，找出最佳方案，以便在建设活动的时间、空间、结构三维关系中选择最佳的结合点，重组资源和展开项目运作，为保证项目在完成后获得满意可靠的经济效益、环境效益和社会效益而提供科学的依据。

每一个工程项目设想的提出，或每一个工程项目的施工承包，都有其特定的政治、经济或社会生活背景。从简单抽象的意图产生，到具体复杂的工程建设，期间每一环节、每一过程的活动内容、方式及其所要求达到的预期目标，都离不开计划的指导，而计划的前提就是行动方案的策划，这些策划的好坏将直接关系到建设项目活动以及工程建设参与各方能否成功，能否实现预期目标。因此，工程项目策划是工程建设项目决策到项目实施的一个非常重要的环节。

由于工程项目策划是一种把建设活动意图转换成定义明确、系统清晰、目标具体且富有策略性动作思路的高智力的系统活动，因此通常为进行一项建设项目策划有三点要素：

① 要有依据国家、地方法规和业主要求而设定的建设项目。

② 要有能对手段和结论进行客观评价的可能性。

③ 要有能对程序和过程进行预测的可能性。

(1) 工程项目策划与项目周期的关系

一般工程建设项目的生命周期可以划分为四个阶段，图 1-1 给出了一般工程建设项目四阶段生命周期的图示描述。这些阶段包括：项目可行性研究与立项阶段（工作包括编制项目建议书、开展可行性研究、进行初步设计，以及项目的立项批准工作)、项目计划与设计阶段（工作包括项目的技术设计、项目造价的预算与项目合同价的确定、项目的计划安排、承发包合同的订立、各专项计划的编制等工作)、项目实施阶段（工作包括项目施工现场的准备、项目构件的制造、项目土建工程和安装工程的施工，以及项目的试车等工作)、交付使用阶段（这是项目最终试车完毕，开展验收和交付使用的阶段，有时还需要开展各种项目维护工作)。

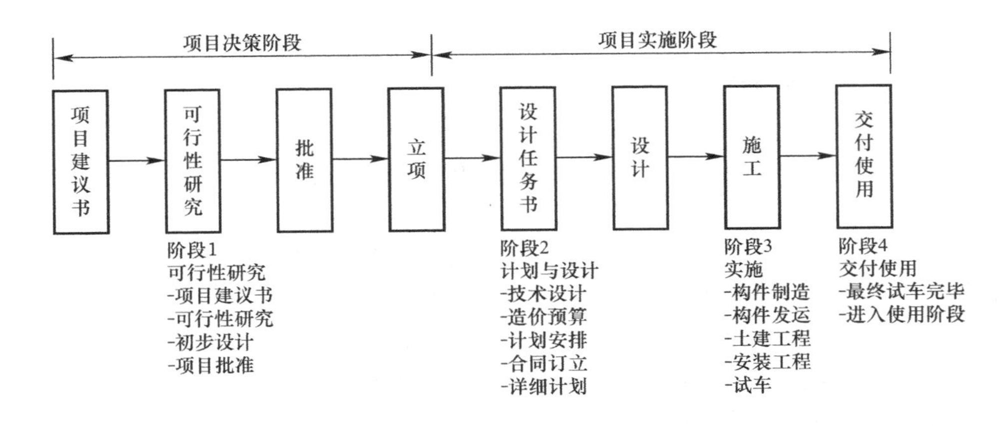

图 1-1 一般工程建设项目生命周期示意图

工程项目策划的定义很清楚地表明了工程项目策划与项目周期的关系，同时从图 1-1 还可看出建设工程的两大类项目策划：项目业主的策划和项目承包人的策划。

① 工程项目策划的运作时间：在项目业主，主要是在项目周期第一阶段即工程项目决策期，并且随着项目的进展不断延伸，贯穿建设全过程；在项目承包人，则仅限于项目生命周期的某一阶段，例如施工总承包单位，仅限于项目生命周期的第三阶段，即项目实施阶段，包括从项目投标直至项目交付后的回访保修。

② 不同阶段的策划主体显然不同，策划的目的也依策划主体的不同而不同。

(2) 工程项目策划与可行性研究的关系

工程项目可行性研究是对投资项目的必要性、资源的可能性、技术的先进性及适用性、经济的合理性和盈利性等进行综合论证的工作方法，是投资者对工程项目的市场情况、工程建设条件、技术状况、原材料来源等进行调查、预测分析，以作出投资决策的研究。由于可行性研究源于项目的投资活动，所以其实质是要反映这一投资活动得失与否，亦即投资活动是否有经济效益，它与投资者的利益紧密相关。工程项目可行性研究的结论往往是项目投资者投资活动的依据，而对于投资项目的使用者以及功能效益等则相对考虑较少。

显然，可行性研究也可分为项目业主的可行性研究和项目承包人的可行性研究。前者主要是研究项目立项以后的建设规模、性质、社会环境、空间内容、使用功能要求、使用者状况、使用模式、技术条件、心理环境等影响项目实施和项目使用的各因素，从而为项目建设实施提供科学的依据。后者主要表现在对拟进入的市场、拟投标的工程、拟采用的方案的评估，评估一旦中标签约后资源、技术、管理、社会环境等影响项目实施的各种因素，从而为寻找和确定最佳方案提供依据。

由此看来，项目可行性研究是不能取代项目策划的。同样，工程项目策划也不能取代可行性研究，尽管有些项目可行性研究的结论可资借鉴，但项目实施的依据仍必须通过项目策划来加以科学的制订和论证，因此，项目策划既要通过对建设活动的整体战略、策略运筹、资本运作等，不断补充和完善项目可行性研究的成果，又要通过对工程建设活动全过程预先的考虑和设想，增强建设活动的可行性、可靠性、可操作性，使之真正成为项目实施运作的依据，且成为项目实施整体进程中不可缺少的一个环节，这也是项目策划区别于项目可行性研究或其他环节而独立出来的一个原因，当然，可行性研究和项目策划在借鉴其他学科的理论方法，运用近代科学手段等方面有共同之处，有些方法甚至可以相互借用，如在项目策划过程中，对项目规模的把握就可借用可行性研究方法中的“期间经济损益分析方法”来加以研究。

1.3.2 工程项目策划的特性

工程项目策划的特性是由其研究对象的特殊性所决定的，大致可归纳为以下几点：

(1) 工程项目策划的物质性

工程项目策划的实质是对“工程项目”这个物质实体及相关因素的研究，因而其物质性是工程项目策划的一大特色。社会、地域一经确定，人们的活动一经进行，作为空间、时间积累物和人类生产、生活活动载体的工程项目就完全是一个活生生的客观存在了。工程项目策划总是以合理性、客观性为轴心，以工程项目的时间、空间和实体的创作过程为首要点，其任务之一就是对未来目标的时空环境与工程项目进行构想，以各种图式、表格和文字的形式表现出来，这一过程是由工程目标这一物质实体开始，以工程项目策划结论——策划书的具体时空要求这一最终所要实现的物质时空为结束，全过程始终离不开时空、形体这一物质概念。

(2) 工程项目策划的个别性

由于工程项目的单件性特点，决定了工程项目策划的个别性。然而，工程项目生产又是一种大规模的社会化生产，同类工程项目的生产可以从个性中总结出共性，企业项目策划的策划应将其共性抽出加以综合，形成企业内部共享的一种知识体系，使项目策划的内部规范具有普遍的指导意义。

(3) 工程项目策划的综合性

工程项目策划是以达成目标为轴心，而现实中目标单一性的场合是很少的。与一个工程项目相关的组织或人，其立场各有不同，对这个工程项目的期待也就各异，此外，工程项目的社会环境、时代要求、物质条件及人文因素的影响都单独构成对工程项目的制约条件。工程项目策划就是要将这些制约条件集合在一起，扬主抑次，加以综合，以求达到一个新的平衡。这里所谓的综合是要求工程项目策划人员通过工程项目策划使各相关因素在整体构成中各自占有正确的位置，也就是对于各个要素进行评价，评价的方法不同，则综合的方法也就可能不同。

（4）工程项目策划价值观的多样性

项目策划应更重视本地区社会、经济、文化中的共性，立足实情展望未来，这也是现代项目策划所应持有的立场。

1.3.3 工程项目策划的分类

工程项目策划可按多种方法进行分类。按工程项目策划的范围可分为工程项目总体策划和工程项目局部策划。工程项目的总体策划一般指在项目决策阶段所进行的全面策划，局部策划可以是对全面策划任务进行分解后的一个单项性或专业性问题的策划。如按项目建设程序可划分为建设前期工程项目决策策划和工程项目实施策划。各类策划的对象和性质不同，策划的主体不同，策划的依据、内容和深度要求也不同。按照项目参与各方（在一些项目管理理论中将它们称为“项目干系人”）在项目中身份的不同，可将项目策划分为项目业主的策划和项目承包人的策划。

（1）项目业主的策划

项目业主在工程建设过程中常被称为“合同甲方”。项目业主的策划包括工程项目决策策划和工程项目实施策划。项目业主的项目决策策划和项目实施策划的主要任务见表1-1。

项目决策和实施阶段的策划任务表 **表1-1**

策划任务	项目决策阶段	项目实施阶段
环境调查和分析	项目所处的建设环境，包括能源供给、基础设施等；项目所要求的建筑环境，其风格和主色调是否和周围环境相协调；项目当地的自然环境，包括天气状况、气候和风向等；项目的市场环境、政策环境以及宏观经济环境等	建设期的环境调查和分析，需要调查分析自然环境、建设政策环境、建筑市场环境、建设环境（能源、基础设施等）和建筑环境（风格、主色调等）
项目定义和论证	包括项目的开发或建设目的、宗旨及其指导思想；项目的规模、组成、其功能和标准；项目的总投资和建设开发周期等	需要进行投资目标分解和论证，编制项目投资总体规划；进行进度目标论证，编制项目建设总进度规划；确定项目质量目标，编制空间和时间手册等

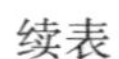

续表

策划任务	项目决策阶段	项目实施阶段
组织策划	包括项目的组织结构分析、决策期的组织结构、任务分工以及管理职能分工、决策期的工作流程和项目的编码体系分析等	确定业主筹建班子的组织结构、任务分工和管理职能分工，确定业主方项目管理班子的组织结构、任务分工和管理职能分工，确定项目管理工作流程，建立编码体系
管理策划	制定建设期管理总体方案、运行期管理总体方案以及经营期管理总体方案等	确定项目实施各阶段的项目管理工作内容，确定项目风险管理与工程保险方案
合同策划	策划决策期的合同结构、决策期的合同内容和文本、建设期的合同结构总体方案等	确定方案设计竞赛的组织，确定项目管理委托的合同结构，确定设计合同结构方案、施工合同结构方案和物资采购合同结构方案，确定各种合同类型和文本的采用
经济策划	进行开发或建设成本分析、开发或建设效益分析；制定项目的融资方案和资金需求量计划等	项目实施的经济策划包括编制资金需求量计划，进行融资方案的深化分析
技术策划	项目功能分析、建筑面积分配以及工艺对建筑的功能要求等	对技术方案和关键技术进行深化分析和论证，明确技术标准和规范的应用和制定
风险分析	对政治风险、政策风险、经济风险、技术风险、组织风险和管理风险等进行分析	进行实施期政治风险、政策风险、经济风险、技术风险、组织风险和管理风险分析

（2）项目承包人的策划

项目承包人在工程建设过程中常被称为“合同乙方”。项目承包人包括工程项目的勘察设计者、工程项目的施工者（包括总包方、分包方）、材料设备的供应方等。项目承包人的项目策划包括投标签约的策划和项目实施全过程的策划。本书主要针对的是项目承包人中的工程项目施工者的项目策划，也即是人们常识概念中的工程建设施工企业以及企业所属的组织工程项目实施的项目经理部。

施工企业的工程项目策划当然只是针对工程的施工过程，是在工程项目已经确定，并已经开始付诸实施，项目业主已经通过公开招标或邀请招标选定了工程承包商，作为施工承包商如何通过最佳的方案完成工程的施工，在为项目业主实现价值增值的同时也使承包商自己得到相应的利益。建筑施工企业项目策划的主要任务见表1-2。

建筑施工企业项目策划的主要任务 **表 1-2**

类别	序号	内 容	基本要求
战略策划部分	1	工程概况	工程各相关单位名称、结构和建筑的基本状况、工程合同范围及金额、取费、结算等主要合同条款介绍等
	2	项目经理人选	姓名、年龄、学历、项目经理资质、项目管理培训经历、建造师资格、项目管理经验与业绩
	3	项目经理部组建	人数、岗位设置、年龄结构、专业结构
	4	项目主要管理目标	工期目标（含主要节点）、质量目标、环保目标、职业安全健康管理目标、成本目标（含上缴比例或效益指标、管理费用控制指标等）、技术管理目标、资金管理目标（含保函、保证金及工程款回收目标）、CI 目标、项目预兑现及兑现管理目标等施工策划部分
施工策划部分	1	进度计划	项目总控计划、里程碑节点、主要分部分项工程的起止时间
	2	平面布置及设备配置策划	阶段性施工平面布置图及管理要点、主要施工及监测仪器设备的配置方案（仪器设备的规格、数量、来源和使用时间）、现场临水临电方案（临水临电的规格、数量、来源和进场时间）
	3	临建策划	现场临建平面布置图（临建的规格、功能、面积、来源和使用时间）
	4	技术策划	主要分部（分项）工程施工方法、施工重点难点及施工措施优化方案
	5	质量策划	工程质量控制要点、质量创优工作的主要工作节点、质量创优的投入费用
	6	职业安全健康策划	项目重大危险源识别表、安全生产费用投入计划
	7	环境策划	项目重要环境因素清单
	8	管理人员策划	项目部的组织机构图、项目部管理人员配置计划和进退场时间
	9	办公设备策划	主要办公设施、设备及 CI 管理的配置方案（规格、数量、来源和进场时间）
	10	物资及周转材料策划	主要材料采购内容、采购方式、采购数量及供应时间，对分包单位主要材料管理计划
	11	劳务策划	劳务单位工作内容，施工期间各劳务单位劳动力计划、劳务管理风险分析等
	12	其他	其他对施工管理有影响的因素及对策
商务策划部分	1	成本对比分析	测算合同实际预算收入，调整目标责任成本，将合同预算收入与投标预算、目标责任成本进行对比分析，分析确定投标清单的盈利子目、亏损子目、量差子目，分解责任成本，制定相应的商务策略
	2	施工方案经济分析	对比投标方案及各项实施方案的经济性
	3	分包管理	确定主要分包项目、分包工作内容、分包方式、分包策略等
	4	合同履约分析	逐条识别合同需求和风险，确定风险对策
	5	资金管理	结合合同、进度计划及各项资源配置方案，测算出各阶段现金流，提出平衡措施
	6	关系协调策划	评估识别项目相关各方对项目管理绩效的影响因素，形成沟通渠道并建立沟通机制
	7	其他	其他对商务管理有影响的因素及对策

1.3.4 工程项目策划的作用

项目策划的作用是由策划的本质决定的，其作用主要体现在以下几方面。

(1) 明确项目系统的构建框架

项目策划的首要任务是根据工程项目对企业的意义进行项目的定义和定位，从而提出项目系统的构建框架，使项目的基本构想变为具有明确的内容和要求的行动方案。

项目定义是指对项目的用途性质作出明确的界定，即该项目的承包对于企业意味着什么，在实现企业战略目标的过程中充当着何种角色。如某类工业项目、公共项目、房地产开发项目等在完善企业业务结构和市场结构中的作用。项目定位则根据市场和需求，综合考虑企业的资源和市场布局，决定项目的规格、档次和承包模式。

(2) 为项目决策提供保证

把项目投标和实施的决策建立在充分调查论证和分析评价的基础上，其评价的前提是投标和实施方案本身及其所赖以生存和发展的企业内外环境和市场，而最佳方案的产生并不是由领导者主观愿望和某种意图的简单构想就能完成的，它必须通过专家的总体策划和若干重要细节的策划（如项目定位、系统构成、目标确定及管理运作）等的具体策划，并进行实施可能性和可操作性的分析，才能使最佳方案建立在可运作的基础之上。所以，只有经过科学的周密的项目谋划、探索、设计多种备选方案，才能为项目的决策提供客观的科学的基本保证。

(3) 全面指导项目管理工作

工程项目策划是根据策划理论和原则，密切结合具体项目的整体特征，对项目的发展和实施管理的全过程进行描述。因此，项目策划可直接成为指导项目实施和项目管理的基本依据。

1.4 施工企业工程项目策划的阶段和内容

1.4.1 项目策划的四个阶段

如上所述，施工企业的工程项目策划是“施工承包”范畴内的项目策划，它不包括项目的立项、可行性研究、勘察设计，也不包括项目建成后的运营、使用，施工承包范畴内的项目策划可细分为工程施工投标阶段的策划、中标后开工前的策划、施工阶段的策划以及竣工交验后的策划四个阶段的策划。

（1）投标阶段的项目策划

在项目投标阶段，施工企业对项目进行初步的策划，制定投标策略并编制商务标和技术标（或项目管理规划大纲），初步确定一旦中标后的项目经理部领导人选，最终编制形成投标文件。承包商在对建设单位的招标文件进行充分的评审后，衡量自身的优劣势及能力，确定是否投标及投标的策略。项目管理规划大纲是承包人在投标前编制的、确定项目管理目标、规划项目实施的组织、程序和方法的文件，商务标的编制则是在踏勘拟建工程的施工现场、了解现场的实际情况并同设计文件进行对比后制定出投标策略，以不平衡报价的方式或其他方式完成的。

1）投标策略的三个方面内容：

① 报价策略。即决定相对于市场平均价报价水平。工程招标中有不平衡报价策略：即工程施工和结算时一般均会发生内容和数量的变化。报价时，预计数量增加的，单价提高；预计数量减少的，单价下降；预计数量不变的，单价不变。另外，报价中的利润水平、分项价格分配等，也是报价策略。同时，应根据其他投标人的情况，决定报价水平。

② 商务策略。即商务条款如何确定，包括：付款方式，售后服务，验收条款，违约罚款等。

③ 技术方案。包括：投标技术方案选择和设计，技术指标和参数、技术标书描述、考核指标确定等。根据现行国家标准《项目管理规范》GB/T 50324 的要求，这些内容被包括进《项目管理规划大纲》中，而在多数施工企业，习惯使用的还是《施工组织设计》，当然，是“投标用《施工组织设计》”。

2）《项目管理规划大纲》（或投标用《施工组织设计》，下同）编制程序：

① 明确项目目标；

② 分析项目环境和条件；

③ 收集项目的有关资料和信息；

④ 确定项目管理组织模式、结构和职责；

⑤ 明确项目管理内容；

⑥ 编制项目目标计划和资源计划；

⑦ 汇总整理，报送审批。

3）项目管理规划大纲编制依据：

① 可行性研究报告；

② 设计文件、标准、规划与有关规定；

③ 招标文件及有关合同文件；

④ 相关市场信息与环境信息。

4）项目管理规划大纲的内容。

包括：项目概况、项目范围管理规划、项目管理目标规划、项目管理组织规划、项目成本管理规划、项目进度管理规划、项目质量管理规划、项目职业健康安全与环境管理规划、项目采购与资源管理规划、项目信息管理规划、项目沟通管理规划、项目风险管理规划、项目收尾管理规划等。

（2）中标后开工前的策划

在中标后开工前的阶段，施工企业需要对投标阶段的项目策划进行细化和完善，形成项目管理实施规划或实施用《施工组织设计》，正式任命项目经理和项目管理团队的主要成员，企业要明确项目经理的管理责任和技术责任，特别是项目经理的责任成本目标，项目经理则要编制各种计划，特别是施工进度计划和成本计划，识别并收集施工中将使用并遵循的各种标准、规范、图集等文件，最终编制完成施工文件。

项目管理实施规划或实施用《施工组织设计》是投标人中标并签订合同后，根据项目管理规划大纲（或投标用《施工组织设计》）编制的指导项目实施阶段管理的文件。

1）项目管理实施规划编制程序

① 了解项目相关各方的要求；

② 分析项目条件和环境；

③ 熟悉相关的法规和文件；

④ 组织编制；

⑤ 履行报批手续。

2）项目管理实施规划编制输入

① 项目管理规划大纲；

② 项目条件和环境分析资料；

③ 工程合同及相关文件；

④ 同类项目的相关资料。

3）项目管理实施规划管理要求

① 项目经理签字后报组织管理层审批；

② 与各相关组织的工作协调一致；

③ 进行跟踪检查和必要的调整；

④ 项目结束后，形成总结文件。

4）项目管理实施规划的内容

包括：项目概况、总体工作计划、组织方案、技术方案、进度计划、质量计划、职业健康安全与环境管理计划、成本计划、资源需求计划、风险管理计划、信息管理计划、项目沟通管理计划、项目收尾管理计划、项目现场平面布置图、项目目标控制措施、技术经济指标等。

项目管理规划大纲和项目管理实施规划的区别见表1-3。

项目管理规划大纲和项目管理实施规划的区别 **表1-3**

种　类	服务范围	编制时间	编制者	主要特性	追求主要目标
规划大纲	投标与签约	投标书编制前	企业管理层	规划性	中标和经济效益
实施规划	施工准备至验收	签约后开工前	项目管理层	作业性	施工效率和效益

（3）施工阶段的项目策划

在项目施工阶段，项目经理部需要根据项目管理实施规划（或施工组织设计）编制分项工程施工方案以及其他各类计划与方案，它们是项目策划的进一步细化和完善，用于指导施工中的各项技术、管理活动。

施工阶段的项目策划要考虑同前两个阶段策划的衔接和传承，例如，投标阶段运用不平衡报价的投标策略编制了标书，在施工阶段就要考虑如何使不平衡报价的策略取得预期的“降本增效”的效果，化解部分子目报出的低价有可能成为项目亏损点的风险。又如，开工前编制完成的项目管理实施规划或实施用施工组织设计在工程施工过程中是否遇到了意外事件或变更的影响而需要调整或修改，企业同建设单位签订的工程承包合同中有否风险，如何化解，施工过程中的突发事件、安全事故、自然灾害的应对等。

（4）竣工交验后的策划

项目竣工交验并不意味着项目管理过程的结束，需要开展的项目策划活动包括工程回访周期与频率、回访形式、回访人等策划，保修期内和保修期过后的维修策划，回收工程款以及各类保证金的策划等。工程项目竣工交验后，企业还要对项目经理和项目管理团队的其他主要负责人进行绩效考核，进行项目管理效果和经济效果的审计，确定对项目经理和项目管理团队的奖罚标准和奖罚方式。对上述管理活动也需要进行有效的策划，

1.4.2 项目策划的主要内容

施工承包范畴的项目策划以生产技术性策划为主，它是企业履行合同、将工程项目从图纸变成工程实物的重要前提。在此基础上，施工企业还应适当考虑战略性策划和商务性策划，见表1-4所示。

施工企业项目策划的主要内容 表 1-4

<table>
<tr><th>分类策划</th><th colspan="2">主要内容</th></tr>
<tr><td rowspan="4">战略性策划</td><td colspan="2">项目管理体制及项目管理模式的选择</td></tr>
<tr><td colspan="2">项目经理任用和责权利的确定</td></tr>
<tr><td colspan="2">项目部组建</td></tr>
<tr><td colspan="2">项目目标责任的确定</td></tr>
<tr><td rowspan="14">生产技术性策划</td><td rowspan="3">项目产品实现的策划</td><td>施工组织设计编制</td></tr>
<tr><td>施工方案编制</td></tr>
<tr><td>作业指导书或技术交底书编写</td></tr>
<tr><td colspan="2">工期及施工进度的策划</td></tr>
<tr><td colspan="2">质量计划及创优策划</td></tr>
<tr><td rowspan="5">安全生产文明施工策划</td><td>安全保证体系</td></tr>
<tr><td>危险源识别、评价及控制措施策划</td></tr>
<tr><td>专项施工方案编制</td></tr>
<tr><td>绿色工地创建计划</td></tr>
<tr><td>安全文明标化工地创建计划</td></tr>
<tr><td colspan="2">施工总平面布置及现场管理策划</td></tr>
<tr><td colspan="2">材料采购、运输、验收、存贮的策划</td></tr>
<tr><td colspan="2">施工设备配置、安装、验收、使用、维护、保养等的策划</td></tr>
<tr><td colspan="2">周转材料来源、验收、安拆、使用、回收、保养等的策划</td></tr>
<tr><td rowspan="13">商务性策划</td><td rowspan="2">投标阶段的策划</td><td>投标策略的确定</td></tr>
<tr><td>标书编制</td></tr>
<tr><td rowspan="2">签约阶段的策划</td><td>合同谈判策略的确定</td></tr>
<tr><td>合同条文的推敲</td></tr>
<tr><td rowspan="6">施工阶段的策划</td><td>合同管理的策划</td></tr>
<tr><td>分包方案的确定</td></tr>
<tr><td>对外关系的策划</td></tr>
<tr><td>成本控制的策划</td></tr>
<tr><td>风险管理的策划</td></tr>
<tr><td>二次经营的策划</td></tr>
<tr><td rowspan="3">结算阶段的策划</td><td>设计变更、量、价变化的策划</td></tr>
<tr><td>结算书编制</td></tr>
<tr><td>落实结算目标成本，制定结算措施</td></tr>
</table>

2　战略和战略性策划

2.1　企业战略和项目战略

企业通常情况下在同一时间内会有很多项目需要完成，如何经济有效地同时管理好众多项目，并且各项目的实现能够为企业战略服务是企业项目管理需要考虑的核心问题。需要明确的是，企业战略在某种意义上说是各种战略的一个统称，包括竞争战略、营销战略、发展战略、品牌战略和人才战略等。企业战略与企业项目之间是相互依存和统一的关系，企业战略是企业项目管理的基础，起着指挥和统领全局的作用，在项目管理的过程中具有指导性、发展性和计划性的特点。项目战略又决定着在何种领域、何种专业的市场中以何种项目管理模式运作工程项目，以及项目管理的重心和项目管理内容的取舍。它们既服从于、服务于企业战略，同时应能支撑企业战略意图的达成。

2.1.1　企业战略的重要性

（1）企业战略是企业项目选择的基础

企业战略的实现在很大程度上通过项目来达成，即企业的目标能否达成取决于企业中项目的成败。因此，企业战略为企业项目的选择提供了指导性纲领，只有符合企业战略的项目才应被选择和实施，这类项目才对企业具有价值。但现实中，企业常常会错误地只关注项目的短期财务性收益，而忽略了长期效益，这就会导致资源配置的不利，从而违背了企业的长远战略目标。

（2）企业战略决定项目的资源分配

如何在多项目的环境下，保证在不同类型、不同经营领域和市场的项目之间的资源分配最有效，达到企业效益最大化，这就需要企业以公司战略为基础进行资源配置。企业如果仅停留在单一项目管理的水平上，而不是将所有项目视为一个整体进行管理，就会忽视企业是一个系统的战略整体。如若不能在整个公司的范围内对所有项目进行统一资源分配，就会造成公司资源（人力资源、资金、技术等）的浪费，导致企业战略不能得到实现。

（3）企业战略为项目管理过程中的决策提供依据

在项目实施的过程中，由于环境的变化，项目可能偏离了企业的战略选择，需要项目经理及时调整项目，甚至向管理层提出终止项目的建议。以企业战略作为依据，有助于项目经理在面对项目决策时能够把握好重点，将重心放在与企业战略有优先意义的问题上。

（4）衡量项目成功的关键是是否达成企业战略意图

传统衡量一个项目是否实施成功的标准，是是否按时在预算内达到预期的项目目的。目前国内外许多学者在项目成功的评价方面做了许多工作，项目成功标准不仅限于时间、成败、质量等方面，而是将更加关注项目干系人的明确利益是否被满足。对于企业的项目，企业需要关注的是该项目对公司战略的贡献，如果项目经理按时在预算范围内并且符合各项具体要求地完成了项目，但没有能够支持企业战略的实施，这个项目也不应认为是成功的项目。

2.1.2 企业战略与项目战略之间的关系

（1）企业的竞争战略

企业的竞争战略是企业能够长期存在并优先于同行业领域的决定机制，而项目战略也需要有突出的优势要素。在项目的不同阶段，项目的成功关键因素各不相同，会随项目不断变化与发展。所以，当企业不断发展新的核心竞争力时，需要同时考虑如何匹配项目的成功因素，才能在一定程度上发挥项目管理在项目建立发展过程中的竞争性。对于项目开发和研究来说，需要有长期有效的竞争机制来作指导。包括企业在市场竞争中的有利地位可以帮助项目在建立之前就获得竞争优势。

（2）企业的营销战略

企业营销战略是企业如何在客户群体中保持信誉度和美誉度的关键，是从长期的经验中累积形成的。企业的营销战略能在实践中为项目营销节省成本、时间和精力，能在有限的时间和资源条件内实现盈利最大化，从而使得项目既能够达到既定目标又能开源节流，因此企业的营销战略决定着项目营销的方式和手段。

（3）企业的发展战略

企业发展战略是一系列包括企业技术开发、远景目标、管理理念等在内的长远性发展谋略。项目的发展思路或技术开发往往来自于项目的基本目标，而企业发展战略则是站在更高层次以更长远的角度来看企业未来发展，因而企业的发展战略使得项目发展限制于一定范围，拘泥了项目发展的方向和思维，但若用发展的眼光将企业与项目之间进行有效综合，便能使两者相互融合，相互促进，两者之间具有作用与反作用的效果。

(4) 企业的品牌战略

企业的品牌包含了企业文化、企业理念在内的各种具有灵魂性的企业精髓，品牌战略目标是在客户的心中塑造企业形象和地位，因此品牌战略对项目管理具有决定性的作用。企业成员的精神面貌代表了一个企业的精神，企业成员的能力与思想也展现了一个企业的形象。因此在项目管理中，管理者的思维方式是否符合企业精神和企业理念，在一定程度上决定了项目既定目标最终能否完成，因而，在策划项目时必须要充分考虑是否符合企业品牌规划。

(5) 企业的人才战略

人才对于企业来说是非常重要的战略性资源，企业的人才战略就是对企业人才的开发和培养。在如今项目管理的时代，项目管理人才显得越发重要，而项目管理的核心人物是项目经理。项目经理作为领导者，肩负领导团队在不超过预算的情况下，按时、优质地完成全部工作，实现项目目标的重要责任。项目经理不仅仅是项目执行者，更需要具备能力对项目进行全方位的管理，从而实现更高的运营效率。因此，企业的人才发展战略与项目管理团队的培养策略应是相辅相成的。

2.1.3 如何有效利用企业战略促进项目管理

项目是否成功或者取得最大效益，关键在"项目的管理者能够在有限的资源约束下，运用系统的观点、方法和理论，对项目涉及的全部工作进行有效地管理"。从长远和全局系统的角度来看，一个企业的战略对项目的战略具有指向作用和推动作用，但在某种程度上，也可以导致项目管理的僵化呆板。因此，如何有效利用企业战略，对项目全过程进行计划、组织、指挥、协调、控制和评价，并且各个阶段都能充分利用企业战略的优越性值得考虑。

(1) 从项目管理的范围来看，需要在项目的工作内容上进行有效的控制管理，来实现项目的既定目标，包括从范围的界定、规划到调整都有必要采取科学有效的手段，融合企业发展战略，最大化的利用企业长期累积的经验，采取最适合的方式进行调研、策划和实施。

(2) 从项目的管理时间来看，为了确保项目最终能够按时按质地完成，从具体的项目界定、估计、设立时间节点、进度掌控等各项工作都要进行科学合理的调控。利用企业战略中的已有资源，包括内外部环境和公关措施等，都能为项目管理节约时间。

(3) 从项目管理的成本来看，要保证完成项目的实际成本低于预算成本，专业的预算团队当然是必不可少的，同时在项目的进展过程中也应以企业的发展战略为指导，可以有效避免走弯路、浪费成本。

（4）从项目管理的质量上看，为了确保项目达到客户所规定的包括质量规划、质量控制和质量保证等各项要求，一方面，需要企业拥有良好的信誉度满意度，这就要依靠企业品牌战略在客户心中形成良好形象；另一方面，需要利用企业人才发展战略的实力，在项目质量管理上做到严格把关。

项目战略在制定过程中应以企业战略作指导，这样才能从项目的范围、时间、成本和质量上得到充分的保障。从普遍性和特殊性相结合的发展角度来看，即便某些项目在某种特殊的情况下有自己特有的发展方针，但整体来看与企业的发展谋略与长远目标应该是不会相互违背的。而企业战略的形成同样也是在各种项目战略的基础上建立起来的，这两者之间具有相辅相成的密切关系，在企业的发展过程中要充分把握两者之间的关系，最大限度地发挥好企业战略对项目战略的促进作用。

2.1.4 项目的战略性策划

根据现代管理学之父彼得·德鲁克（Peter F. Drucker，1909.11.19～2005.11.11）的总结，企业战略总体要解决的问题不外乎回答三个问题：

① 我们是谁?（远景、使命、价值观）

② 要到哪里去?

- 做什么业务?（业务、市场定位）
- 在哪些地方做?（区域、价值链环节、盈利模式）

③ 怎么去?

- 时间如何确定?（时间推进计划）
- 选择什么方式?
- 如何建设自己的能力?
- 风险如何控制、资源如何匹配?

作为建筑施工企业的主要业务，工程项目在企业战略中占据着举足轻重的地位。它既要实践企业的“到哪儿去”，并诠释其正确与否，还要通过持续的策划-实施-控制-收尾等系列过程解决“怎么去”的问题。企业面临市场上多如牛毛的信息，以及一旦签订工程承包合同之后如何完成合同的诸多路径，就必然经历充分策划并最终确定方案的过程。这就是项目策划中的战略性策划。它包括了如何有效利用企业战略促进项目管理，同时企业战略如何得到项目战略和项目管理的支撑和实践检验，这些在本章前面已有论述。

战略性策划是项目策划的根基所在，它所着重的是基本方向、主要步骤和压倒一切的战略性项目。在项目战略的导向下，良好的项目管理可以起到树立品牌形象，提高品牌知名度，激励员工和分包商、供应商等作用。20 世纪 80 年代，中建三局以“三天一层楼”的“深圳速度”建成当时全国最高的摩天大楼——深圳国贸大厦，紧接着又高质量地完成全国第一座钢结构摩天大楼——深圳发展中心大厦，业内许多同行不无羡慕地说：“一个国贸够你们吃 15 年，一个发展中心又够你们吃 15 年!”还是 20 世纪 80 年代，日本大成公司以低于标底价 43%的报价一举中标云南鲁布革电站引水隧洞工程，并以高质量的项目管理引发中国建筑市场的“鲁布革冲击”，一时间，大成公司在中国建筑施工行业名声大噪，几乎成为了先进项目管理方式的代表。

战略策划常常被人们认为是一个神秘的过程，需要进行复杂的系统分析，还要雇用一些昂贵的职业咨询人员。其实并非如此，任何有头脑的经理人员都可以为自己所经营的企业作出战略策划，包括工程项目的战略性策划。

战略策划不只是一个长远计划。当然，一个长期计划可以是战略性的，同时所有的战略策划也都是长期性的。这里是一个对比例子：大海中的一只船，自始发就可以很精确地预测明天下午四点它所到达的地方、风力以及气压。这是一个预测，也是一个长远计划。另一个方案是：船长可以先坐下来，对明天下午四点该船将要到达的地方作出决定，然后想出如何抵达的方案，可能使船轻载或者用其他更新颖的办法。这就是战略策划，同时也是一个长远计划。

战略策划也是业务计划。当然并不是直接的业务计划，但对它确有影响。年度预算、项目目标等业务计划只牵涉短期的、直接的目标以及市场波动对它的影响。它基本上将企业的资源看做是固定的。它也包括了战略策划中部分战略活动，当然是那些与企业的商业计划阶段有关联的部分。

战略性思考是接受一种创造未来的智力挑战。在策划中，知道我们现在在什么地方，对于设计将要到达的地方的道路是十分关键的。超越理解可能是战略性思考的一个显著特征。战略性思考不等于战略策划，却对我们作战略策划起关键作用。当然，进行战略性思考时不见得一定要作战略策划，但作一个有效的战略策划时，却离不开战略性思考。

战略性思考是准备战略策划基础的前提条件。如果从狭窄的眼光来准备战略策划，将冒过分拘泥于细节的危险，细节问题并非战略策划所主要关注的对象。战略作为一种概念，在军事上是很明确的。军事上它是指用战争手段打败敌人的一门科学，目的在于赢得战争，与战术不同，后者与具体目标或行动有关，目的在于赢得一场战斗。可以想象，战略中包括一些明显消极的战术。

项目战略是公司战略的实践和落实，也是支撑公司战略的一项具体行动，本章第 2.2～2.4 节将从项目战略是否满足公司战略的要求，以及决定项目战略能否实现预期目标的四个方面（参见表 1-4）试作分析和阐述：公司现在的、将要实施的商业模式是怎样的？它将决定项目管理模式和管理体制的不同取向；所承接的工程项目在公司的战略中居于何种地位和起着何种作用？它将决定公司委派什么样的项目经理和项目管理团队以及对他们确定什么样的管理目标和经济目标。

2.2 项目管理模式

2.2.1 项目管理模式概述

工程项目管理模式是指一个工程项目建设的基本组织模式，以及在完成项目过程中各参与方所扮演的角色及其合同关系，在某些情况下，还需要规定项目完成后的运营方式。由于项目管理模式确定了工程项目管理的总体框架、项目各参与方的职责、义务和风险分担。因而在很大程度上决定了项目的合同管理方式以及建设速度、工程质量和造价，所以它对工程项目的成功至关重要。

对于业主而言，项目管理模式选定的恰当与否，将直接影响项目的质量、投产时间和效益；对于工程咨询方，了解并熟悉各种项目管理模式才可能为业主做好顾问，协助其做好项目实施过程中的项目管理；对于承包方，了解与熟悉项目管理模式才能在建筑市场处于主动，若项目涉及分包，不少项目管理模式也可用于分包工程。

多年来，项目管理模式的发展伴随着工程项目采购模式的演变，从最初的业主自行管理，逐渐发展为委托咨询公司专业化管理，业主的决策权不断被削弱。在这一演变过程中，工程项目管理模式正在不断地得到完善和创新，外部机构对工程项目的管理也由“建管合一”逐步发展为“建管分离”。

不论何种项目管理模式，均应以项目经理责任制度和项目成本核算制度为中心形成管理责任系统。

（1）项目成本核算制度

建立和完善项目成本核算制度，是搞好工程项目管理的重点和核心。实行工程项目管理必须坚持企业是利润中心，项目是成本中心的原则。对工程项目坚持实行成本核算制，把项目经理的责任成本目标，列入主要绩效内容，作为考核项目经理薪酬的主要指标，真正做到干前有预算，干中有核算，干后有决算。

① 以工程项目为对象，归集工程成本，进行盈亏分析，准确反映项目管理经营情况，考核项目经理业绩。

② 成本核算对象为每一独立编制施工图预算的单位工程，大型主体工程应尽可能以分部工程作为成本核算对象。

③ 所有的原始记录都必须按照确定的成本核算对象填制，按每一成本核算对象设置工程成本明细账，并按成本项目分设专栏。

(2) 项目经理责任制度

项目经理是企业法定代表人在工程项目上的委托代理人，行使的是企业职权。因此，只有建立项目经理全面组织、优化配置施工生产要素的责任、权利、利益和风险机制，才能确保项目经理对工程项目的工期、质量、成本、安全及各项目标实施全过程、强有力地管理。否则，项目管理就会流于形式。

① 以项目经理为责任主体，确保项目管理目标实现的责任制度。

② 项目经理责任制度应作为项目管理的基本制度，是评价项目经理绩效的依据。

③ 项目经理责任制度的核心是项目经理根据企业的委托和授权，承担实现项目承包合同约定的项目目标的责任，同时享受相应的权力和利益。

2.2.2 宏观层面常见的项目管理模式

1. 传统的项目管理模式

传统的项目管理模式，即“设计—招标投标—建造”(Design-Bid-Build, DBB) 模式。该模式是传统的国际上通用的项目管理模式，它将设计、施工分别委托不同单位承担。我国自 1984 年学习鲁布革水电站引水系统工程项目管理经验以来，先后采用实施的“招标投标制”、“建设监理制”、“合同管理制”，基本也是参照此模式。

这种模式由业主委托建筑师/咨询工程师进行前期可行性分析等工作，待项目评估立项后再进行设计、编制施工招标文件，设计完成后协助业主通过招标选择承包商。业主和承包商签订施工合同和设备供应合同，承包商可进一步与分包商和供应商签订劳务分包合同及材料供应合同并组织实施。业主一般指派业主代表与咨询方和承包商联系，负责项目管理工作。因投资控制的重要性，业主常指定造价工程师为业主代表监督设计与施工，而在施工阶段的质量控制和安全控制工作则授权监理工程师进行。

(1) DBB 模式的治理结构

DBB 模式的治理结构如图 2-1 所示。

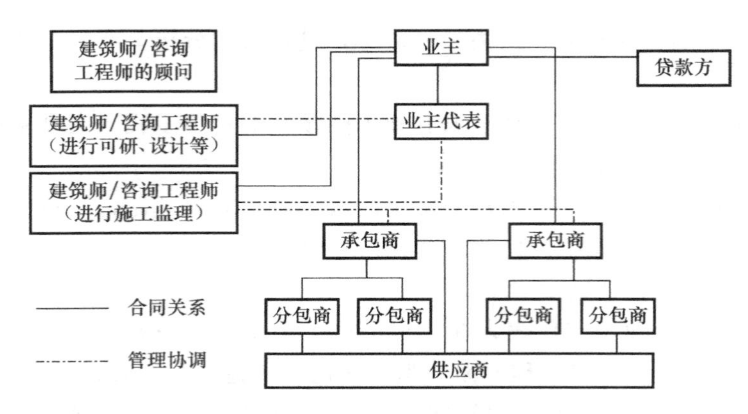

图 2-1　DBB 模式的治理结构

（2）DBB 模式的优劣势和适用范围（见表 2-1）

DBB 项目管理模式的优劣和适用范围　　表 2-1

类　别	内　容
优势	① 长期广泛在世界各地采用，管理方法较成熟，有关各方均熟悉程序； ② 业主可自由选择咨询设计人员，可控制设计要求，较易提设计变更； ③ 可自由选择监理人员监理工程； ④ 可采用各方熟悉的标准合同文件，双方均明确各自应承担的风险
劣势	① 设计—招标投标—建造周期长、项目投产时间推迟； ② 监理工程师不易控制工期； ③ 管理协调工作复杂、业主管理成本高、前期投入较高； ④ 总造价不易控制，变更时容易引起较多的索赔； ⑤ 设计“可施工性”不够，出现质量责任时，设计与施工双方容易互相推诿
适用范围	在国际上最为通用，世行和亚行贷款项目以及采用国际咨询工程师联合会（FIDIC）施工合同条件（99 年第一版）的项目均采用这种模式，它具有通用性强的优点，这种方式在国内已经被大部分人所接受，实际应用广泛

2. 项目管理型模式

（1）建筑工程管理模式（Construction Management，CM）

建筑工程管理模式（以下简称 CM 模式）被称为快速路径法（Fast-Track Method），又称为阶段施工法（Phased Construction Method），这种模式的特点是“边设计、边发包、边施工”，从建设工程的开始阶段就雇用具有施工经验的 CM 单位（或 CM 经理）参与到建设工程实施过程中来，负责组织和管理工程的规划、设计和施工。

由业主委托的 CM 经理与设计单位、咨询工程师组成一个联合小组共同负责组织和管理工程的规划、设计和施工，但CM经理对设计的管理是协调作用。在主体设计方案确定后，完成一部分工程的设计，即对这一部分工程进行招标，发包给一家承包商，由业主直接就每个分部工程与承包商签订承包合同。CM模式对CM经理要求较高，需要挑选精明强干，懂工程、懂经济、又懂管理的人才来担任CM经理。传统的连续性建设模式的招标发包方式与CM模式阶段发包方式的比较如图2-2所示。

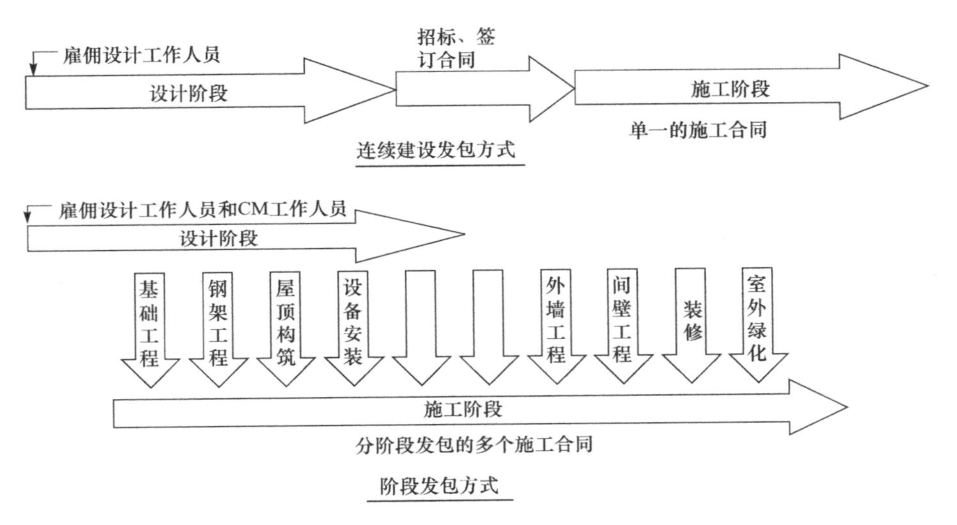

图2-2 连续建设发包方式和阶段发包方式对比图

1）CM模式的管理结构，CM模式的管理结构如图2-3所示。

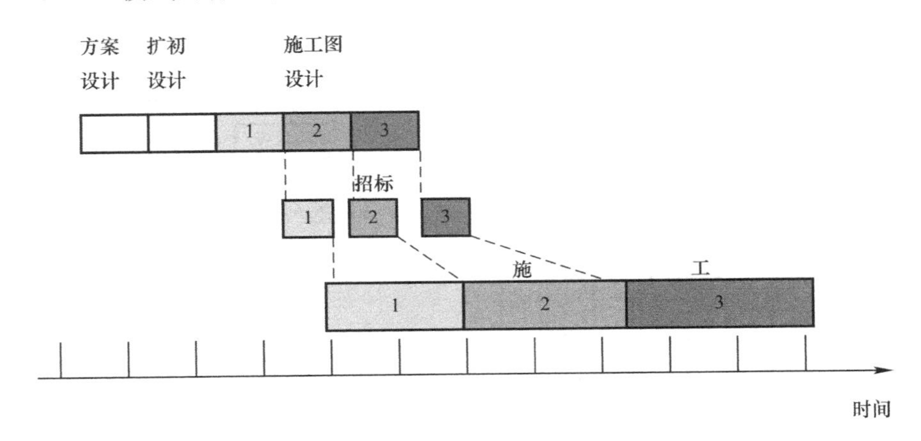

图2-3 CM模式的管理结构

2）CM模式的优劣势和适用范围，见表2-2。

CM 模式的比较　　表 2-2

类　别	内　容
优势	① 可以缩短工程从规划、设计到竣工的周期，提前投产节约建设投资，减少投资风险，可以比较早地取得收益； ② CM 经理早期即介入设计管理，因而设计者可听取 CM 经理的建议，预先考虑施工因素，以改进设计的“可施工性”，还可运用价值工程改进设计，以节省投资； ③ 设计一部分，竞争性招标一部分，并及时施工，因而设计变更较少
劣势	① 分项招标可能导致承包商费用较高，因而要做好比较分析，研究项目分项的多少，选定一个最优的结合点，并充分发挥专业分包商的专长； ② 业主方在项目完成前对项目总造价心中无数
适用范围	一般适用于建设周期长，工期要求紧，不能等到设计全部完成后再招标施工的项目，或者是投资和规模都很大、技术复杂，组成和参与单位众多，缺少以往类似经验的项目。它不适用于规模小、工期短、技术成熟以及设计已经标准化的常规项目（例如多层住宅）和小型项目

3）CM 模式常有的两种形式：

① 代理型 CM 模式（“Agency” CM）：业主和 CM 经理的服务合同是以固定酬金加管理费办法。

② 风险型 CM 模式（“At-Risk” CM）：CM 经理同时也担任施工总承包商的角色，业主要求 CM 经理提出保证最大工程费用（Guaranteed Maximum Price，GMP），超过 GMP 时由 CM 公司赔偿，低于 GMP，节约的投资归业主，但可对承包商按约定比例奖励。GMP 包括工程的预算总成本和 CM 经理的酬金。

a. 代理型 CM 模式和风险型 CM 模式的治理结构如图 2-4 所示。

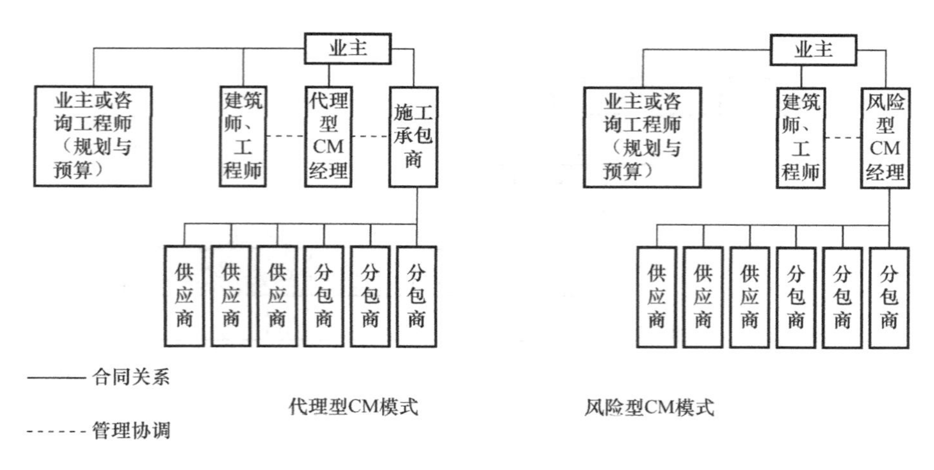

图 2-4　代理型 CM 和风险型 CM 治理结构

b. 代理型CM模式与风险型CM模式相比主要的区别，见表2-3。

不同CM模式的区别　　表2-3

类　别	代理型CM管理模式（Agency CM）	风险型CM管理模式（At-Risk CM）
优势	业主可自由选定建筑师/工程师；招标前可确定完整的工作范围和项目原则；完善的管理与技术支持	可提前开工提前竣工，业主任务较轻，风险较小
劣势	CM经理不对进度和成本作出保证；可能索赔与变更的费用较高，即业主方风险很大	总成本中包含设计和投标的不确定因素；可供选择的风险型CM公司较少
与业主的关系	CM单位是咨询单位，签订的是咨询服务合同，负责项目咨询和代理，合同管理及组织协调的工作量也较小	CM单位担任施工总承包人的角色，与各分包商或供货商之间有直接合同关系
承担风险	业主直接与各分包商和供货商签订合同，对各承包商的协调管理和合同管理工作转由业主自己承担，CM单位风险性较小	CM需承担各施工单位和供应商的协调管理和合同管理工作，对分包商的控制强度也较强，增加了CM单位的风险
工作职责	在设计阶段就介入项目，并可以向设计单位提供合理化建议，协助业主主持招标工作，在项目施工阶段管理和协调各分包商	与各分包商之间有合同关系，可向其发指令，它们之间是管理协调关系，风险型CM管理模式下的CM单位的工作量要远远大于代理型CM模式下的CM单位
对最大工程费用GMP的风险承担	CM单位只提供实质性管理的咨询服务，它不是项目的实施方，不参与项目的施工，也不承担保证最大工程费用（GMP）的风险。因此CM单位与业主之间签订的是委托合同，以固定酬金加管理费为基础（总收益约为总投资的1%～3%）	发包人要求CM经理提出保证GMP，以保证发包人的投资控制。如果最后结算超过GMP，则由CM公司赔偿；如果低于GMP，则归发包人所有，但CM获得约定比例的奖励（总收益约为总投资的4%～7%）
合同签订	在设计阶段介入项目，由业主与承包商签订总承包合同	介入时间更早，CM单位与分包商每签一份合同才确定该分包合同价，而非一次把总造价包死

（2）项目管理服务模式（Project Management，PM）

项目管理服务是指从事工程项目管理的企业受业主委托，按照合同约定，代表业主对工程项目的组织实施进行全过程或若干阶段的管理服务，项目管理企业不直接与该工程项目的总承包企业或勘察设计、供货、施工等企业签订合同。

① PM模式的合同模式，如图2-5所示。

② PM模式的优劣势和适用范围，见表2-4。

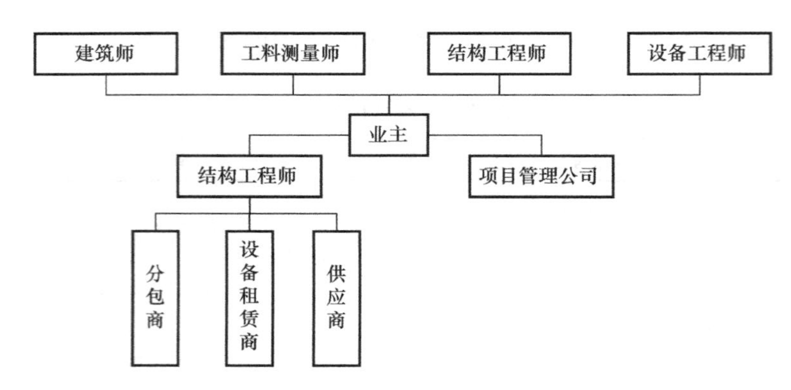

图 2-5　PM 模式的治理结构

PM 模式的比较　　**表 2-4**

类　别	内　容
优势	项目管理单位的经验有可能缩短项目工期，总成本、进度和质量控制比传统的施工合同更有效
劣势	① 增加业主额外费用； ② 业主与设计单位之间通过项目管理单位进行沟通，降低了沟通质量； ③ 项目管理单位职责不易明确
适用范围	大型项目或大型复杂项目，特别是业主的管理能力不强的情况

(3) 项目管理承包模式 (Project Management Contractor，PMC)

PMC 模式诞生于 20 世纪 80 年代初，在该模式中，业主首先委托一家有相当实力的工程项目管理公司，项目管理公司需要按照合同约定除了对项目进行全面的管理承包，还需要直接参与项目的设计、采购、施工和试运行等阶段的具体工作。

① PMC 模式的治理结构，如图 2-6 所示。

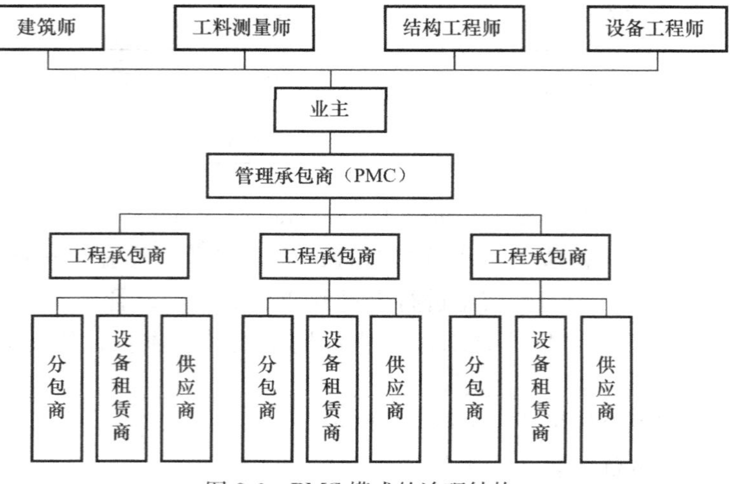

图 2-6　PMC 模式的治理结构

② PMC 模式的优劣势和适用范围，见表 2-5。

PMC 模式的比较 **表 2-5**

类 别	内 容
优势	① 可充分发挥管理承包商在项目管理方面的专业技能，统一协调和管理项目的设计与施工，减少矛盾； ② 如果管理承包商负责管理施工前阶段和施工阶段，则有利于减少设计变更； ③ 可方便地采用阶段发包，有利于缩短工期； ④ 一般管理承包商承担的风险较低，有利于激励其在项目管理中的积极性和主观能动性，充分发挥其专业特长
劣势	① 业主与施工承包商没有合同关系，因而控制施工难度较大； ② 与传统模式相比，增加了一个管理层，也就增加了一笔管理费
适用范围	适用于业主的项目管理人力资源缺乏、业主的项目管理经验不足难以承担该项目管理；投资和规模巨大且工艺复杂的大型项目，且业主对这些工艺不熟悉

（4）代建制模式

2004 年，国务院正式批准和推行“代建制”，即政府投资人或其代投资方通过招标等方式与社会化的项目管理公司签订委托代建合同，由项目管理公司负责建设实施，严格控制项目投资、质量和工期，竣工验收后移交给使用单位。项目管理公司在代建期间充当建设单位的职能。政府投资人不直接负责项目建设过程，体现了公开竞争、市场力量在经济运行和资源配置中起的主导作用。

① 代建制模式的治理结构，如图 2-7 所示。

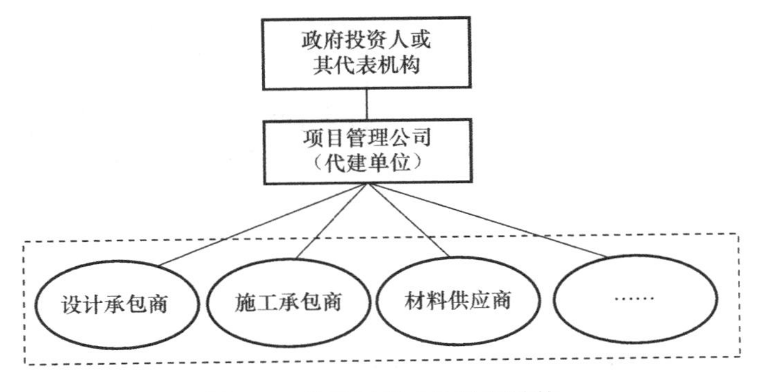

图 2-7 代建制模式的治理结构

② 代建制模式的优劣势和适用范围，见表 2-6。

代建制模式的比较 **表 2-6**

类 别	内 容
优势	① 引入竞争，提高项目管理的专业化水平，与国际接轨； ② 可降低投资，节约资金

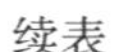

续表

类　别	内　容
劣势	① 对于政府监管强度要求比较大，并要求具有较高的专业技术能力； ② 使用单位的合理变更通过行政审批手段较难实现
适用范围	主要应用于我国的非经营性政府投资项目建设实施过程中

3. 工程总承包项目管理模式

(1) 设计—建造模式（Design-Build，DB）

设计—建造模式是指承包商承担工程项目的设计、施工安装全过程的总承包，并对工程的质量、安全、工期、造价全面负责。业主首先聘请一家咨询公司为其研究项目的基本要求，明确工作范围，在项目原则确定之后，业主选定一家公司负责项目的设计和施工。这种方式在投标和签订合同时是以总价合同为基础的（可调价）。工程总承包商对整个项目的成本负责，它可以采用竞争性招标方式选择分包商，当然也可以利用本公司的设计和施工力量完成一部分工程。

① DB模式的治理结构，如图2-8所示。

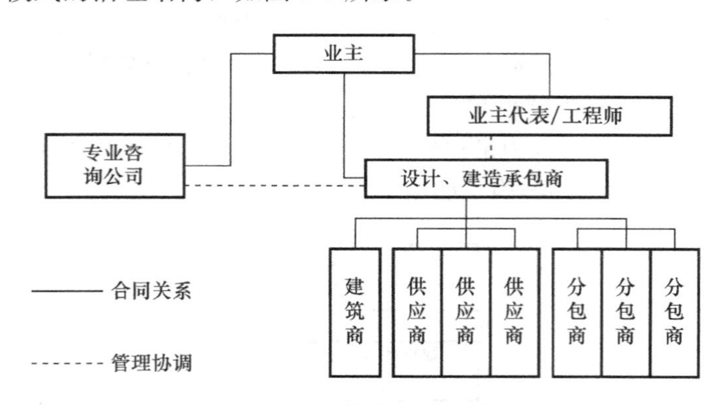

图2-8　DB模式的治理结构

② DB模式的优劣势和适用范围，见表2-7。

DB模式的比较　　**表2-7**

类　别	内　容
优势	① 单个承包商负责项目，项目责任单一，避免设计、施工矛盾，可减少由于设计错误引起的变更、索赔，保障了业主的利益； ② 业主与承包商直接联系，交流效率提高； ③ 项目初期选定项目组成员，连续性好，责任单一； ④ 总价包干（可调价），早期造价可得到保证
劣势	① 业主无法选择设计、对设计细节控制不力； ② 总价包干，可能影响设计、施工质量
适用范围	业主提出要求；承包商承担设备设计、制造供货或设计、施工；固定总价的合同

（2）设计—管理模式（Design-Management，DM）

设计—管理模式是指由同一实体提供设计并进行施工管理服务的工程项目管理模式。业主只签订一份既包含设计也包含管理服务的合同，设计公司与管理机构为同一实体（可以是设计机构与施工管理企业的联合体）。常有两种具体形式：

1）业主与设计—管理公司和施工总承包分别签订合同，由设计管理公司负责设计并对工程的施工进行管理。

2）另一种是发包人只与设计—管理公司签订合同，而由设计—管理公司分别与各个单独的施工承包人和供应商签订施工合同，进行项目施工。

DM 模式被认为是 CM 与 DB 模式相结合的产物。

① DM 模式的治理结构，如图 2-9 所示。

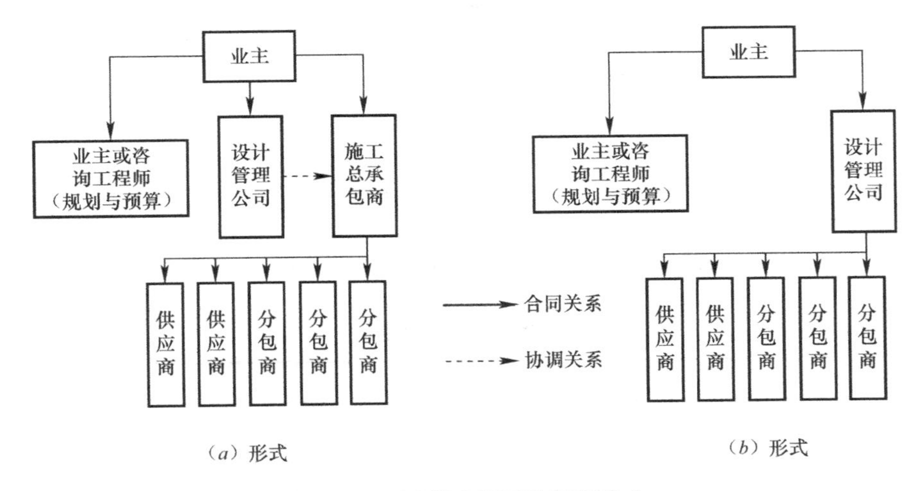

图 2-9 DM 模式的两种实现形式

② DM 模式的优劣势和适用范围，见表 2-8。

DM 模式的比较 表 2-8

类别	内容
优势	① 可对总包或分包采用阶段发包方式，加快进度； ② DM 公司的设计能力相对较强，能充分发挥其设计优势
劣势	① 因管理众多承包商，对 DM 公司的管理能力和经验要求高； ② 业主直接控制能力差，需要较强的宏观监管能力； ③ 第二种形式下存在双重指挥的问题，对设计—管理公司的项目管理能力提出了更高的要求
适用范围	业主提出要求；承包商承担设备设计、制造供货或设计、施工

（3）设计—采购—建造模式（Engineering-Procurement-Construction，EPC）

EPC 在我国又称之为“交钥匙总承包”模式。EPC 模式下，总承包企业按照合同约定，承担工程项目的设计、采购、施工、试运行服务等工作，并对承包工程的质量、安全、工期、造价全面负责，使业主最后仅需“转动钥匙”即可运行。EPC 模式的重要特点是充分发挥市场机制的作用，促使承包商、设计师、建筑师共同寻求最经济、最有效的方法实施工程项目。

1）EPC 模式的治理结构，如图 2-10 所示。

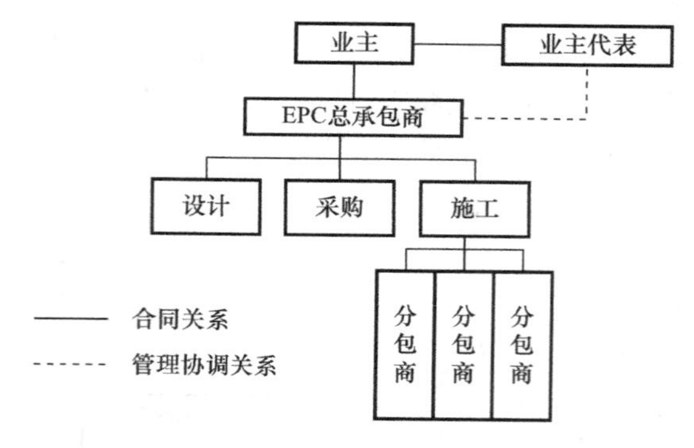

图 2-10　EPC 模式的治理结构

2）EPC 总承包模式的优劣势和适用范围，见表 2-9。

EPC 总承包模式的比较　　表 2-9

类别	内容
优势	① 由单个承包商对项目的设计、采购、施工全面负责，项目责任单一，简化了合同组织关系，有利于业主管理； ② EPC 项目属于总价包干（不可调价），因此业主的投资成本在早期即可得到保证； ③ 可以采用阶段发包方式以缩短工程工期； ④ 能够较好的将工艺的设计与设备的采购及安装紧密结合起来，有利于项目综合效益的提升； ⑤ 业主方承担的风险较小； ⑥ 承包商能充分发挥设计在建设工程中的主导作用，有利于整体方案优化
劣势	① 能够承担 EPC 大型项目的承包商数量较少，竞争减弱； ② 对承包商的技术、管理、经验的要求很高，承包商承担的风险较大，因此工程项目的效益、质量完全取决于 EPC 项目承包商的经验及水平； ③ 工程的造价可能较高； ④ 承包商需要直接控制和协调的对象增多，对项目管理水平要求高
适用范围	以交钥匙方式提供工艺或动力设备的工厂；大型土木工程，基础设施工程

3）EPC 模式的各种衍生模式：

① EPC 模式 1：设计—采购—施工监理（EPCs，s-superintendence），如图 2-11 所示。

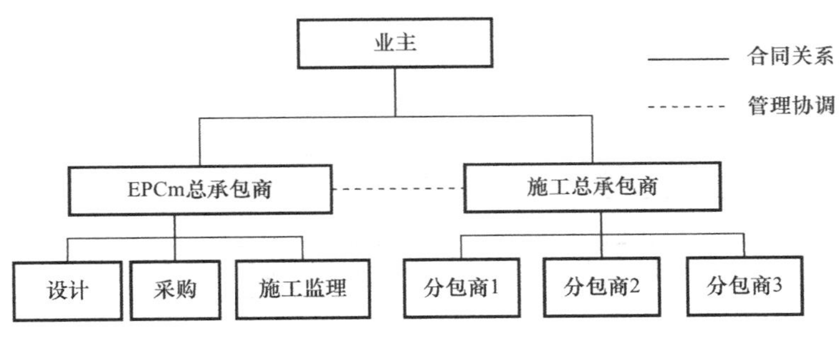

图 2-11 EPCs 治理结构

EPCs 总承包商与业主签订合同负责项目设计、采购与施工监理。业主另外需要与施工承包商签订施工合同，由其按设计图纸进行施工，施工承包商与 EPCs 承包商无合同关系。监理费用不计入总价，按实际工时计取。EPCs 承包商对工程的进度、质量全面负责。

② EPC 模式 2：设计—采购—施工管理（EPCm，m-management），如图 2-12 所示。

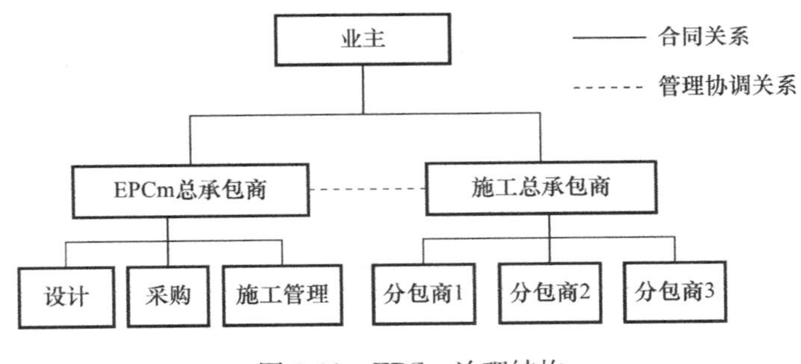

图 2-12 EPCm 治理结构

EPCm 总承包商与业主签订合同负责项目设计、采购与施工管理。业主另外需要与施工承包商签订施工合同，由其按设计图纸进行施工，施工承包商与 EPCm 承包商无合同关系，但需接受其施工管理。EPCm 承包商对工程的进度、质量全面负责。

③ EPC 模式 3：设计—采购—施工咨询（EPCa，a-advisory），如图 2-13 所示。

EPCa 与业主签订合同负责项目的设计、采购，并在施工阶段向业主和施工承包商提供咨询服务。咨询费不含在承包价中，按实际工时计取。业主与施工承包商另签施工合同，负责项目按图施工并对施工质量负责。

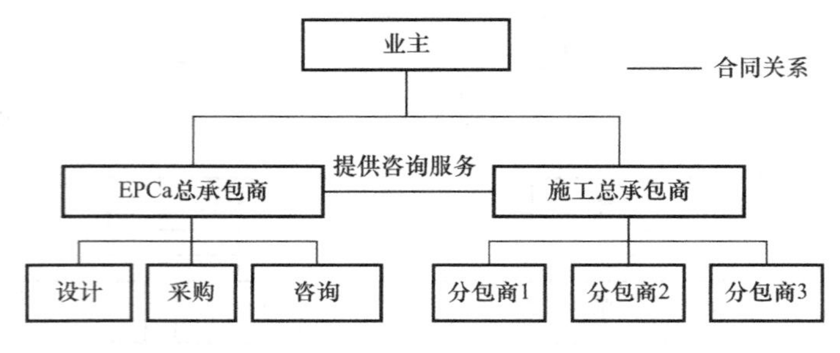

图 2-13　EPCa 治理结构

4. 建造—运营—移交模式（Build-Operate-Transfer，BOT）

BOT 有时也称为“特许经营权”方式，它是指政府部门通过特许权协议，授权项目发起人联合其他公司/股东为某个项目成立专门的项目公司，负责该项目的融资、设计、建造、运营和维护，在特许期内项目公司通过运营向该项目（产品/服务）的使用者收取适当的费用，由此回收项目的投资、经营和维护等成本，并获得合理的回报；特许期满后，项目公司无偿或以极低的名义价格移交给政府部门。

目前 BOT 在世界许多国家被采用，且各国在 BOT 方式实践的基础上，又发展引申出多种方式，如 BOOT（建造—拥有—运营—移交，Build-Own-Operate-Transfer）、BOO（建造—拥有—运营，Build-Own-Operate）、BT（建造—移交，Build-Transfer）等十余种。

① BOT 模式的治理结构，如图 2-14 所示。

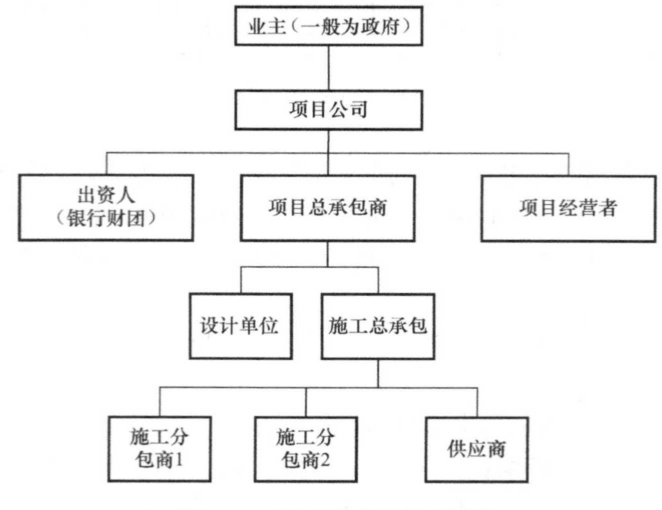

图 2-14　BOT 模式的治理结构

② BOT 模式的优劣势和适用范围，见表 2-10。

BOT 模式比较 **表 2-10**

类别	内容
优势	① 拓宽资金来源，降低政府财政负担； ② 政府可以避免大量的项目风险； ③ 发挥外资和私营机构的能动性和创造性，有利于提高项目的运作效率； ④ 提高了项目公司的谈判地位，也创造了承包商的商业机会； ⑤ BOT 项目通常都由外国的公司来承包，带来先进的技术和管理经验
劣势	① 融资成本较高； ② 市场变化的风险，政治风险，投资回收不确定，外汇风险，项目的不确定因素导致的费用增加风险； ③ 可能会承担较大风险，较难确定回报率及政府应给予的支持程度； ④ 耗时长，因为风险多/合同结构复杂，谈判难
适用范围	大多用于基础设施项目上，如电厂、机场、公路、隧道、港口、水处理厂等公共项目； BOT 模式在我国的应用是分阶段进行的，采用先易后难，先试点后推广的方式

本书用较大篇幅介绍了宏观层面的项目管理模式，虽然它们一般不发生在施工项目从投标决策到竣工交验过程中，但了解它们有助于对建筑市场发展趋势的把握，以及规划企业未来的商业模式和战略定位。

2.2.3 施工承包项目的项目管理模式

企业对于已以工程施工承包方式签订的合同，其项目管理模式是在工程施工承包的前提下进行选择的。此时的选择主要需考虑的问题包括：

① 自营，承包，或联营。

② 公司（分公司）—项目部两级体制，还是项目施工总承包指挥部、单项工程或分部分项工程项目经理部、所属施工队或架子队三级体制。

③ 实行项目承包，还是项目经理责任制，或是实行法人管项目的体制。

所谓自营，即公司承揽工程项目后，自行派出项目经理和管理团队，由项目经理部受权实施工程项目管理，公司进行指导和监督的管理模式。自营模式下又有三种类型：第一种类型是由公司负责选定分包商和材料供应商，公司相关职能部门编制施工组织设计和各分部分项工程的施工方案，编制各职能管理计划和方案，项目经理只是组织项目管理团队执行公司的计划、方案、措施，完成工程施工；第二种类型是以项目经理为首的项目管理团队实行全额经济承包，公司除了给项目经理确定其承包基数、对施工过程进行定期和不定期的检查监督之外，一般不干预项目管理的过程。施工所需要的建筑材料由项目经理部自行采购，所需要的分包由项目经理部自行确定。当然，采购和分包要根据公司的规定和通用的方法，以及标准的运作流程进行，不能“自定规矩”。第三种类型介于前两种类型之间，项目经理拥有授权范围内的职权。

所谓联营，是两家或两家以上的企业联合向建设单位投标，按各自投入资金的份额分享利润并分担风险。参加联合经营方式的企业各自独立核算，共同使用设备及临时设施，按时间摊付租用费。由于两家联合，资金雄厚，技术及管理上取长补短，能够各自发挥自己的优势。同时在投标中由于两家同时作价，在标价及投标策略上得到交融，因此提高了竞争能力，独家无法得标的工程，由于联合经营而得标。联合经营在国外承包工程中，应用相当普遍。国外承包企业和当地企业联合经营，有利于对当地国情民俗的理解和适应，使工作开展比较顺利。从体制改革至今，不少国有企业和集体企业亦多采用联合经营方式。

案例 2-1：上海环球金融中心总承包联合体管理体制

上海环球金融中心（Shanghai World Financial Center，SWFC），位于中国上海浦东新区的陆家嘴金融贸易区内一栋摩天大楼。楼高 492m，地上 101 层，开发商为“上海环球金融中心公司”，由日本森大楼公司（森ビル）主导兴建。2008 年 8 月完工。

施工总承包方为中国建筑工程总公司和上海建工集团组成的联营体，其中，中建总公司占 70%，上海建工集团占 30%；在中建总公司内部，又由其所属子集团组成承包联合体，中建三局、中建二局和中建国际分别占 80%、10%、10%。联营各方分别派出管理人员组成项目管理机构，见图 2-15、图 2-16。

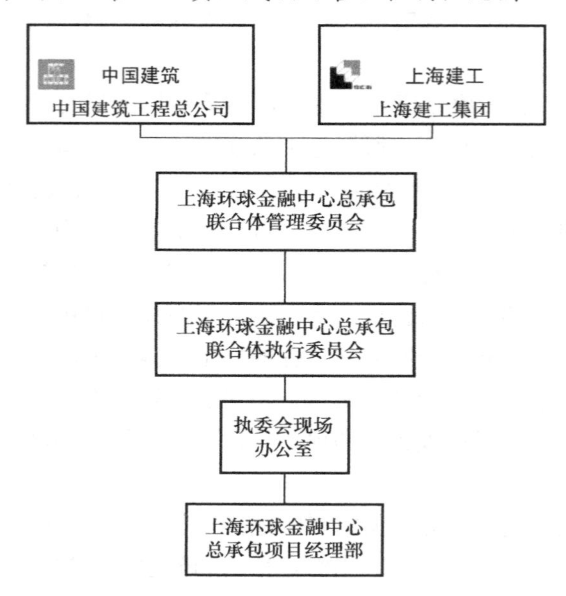

图 2-15　总承包联合体管理体制示意图

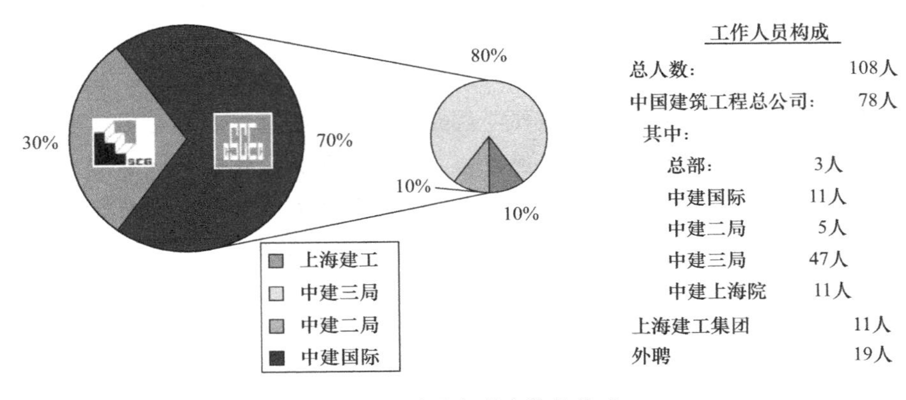

图 2-16　总承包联合体的构成

在项目管理体制是两级管理还是三级管理方面，规模较大、专业较复杂或项目的单体工程（单项工程）较多时，多采用三级体制，特别在大型项目实行联营模式时，往往在现场组建一个联合项目指挥部，联营各方再在各自承担施工的部分组建自身的项目经理部，内部实行分包的专业施工，分包方再组建自身的专业分包项目部。在前者，项目部是公司派出、代表公司履行承包合同的现场管理机构，公司则负责后方的技术、资源等支持；在后者，项目部是企业按照项目管理要求而设立的临时性组织机构，是企业的一线指挥机构，集团指挥部负责宏观和全方位的管理和协调，子公司项目部和施工队则具体担负施工生产。

案例 2-2：二滩水电站二标工程现场施工管理的模式及特点

二滩水电站工程是利用世行贷款，采用国际招标方式选择承包商进行建设的工程。其中二标工程（地下厂房工程）由德国的霍尔茨曼公司、豪克蒂夫公司及中国的葛洲坝集团公司组成的中德二滩联营体（以下简称联营体）中标承建。其管理模式是按照国际承包商管理工程的方式建立的，其中现场施工的管理作为整个二标管理的基础，对整个合同工程的顺利实施起着极其重要的作用。

二滩二标工程的现场管理采用了直线职能制的企业组织形式，既有部门内部纵向管理职能层次体系，又有横向专业管理职能分工体系，它兼顾了专业化分工协作和集中统一指挥的优点，各专业职能部门和生产作业队都受现场经理的直接领导，职能部门对生产作业队负有专业领导、监督的任务。具体地讲，二滩二标工程实行了四级管理体制，即：现场全面管理、部门管理、施工项目管理及施工部位管理，各级管理层的主要职能如下：

1. 现场全面管理

现场经理全面负责联营体的现场生产事务，主管开挖、浇筑、技术、机电、供应及安全等各部，负责对现场施工计划、方案、进度、质量、安全及各类生产要素进行全方位的管理和综合协调，是联营体现管会领导下的现场施工总负责人。

2. 部门管理

在现场经理的协调领导下，各部门内部实行了纵向管理职能层次体系，可分别独立地对各施工项目进行专业管理，如“开挖部”统管联营体所有施工部位的开挖及支护；“施工及供应部”对现场所需混凝土的生产、供应及混凝土浇筑全过程负责；“技术部”则负责施工技术方案及进度计划的制订。

3. 施工项目管理

联营体根据二滩的施工特点，实行了分项目管理法，根据不同的施工部位划分了厂房项目、泄洪洞项目、尾调项目等，每个项目设一名项目工程师，全面负责所管项目的施工，项目工程师是施工项目的责、权、利主体，他是该施工项目的最高责任人和组织者，对所管项目施工的全过程、全方位负责。其主要工作职责包括：(1) 策划。包括施工准备策划，施工工艺及施工工序的组织策划，施工质量、安全、技术策划等，并通过施工策划设计全面或当前工作的蓝图，为资源配置、工序控制、质量检验等工作提供方便。(2) 协调。协调组织内的关系，如工序与工序、班组与班组、管理职能之间的关系，协调项目与工程监理之间的关系，并对进入现场的人、财、物进行统一调配。另外，项目工程师还有权雇佣及解雇属下的管理人员及劳务，有权决定手下雇员的工资及奖金分配等级，有权向有关部门申请调用各类生产要素。

项目工程师一般不设助手，只设翻译或秘书一人。人员设置非常精干高效。项目工程师制是联营体现场施工管理的重要一环，值得我们学习和研究。

4. 施工部位管理

联营体在进行分项目施工时又将每一施工项目划分多个施工部位进行“两班制”施工，各施工部位设外籍工头一名，全面负责各部位的施工及人员设备管理。工头下面管理着直接聘用的各种劳务，对手下的劳务有考勤权、警告权和解雇权。这种由技术工人担任工头，直接带领劳务施工的制度即工头制。工头制将国外的技术优势和当地廉价的人力资源优势有机地结合起来，从而节约了施工成本。

在工头和项目工程师之间，联营体还根据实际情况，设置一名总工头。总工头的主要职责是在项目工程师的领导下，监督各工头进行施工，并加强对重点部位的监督，以保障施工的顺利进行。

项目承包体制下，项目经理拥有项目决策的绝对权力，所谓承包，只要完成了应上缴的部分（利润或管理费），其他就都是承包者自己的，盈亏自负。这种体制下，企业的风险较大，但它对于调动项目经理的积极性却有较好的刺激作用。近年来，项目承包往往和“联营”模式混为一谈，有的企业甚至将带有“挂靠”色彩的所谓联营冠之以“承包”名头。此时，项目承包体制又具有了能迅速扩大企业经营规模、提高市场占有率的作用。正因为如此，为数不少的企业热衷于项目承包的体制。

法人管项目的体制同项目承包体制正好相反，“法人管项目”不是说企业的哪一个人管项目，而是企业的各职能环节按规范化的程序实施对项目的管理控制，在“法人管项目”下的项目经理只是代表企业去管理项目，是执行人而不是决策者。“法人管项目”是将人、财、物的支配权从一个个分散的项目集中到法人企业，提高资源的利用率，形成规模和集约效应，项目经理要严格体现企业管理项目的旨意，严格执行企业管理项目的规范制度。对于项目而言，建立“法人管项目”制度，是项目规范经营管理的行为，是促进项目安全、健康、持续发展的根本保证，是把项目生产经营管理中的事权、物权、财权有效集中，缩短管理链条，纳入法制轨道，外化于项目员工的行为规范，为项目健康持续发展提供有力保障。

在“法人管项目”模式下，项目的主要人力资源调配由企业负责，项目经理具有组建项目经理部的人员推荐选择权，但重要岗位的主要人员必须经企业统一安排；实现人力资源集中管理的基础是企业建立健康的人力资源管理机制、能留住人才的人力资源管理措施、可以应对企业经营需求的人力资源数据库和管理信息系统等。

在“法人管项目”模式下，项目的财务资金由企业统一管理，项目的财务人员由企业派遣，工程款必须回收到企业账户，再由企业根据工程需要拨付项目，项目支出必须统一在企业进行财务报销，但企业可以给项目预借一定的备用金；实现财务资金集中控制的基础是企业建立严格的财务资金集中管理制度、功能可靠的财务资金管理信息系统、项目工程款的收入支出必须集中到企业财务部门，一般不能让项目设立独立银行账号，即使有账户也只是作为备用金使用，项目的财务资金必须在各个环节透明以满足企业决策层的需要。

在“法人管项目”模式下，项目的主要或大宗物资材料的合同订立和采购必须由企业统一安排，可以给项目确定部分零星材料的就地采购权，但要由企业控制采购付款。实现物资材料集中采购供应的基础是企业必须建立严格的物资材料管理制度，建立物资管理信息系统，建立丰富的物资材料参考价格库，建立供应商评估管理系统，堵塞可能发生漏洞的环节。

不论是项目承包还是法人管项目，“项目经理责任制”都是不二选择，只是项目承包体制下，项目经理的权限更大，因此对项目经理个人素质的要求更高；而法人管项目体制下，更强调企业法人在项目管理中的作用，对企业总部的能力建设提出了更高的要求。因此，很难评价哪种体制或模式更好，必须根据企业实际情况考虑选用。

2.2.4 选择合适的项目管理模式

任何一种项目管理模式都是为适应业主对项目的特点管理需要而出现的，并且各有利弊。对于具体的工程项目，应根据项目自身的特点、建筑条件、项目环境、项目实施战略、合同方式、项目目标等，通过定性、定量分析，选择最为适合的项目管理模式。一般，在选择项目管理模式的时候也需要考虑业主自身情况、当地的法规政策环境、建筑市场状况以及历史经验教训等因素。

项目管理模式的特点决定了每种模式在一般情况下适用的项目类型。本着加大激励和加大风险相结合、放开经营与强化管理相结合的原则，研究分析多种因素，综合分析来说，应系统分析以下三个方面的情况。

（1）业主本身情况

主要考虑业主方从事项目建设的经验、人员配备以及对项目施工方的管理要求三方面。当业主方考虑多种因素后要求施工方以联营方式实施项目管理时（例如案例 2-1 和案例 2-2），承包方可以将一个工程建设项目划分为几个部分，分别由联营体成员负责实施。

（2）项目及环境情况

主要考虑项目特点、类型（表 2-11）、规模大小、技术复杂度、发包条件等。项目的环境情况主要考虑国家或当地的政策法规、建筑市场情况，主要包括承包商的经验技术和能力、材料价格走势等和项目当地气候地理情况等技术方面的因素。

不同类型项目的项目模式选择　　表 2-11

不同项目类型	重点项目	① 具有品牌效应、利润较多 ② 采用考核制 - 实行目标管理，综合考核，项目竣工后的净利润由公司与项目部按比例分享，并规定了项目经理在项目部效益奖励中的比例
	一般项目	① 主要考虑增加产值、拓展市场等因素 ② 实行项目经理个人承包负责制 - 本地项目核定承包造价基数 - 本地项目上缴公司管理费，多余项目利润由项目经理自主分配、留存
不同规模和影响	大型项目	公司（集团）直营，项目团队集体承包 - 项目班子足额缴纳风险抵押金，公司加强监管 - 额定期限、包死基数、超额归己、亏损赔补
	中小型项目	① 全权委托子（分）公司管理，组织机构由其设置，资源由其调配 ② 集团公司除按合同条款，对工程工期、质量等进行必要监管，收取一定比例工程收益外，其他一概由子（分）公司负责 - 本地项目核定承包造价基数 - 外地项目上缴公司管理费，多余项目利润由项目经理自主分配、留存

（3）项目目标要求

在具体的项目和特定情况下业主对项目的投资、进度或质量等目标的重视程度会有不同。

选择合适的项目管理模式是项目战略性策划的首要考虑。

2.3 项目管理组织

签订施工承包合同后，建筑施工企业就要考虑选派项目经理并组织项目管理团队具体负责项目实施。一些企业往往在工程投标阶段便已经有了项目经理人选的初步考虑，该人选可能还会参与项目的投标和签约活动，但通过投标过程和合同谈判过程，企业应随时注意原考虑的人选是否恰当及能否胜任，同时，通过对该项目的进一步了解，项目管理团队（一般称为项目经理部）的组成亦应逐步成型。

恰当的、能够胜任的项目经理和项目经理部，是项目成功的组织保障。

2.3.1 项目管理组织形式

组织形式是指一个组织以何种方式去处理层次、跨度、部门设置以及上下级关系，项目管理组织是项目管理能否有效运行的基础，其职能包括计划、组织、控制、指挥、协调。项目组织的好坏会影响到人力资源、物力资源，以及各方管理经验是否被充分利用，因此，只有在合理确定项目组织的基础上才能谈得上其他方面的管理。

1. 项目组织设计的目的和原则

（1）组织机构设置的目的

为了充分发挥项目管理功能，提高管理整体效率，以达到项目管理的最终目标。

（2）组织机构设置的原则

① 高效精干的原则；

② 管理跨度与管理分层统一的原则；

③ 业务系统化管理和协作一致的原则；

④ 因事设岗、按岗定人、以责授权的原则；

⑤ 项目组织弹性、流动的原则。

2. 常见的项目管理组织形式

常见的项目管理组织结构模式有以下几种结构形式，它们各有其适用范围、使用条件和特点，可以根据工程项目的性质、规模及复杂程度，选择合适的项目组织形式组建项目管理机构（或项目部）。

（1）混合工作队式项目组织

混合工作队式的项目组织是在不打乱企业现行建制的基础上，按特定对象原则建立的项目机构。项目管理组织机构由项目经理领导，有较大的独立性。在工程施工期间，项目组织成员不受原单位上级领导，但企业各职能部门可为之提供业务指导。项目管理组织与项目施工同寿命，工程竣工交付使用后，机构撤销，人员返回原单位。

① 混合工作队式的项目组织结构，如图 2-17 所示。

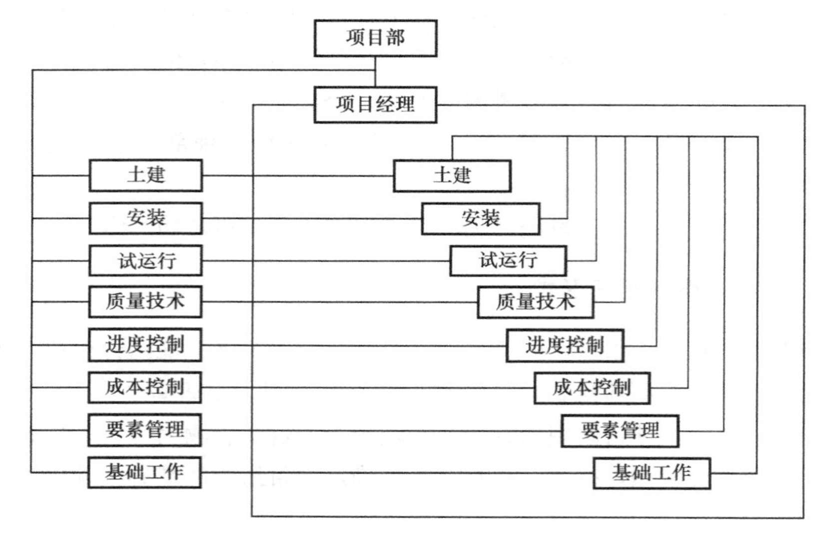

图 2-17　混合工作队式的项目组织结构图

② 混合工作队式项目组织的优劣势和适用范围，见表 2-12。

混合工程队式项目组织特点　　　　**表 2-12**

类　别	内　容
优势	(1) 项目组织成员来自企业各职能部门和单位，业务熟练，各有专长，项目经理无需专门训练便能进入状态； (2) 项目经理权力集中，行政干预少，便于项目经理协调关系而开展工作； (3) 各专业人员集中现场办公，减少了扯皮和等待时间，工作效率高，解决问题快
劣势	(1) 组建之初来自不同部门的人员彼此之间不够熟悉，人员配合工作需一段磨合期； (2) 由于项目施工一次性的特点，有些人员可能存在临时观点； (3) 各类人员集中在一起，当人员配置不当时，同一时期工作量可能差别很大，造成忙闲不均的现象
适用范围	适用于大型施工项目；工期要求紧迫的施工项目；要求多工种、多部门密切配合的施工项目

（2）部门控制式项目组织

部门控制式项目组织是在不打乱企业原建制的基础上，按照职能原则建立项目管理组织。由企业将项目委托其下属某一专业部门或某一施工队，被委托的部门或单位领导在本单位组织人员，并负责实施项目管理，项目竣工交付使用后，恢复原部门或施工队建制。

① 部门控制式的项目组织结构，如图 2-18 所示。

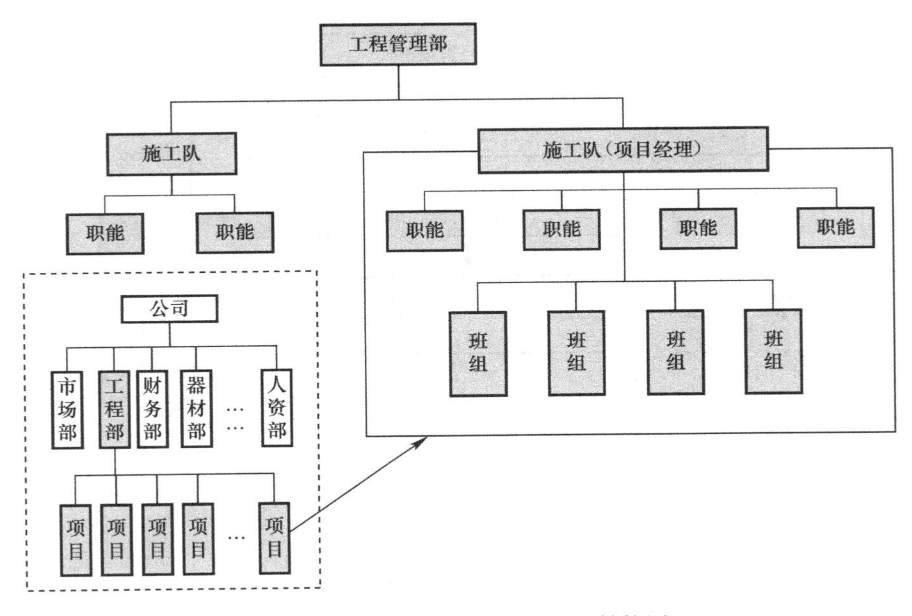

图 2-18 部门控制式的项目组织结构图

② 部门控制式项目组织的优劣势和适用范围见表 2-13。

部门控制式项目组织特点 表 2-13

类别	内容
优势	1. 利用企业下属原有专业队伍承建项目，可迅速组建施工项目管理组织机构； 2. 人员熟悉，职责明确，业务熟练，关系容易协调，工作效率高
劣势	1. 不利于精简机构； 2. 不适应大型项目管理的需要
适用范围	适用于小型施工项目；专业性较强且不涉及众多部门的施工项目

（3）矩阵式项目组织

矩阵式的项目组织按照职能原则和项目原则，由公司职能、项目两套系统建立的项目管理组织，并呈矩阵状。企业专业职能部门是相对长期稳定的，项目管理组织是临时性的，纵向、横向的协调工作量大，可能产生矛盾指令，对于管理人员的素质要求较高。矩阵式中每个结合部都接受双重领导，项目经理工作由各职能部门支持，有利于信息沟通、人事调配、协调作战。

① 矩阵式的项目组织结构如图 2-19 所示。

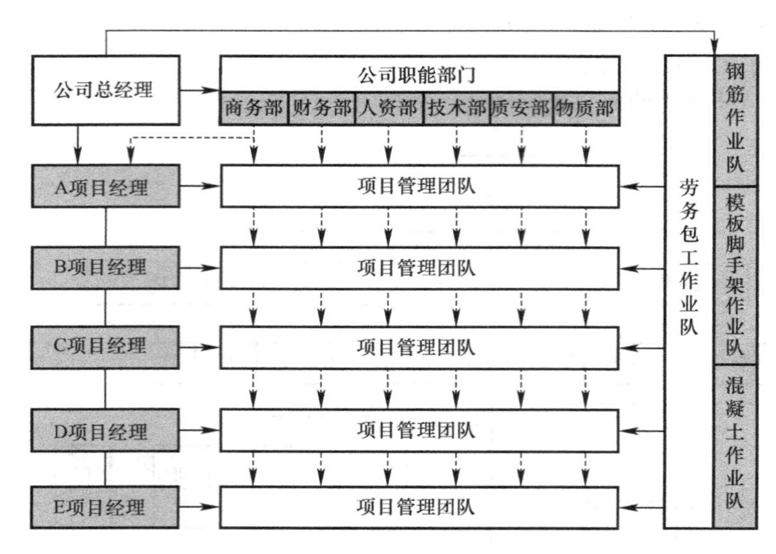

图 2-19 矩阵式的项目组织结构图

② 矩阵式项目组织的优劣势和适用范围，见表 2-14。

矩阵式项目组织特点 **表 2-14**

类 别	内 容
优势	(1) 兼有部门控制式和混合工作队式两者的优点，可以充分发挥纵向和横向两方面的优势，把职能原则和对象原则融为一体，实现了企业长期例行性管理和项目一次性管理的一致性； (2) 能通过对人员的及时调配，以尽可能少的人力实现多个项目管理的高效率，使有限的人力得到最佳的利用； (3) 项目组织具有弹性和应变能力； (4) 容易将知识经验应用于其他项目，有利于人才的全面培养和经验积累，从而有助于整个公司的管理水平的提高
劣势	(1) 纵向、横向的协调工作量大，双重领导可能产生矛盾指令，令当事人无所适从，影响工作； (2) 项目组织复杂，信息资料交流、人际关系、业务关系也复杂，造成协调困难增加。若项目经理和职能部门负责人产生重大分歧难以统一时，需要企业领导出面协调
适用范围	适用于同时承担多个项目管理的企业；大型、复杂的施工项目

(4) 事业部式项目组织

事业部式的项目组织可按地区设置，也可按建设工程类型或经营内容设置，事业部对企业内来说是职能部门，对企业外是一个独立单位。在事业部下边设置项目经理部，项目经理由事业部选派。

① 事业部式的项目组织结构，如图 2-20 所示。

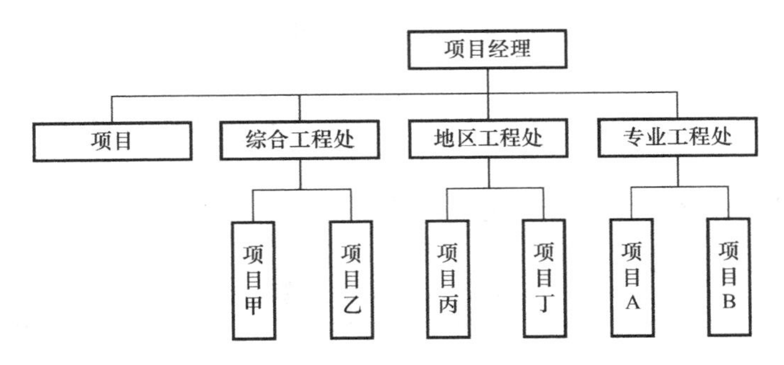

图 2-20　事业部式的项目组织结构图

② 事业部式项目组织的优劣势和适用范围，见表 2-15。

事业部式项目组织特点　　**表 2-15**

类　别	内　容
优势	(1) 有利于延伸企业的经营职能，扩大企业的经营业务，开拓企业的业务领域； (2) 能迅速适应环境变化，提高公司的应变能力，也可以加强项目管理
劣势	(1) 企业对项目经理部的约束力减弱，协调指导的机会减少，会造成企业结构松散； (2) 事业部的独立性强，必须加强制度约束，加大企业的综合协调能力
适用范围	适用于大型经营性企业的工程承包项目；远离公司本部的施工项目、海外项目；适宜在一个地区有长期市场或有多种专业化施工力量的企业采用

3. 选择适合的项目组织

选择什么样的项目组织形式，应综合分析企业的素质、施工任务、技术条件和管理基础，同施工项目的规模、性质、内容、要求的管理方式等要素，由企业选择出最适宜的项目组织形式。

(1) 项目组织形式特点（见表 2-16）

各类项目组织比较　　**表 2-16**

组织类型 项目特点	部门控制式	矩阵型组织			混合工作队式
		弱矩阵	平衡矩阵	强矩阵	
项目经理的权限	很少或没有	有限	小到中等	中等到大	很高甚至全权
全时为项目工作的人员百分比	几乎没有	0～25%	15%～60%	50%～95%	85%～100%
项目经理的角色	部分时间	部分时间	全时	全时	全时
项目经理角色的常用头衔	项目协调员/项目主管	项目协调员/项目主管	项目经理/项目主任	项目经理/计划经理	项目经理/计划经理
项目管理行政人员	部分时间	部分时间	部分时间	全时	全时

一般来说，人员素质高、管理基础强，可以承担复杂项目的大型综合企业，宜采用矩阵式、事业部式组织形式。简单项目、小型项目、承包内容单一的项目，宜采用部门控制式。根据需要和可能，在同一企业内部，可考虑几种不同组织形式结合使用，如事业部式与矩阵式项目组织结合、混合工作队式与事业部式，但不能将混合工作队式与矩阵式混用，以免造成管理渠道和管理秩序的混乱。

（2）选择项目组织形式参考因素（见表2-17）

各类项目组织的适用情况 **表2-17**

项目组织形式	项目性质	企业类型	企业人员素质	企业管理水平
部门控制式	大型项目、复杂项目、工期紧项目	大型综合建筑企业	人员素质较高、专业人员多、职工技术素质较高	管理水平较高、基础工作较强、管理经验丰富
混合工作队制式	小型项目、简单项目、只涉及个别少数部门项目	小建筑企业、大中型基本保持直线职能制的建筑企业	素质较差、力量薄弱、人员构成单一	管理水平较低、基础工作交叉、缺乏有经验的项目经理
矩阵型	多工种、多部门、多技术配合的项目、管理效率要求很高的项目	大型综合建筑企业、经营范围很宽、实力很强的企业	文化素质、管理素质、技术素质高，但人才紧缺、管理人才多、人员一专多能	管理水平高、管理渠道畅通、信息沟通灵敏、管理经验丰富
事业部式	大型项目、远离企业基地项目、项目部制企业承揽的项目	大型综合建筑企业、经营能力很强的企业、海外承包企业、跨地区承包企业	人员素质高、项目经理强、专业人才多	经营能力强、信息手段强、管理经验丰富、资金实力雄厚

在项目管理实践中，往往并非单一的采取某一种项目组织形式。在一个企业内部，由于可能同时施工的有各种类型的大、中、小型工程，因此部门控制式项目组织和混合工程队式项目组织在企业中并存。具体到某个大型工程项目，也可能会是混合工程队式及矩阵式并存。案例2-3就是多种项目组织模式并存的实例。

案例2-3：日本大成公司鲁布革工程现场作业所的组织形式

鲁布革水电站引水系统工程是我国第一个利用世界银行贷款，并按世界银行规定进行国际竞争性招标和项目管理的工程。1982年国际招标，1984年11月正式开工，1988年7月竣工。在4年多的时间里，创造了著名的“鲁布革工程项目管理经验”，受到中央领导同志的重视，号召全国建筑业企业全面学习和推广鲁布革经验。

鲁布革项目大成公司的项目组织机构——大成工程事务所基本上是个独立的混合工程队式组织，但机电设备等人员在业务上要受大成本部专业部门的指导，并以原部门为后盾，部分保持了矩阵式组织的特征，如图 2-21 所示。

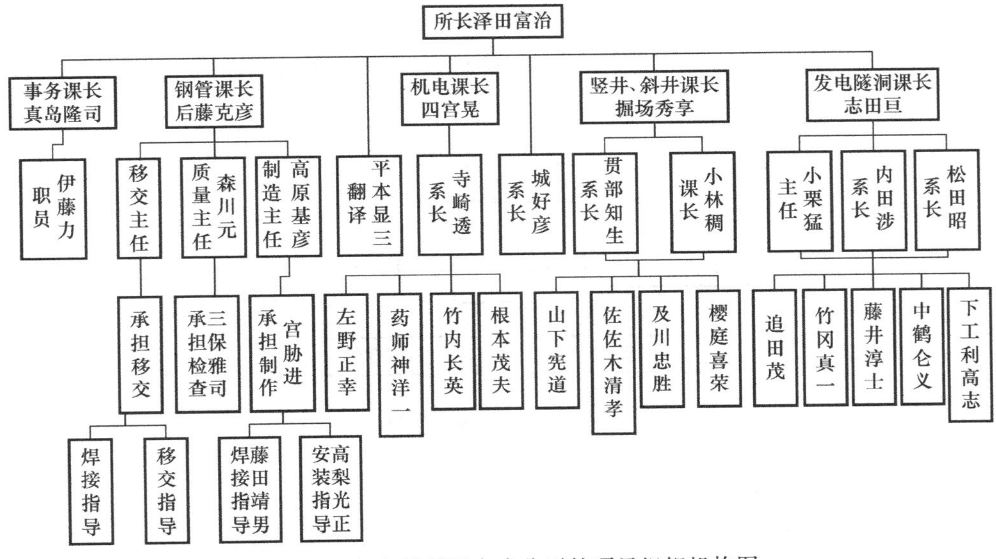

图 2-21　鲁布革项目大成公司的项目组织机构图

鲁布革大成事务所与本部海外部的组织关系是矩阵式的，在横向，大成事务所班子的所有成员在鲁布革项目中统归所长泽田富治领导；在纵向，每个人还要以原所在部门为后盾，服从原部门领导的业务指导和调遣，比如机电课长四宫晃，他在鲁布革工程中，作为泽田的左膀右臂之一，负责本工程项目的所有施工设备的选型配套、使用管理、保养维修，以确保施工需要和尽量节省设备费用，对泽田负完全责任。在纵向，他要随时保持和原本部职能部门的密切联系，以取得本部的指导和支持。当重大设备部件损坏，现场不能修复时，他要及时以电报或电传与本部联系，由本部负责尽快组织采购设备并运往现场，或请设备制造厂家迅速派人员赶赴现场进行修理和指导。钢管课长后藤克彦及其领导的钢管课甚至是钢管制作及主管安装分包商川崎重工派员组成，他们在业务上当然要接受其所属公司的垂直领导，但在鲁布革项目上要接受大成公司鲁布革事务所所长泽田的领导。所长泽田与本部领导和各职能部门随时保持密切联系，汇报工程项目进展情况和需要总部解决的问题。工程项目组织与企业组织协调配合十分默契。比如工程项目隧洞开挖高峰时，人手不够，总部立即增派有关专业人员到现场。当开挖高峰过后，到混凝土衬砌阶段，总部立即将多余人员抽回，调往其他工程项目。这样，横纵向的密切配合，既保证项目的急需，又提高了人员的效率，显示矩阵制高效的优势。

2.3.2 项目经理

施工项目经理是项目实施阶段的第一责任人，是施工责、权、利的主体，也是各种信息的集散中心，项目经理在整个项目管理中是核心人物，起到协调各方面关系的桥梁和纽带的重要作用。他在项目管理中承担着多种角色，如图 2-22 所示。

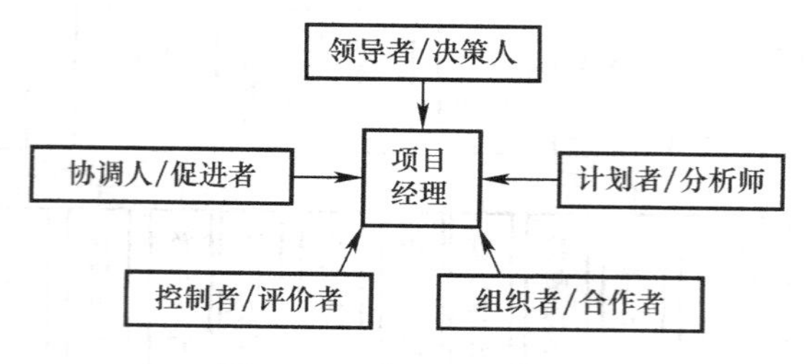

图 2-22 项目经理的角色

1. 施工项目经理的选拔任用

项目经理是决定项目成功实施的关键人物，因此选任出合适的项目经理非常重要。根据《建设工程项目管理规范》的规定：

① 项目经理应由法定代表人任命，并根据法定代表人授权的范围、期限和内容，履行管理职责，并对项目实施全过程、全面管理；

② 大中型项目的项目经理必须取得工程建设类相应专业注册执业资格证书；

③ 项目经理不应同时承担两个或两个以上未完项目领导岗位的工作；

④ 在项目运行正常的情况下，组织不应随意撤换项目经理。特殊原因需要撤换项目经理时，应进行审计并按有关合同规定报告相关方。

(1) 施工项目经理应具备的素质（见表 2-18）

项目经理应具备的素质 **表 2-18**

序号	素　质	具体内容
1	政治素质	① 具有高度的政治思想觉悟和职业道德，政策性强； ② 有强烈的事业心、责任感、敢于承担风险，有改革创新、竞争进取精神； ③ 有正确的经营管理理念，讲求经济效益； ④ 有团队精神，作风正派，能密切联系群众，发扬民主作风，不谋私利，实事求是，大公无私； ⑤ 言行一致，以身作则；任人唯贤，不计个人恩怨；铁面无私，赏罚分明

续表

序号	素质	具体内容
2	管理素质	① 对项目施工活动中发生的问题和矛盾有敏锐的洞察力，并能迅速做出正确分析判断和有效解决问题的严谨思维能力； ② 在与外界洽谈（谈判）以及处理问题时，有多谋善断的应变能力，当机立断的科学决策能力； ③ 在安排工作和生产经营活动时，有协调人、财、物的能力，有排除干扰实现预期目标的组织控制能力； ④ 有善于沟通上下级关系、内外关系、同事间关系，调动各方积极性的公共关系能力； ⑤ 有知人善任，任人唯贤；善于识别，发现培养人才，并且敢于提拔使用人才的用人能力
3	知识素质	① 具有大专以上工程技术或工程管理专业学历和文凭，受过有关施工项目经理的专门培训，取得任职资质证书； ② 懂得基本经济理论，了解国家方针和政策，具有可以承担施工项目管理任务的工程施工技术、项目管理和有关法规、法律知识； ③ 具备资质管理规定的工程实践经历、经验和业绩，有处理实际问题的能力； ④ 一级或承担涉外工程的项目经理应掌握一门外语
4	身心素质	① 年富力强，身体健康； ② 精力充沛，思维敏捷，记忆力良好； ③ 有坚强的毅力和意志品质、健康的情感、良好的个性等心理素质

案例 2-4：某建筑企业大型、特大型项目经理任职条件的规定（见表 2-19）

某建筑企业大型、特大型项目经理任职条件的规定　　表 2-19

基本资格	大型项目	特大型项目
年龄要求	30 周岁以上、55 周岁以下	
学历要求	具有普通正规高等院校大专及以上学历	
工作经历	本企业 8 年以上从事项目管理工作的经历	
职称要求	中级职称及以上	高级职称及以上
持证要求	取得注册建造师资格证书（特大型项目经理、执行经理须具备一级建造师资格）	
岗位任职条件	8 年内曾担任过中型及以上工程的项目经理，或两个大型工程项目副经理，或相当于同等职位及以上者	8 年内曾担任过一个大型及以上工程的项目经理，或特大型工程项目副经理，或相当于同等职位及以上者（包括公司总部领导、部门经理、分公司领导职位）
	所负责的项目均能完成项目目标管理责任书约定的成本工期目标和效益目标，没有发生因项目管理原因导致的质量和工期投诉	
	所负责的项目没有发生重大安全事故	

（2）施工项目经理的选择方法

施工项目经理的选择方式有竞争招聘制、企业经理委任制、基层推荐内部协调制三种，他们的选择范围、程序和特点各有不同，具体见表 2-20。

项目经理的选择 表 2-20

序号	选择方式	选择范围	程　序	特　点
1	公开竞争招聘制	① 面向企业或社会 ② 本着先内后外的原则	① 个人自荐 ② 组织审查 ③ 答辩演讲 ④ 择优选聘	① 选择范围广 ② 竞争性强 ③ 透明度高
2	企业经理委任制	限于企业内部	① 企业经理提名 ② 组织人事部门考核 ③ 企业办公会议决定	① 要求企业经理知人善任 ② 要求人事部门考核严格
3	基层推荐、内部协调制	限于企业内部	① 企业各基层推荐人选 ② 人事部门集中各方意见严格考核 ③ 党政联席办公会议决定	① 人选来源广泛 ② 有群众基础 ③ 要求人事部门考核严格

（3）施工项目经理的选择程序（见图 2-23）

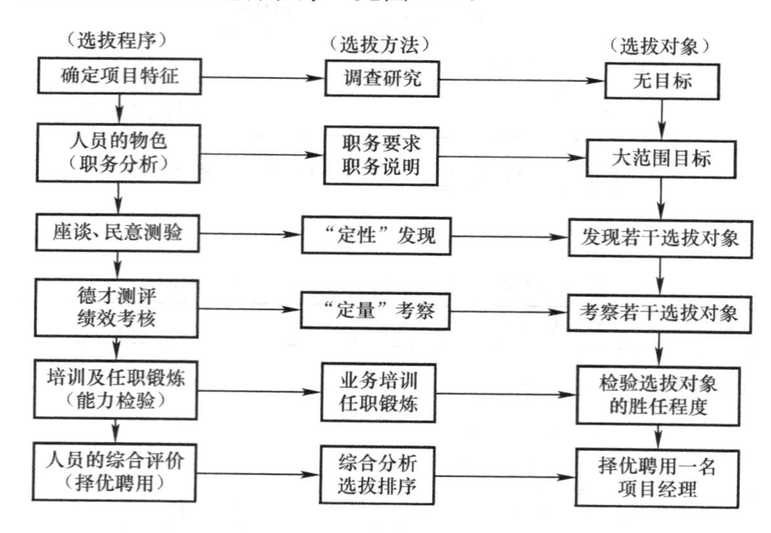

图 2-23　项目经理的选拔程序

2. 施工项目经理的管理职能和责、权、利

（1）项目经理的管理职能见表 2-21。

项目经理的管理职能 表 2-21

管理职能	工作内容说明	管理要点
预测和计划	需要做什么以及如何去组织项目；项目花费多少钱和多长时间	成果是项目计划和项目预算
配备人员	项目组由具有适当技能的人员配备而成	激励他们，管理他们间的冲突以及确保良好的沟通

续表

管理职能	工作内容说明	管理要点
汇报和联络	与高级管理层、委托人、管制团体以及对项目有贡献的任何人联络	建立全项目的对外关系网络，并对项目管理团队分工负责
恰当地运用工具	帮助管理和控制项目以及从事预测和汇报工作	要求管理团队均会使用
管理和整合工作	管理已做好的工作，整合各个小组成员和组织内不同团体，完成项目目标	
管理变革	有极少的项目恰好按照最初的计划结束，对计划进行修改的问题可能会出现	

（2）施工项目经理的责、权、利见表2-22。

项目经理的责、权、利 **表2-22**

项　目	具体内容
施工项目经理的任务	① 组织项目经理部，确定结构形式和结构分层，合理配备人员，制定规章制度，明确管理人员的职责，组织领导项目经理部的运行； ② 确定项目的总目标和阶段目标，进行目标分解，制定总体目标控制计划，保证成功建成项目； ③ 对项目管理中的重大问题及时决策； ④ 协调项目组织与相关单位之间的协作关系，协调技术与质量控制、成本控制、进度控制之间的关系； ⑤ 在委托权限范围内，代表本企业法定代表人进行有关签证； ⑥ 建立完善的内部及对外信息管理系统； ⑦ 严格全面履行合同
施工项目经理的职责	① 认真执行国家和项目所在地的与建设工程相关的法律、法规和政策； ② 严格财经制度，加强财务管理，正确处理项目、企业、用户和国家的利益关系； ③ 认真执行项目经理同施工企业签订的内部承包合同规定的各项条款； ④ 对项目施工进行有效控制，保证质量目标、费用目标和进度目标的实现。做到安全、文明施工； ⑤ 严格执行有关技术规范和标准，结合具体项目推广新技术，确保合同目标实现； ⑥ 执行本企业的各项管理制度
施工项目经理的权限	① 用人决策权； ② 财务决策权； ③ 进度计划的控制权； ④ 技术质量决策权； ⑤ 采购设备、物资的决策权
施工项目经理的利益	① 企业应转变观念，有资质的项目经理可在全国人才市场流动，双向选择； ② 项目经理应逐步实行年薪制，根据我国和各企业的实际，设置不同级别的年薪等级； ③ 有条件的企业应经常选择优秀项目经理参加全国项目管理研究班或到国外考察和短期培训，不断提高他们的能力

3. 项目经理培养机制

(1) 选拔储备人才

项目经理人才首先应从参加过项目的工程师培训中选拔，注意发现那些不但对专业技术熟悉，而且具有较强组织能力、社会活动能力和兴趣比较广泛的人。这些人经过基本素质考查，可作为项目经理预备人才有目的的培养。在他们取得一定的现场工作经验和综合管理部门的锻炼之后再压上一定的担子，在实践中进一步锻炼其独立工作的能力。

对项目经理的选拔应在获得充分信息的基础上，这些信息包括个人阅历、专长、成绩评估、心理测试以及员工的职业发展计划。

(2) 强化培训和锻炼

取得了实际经验和基本训练之后，对比较理想和有培养前途的对象，应在经验丰富的项目经理的带领下，委任其以助理的身份以协助项目经理的工作，或者令其独立主持单项专业项目或小项目的项目管理，并给予适时的指导和考察，这是锻炼项目经理才干的重要阶段。对在小项目经理或助理岗位上表现出较强组织管理能力者，可让其挑起大型项目经理的重担，并创造条件让其多参加一些项目管理研讨班和有关学术活动，使其从理论和管理技术上进一步开阔眼界，通过这种方式，使其逐渐成长为经验丰富的项目经理。

除了实际工作锻炼之外，对有培养前途的项目经理人选还应有针对性地进行项目管理基本理论和方法的培训。项目经理作为一种通才，其知识面要求既宽又深，除了其已具备的工程专业知识以外，还应进行业务知识和管理知识的系统培训，内容涉及管理科学、行为科学、系统工程、价值工程、计算机及项目管理信息系统等。项目管理基本知识主要包括项目及项目管理的特点、规律、管理思想、管理程序、管理体制及组织结构，项目沟通及谈判等；项目管理技术主要包括网络计划技术、项目预算、质量检验、成本控制、项目合同管理、项目协调技术等。

具体培训方法有以下两种：

① 同有经验的项目经理一起工作，并被分配给多种项目管理职责，进行岗位轮换。这是一种有效的在职培训。与此同时，还应使候选人参与多个职能部门的支持工作，并与顾客建立联系。

② 参加课程学习、研讨班以及专题讲座。具体上课方式采取讲授与交流及案例分析相结合的方式。对于项目管理基础知识应采用系统的理论讲授的方式。对于项目管理技术的应用，宜采取经验交流或学术会议的方式，通过研究讨论、成果发布、试点经验推广、重点项目参观等方式，把项目经理们组织起来，有针对性地进行专题交流。项目案例分析是培训的最好形式之一，由于项目的实施具

有复杂性、随机性、多变性和灵活性，这些不是靠讲授系统的方法所能深刻揭示的，而对一个好的案例的深刻剖析，可以使学员从不同角度得到综合训练。

此外，项目经理还可通过阅读商贸杂志及专业书籍杂志增加理论知识。

项目经理的上述几种方式大致比例分配如图 2-24 所示。

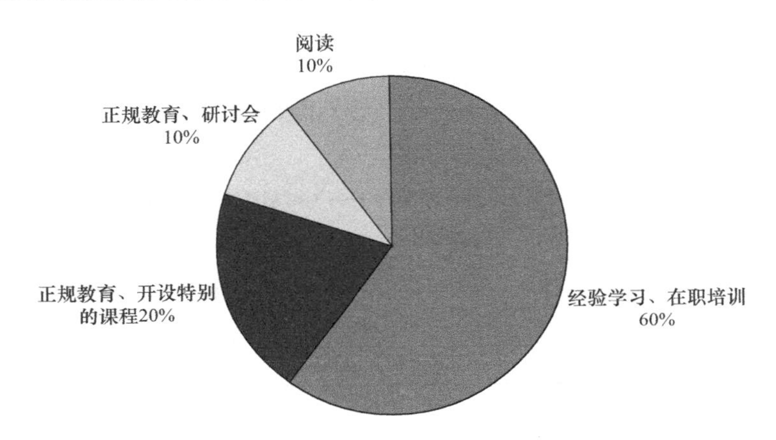

图 2-24　项目经理培训方式分配

除了知识体系的学习，项目管理锻炼的机会对于培养项目经理来说也非常重要。从项目的设计、施工、采购，到工程概、预算、招标投标工作，再到合同业务、技术质量等工作，都要给予项目经理足够的锻炼机会。大中型工程的项目经理更需要项目的历练，初期可以在小型项目上“练兵”，或在有经验的项目经理带领下，接受指导、培养与考核。

案例 2-5：日本竹中工务店的项目经理选拔

日本竹中工务店是日本五大建设公司之一，总部位于大阪市中央区。竹中工务店十分重视项目经理人才的培养。在这家公司，项目经理人才首先应具备大学或专科工程技术教育的知识背景，应具备一定的工作阅历，经受过一定的实践训练，还要有较强的组织能力、社会活动能力和广泛的兴趣，经过基本素质考察后，如果可作为项目经理后备人才则将有目的的进行培养，方法是有目的的调动其工作，以增加其在材料设备、经济核算、工程施工、技术管理等多方面的锻炼机会，特别是在工程作业所（项目经理部）担任多方面专业管理的任务，使之全面打好基础。对经过这些训练后较为理想和有培养前途的对象，可派任项目经理助理或担任小型项目的项目经理。一般情况下，担任过三个以上小型项目的项目经理，且项目管理实施效果较好的人员，才能派任大、中型项目担任项目经理，而至少在一个以上大、中型项目上担任过项目经理且项目实施效果良好的人员，才能算作是基本合格的项目经理。另外，对于各个层次上的项目经理或项目经理助理，都有意识地创造条件让其参加项目管理研修班、研讨会或其他有关学术活动，使其从理论和管理技术上进一步开阔眼界，见图 2-25。

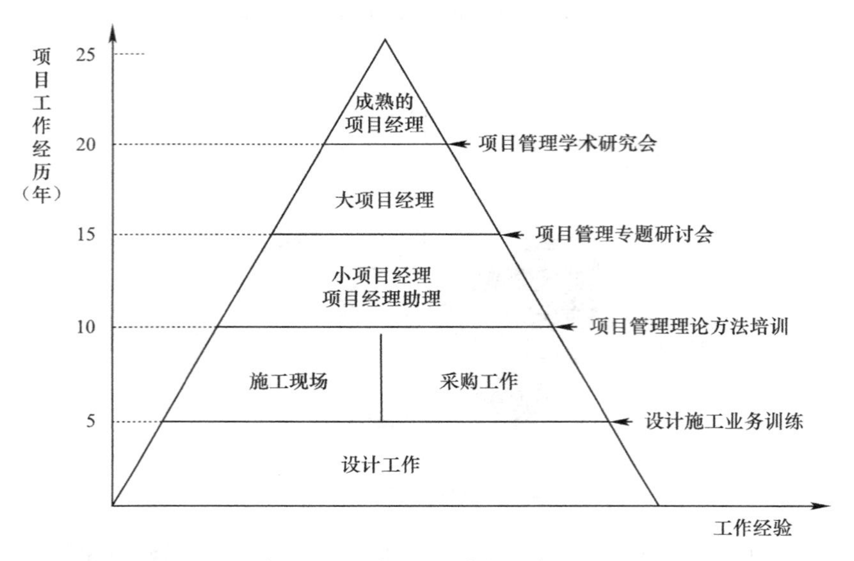

图 2-25 项目经理成长示意图

从上图可以看出，在这家日本公司，成长为项目经理至少要 10 到 15 年，而真正成为一名合格的项目经理，则需要 20 年以上的时间。

（3）建立项目经理人才成长的激励和约束机制

首先应建立激励机制，将工程项目的效益及企业的经营效益与项目经理的个人利益挂钩，但要注意把握激励的尺度；其次，建立一套完善的监督制约机制，对项目经理进行有效的监督，定期对工程项目进行评估、审计、财务检查，防止其权利滥用和规范一些不良行为。

（4）实行项目经理定期考核制度

每个季度需要项目经理以书面形式汇报施工进度、安全质量、成本核算、财务状况、文明施工等情况，自觉接受企业层的监督。对于不称职或素质低下的项目经理要果断撤换，以防造成更大的损失。

2.3.3 项目经理和项目组织选择

项目管理实践中，项目经理的任命和项目经理部的组建还有着若干其他方面的选择，它们可能从公司战略-项目战略出发，而呈现出“有悖常理”的现象。

例如，某公司以远低于公司规定的合同额下限 5000 万元的合同价 2000 万元承包了某地一项环保工程，并委派了公司最强的一位项目经理。在外人看来，这家公司的做法似乎是“高射炮打蚊子”。其实，公司的考虑是，这项环保工程是类似工程的全国第一个，公司预测这类工程今后会大量上马，为了进入该领域、取得相应业绩，尽管合同价远低于公司规定的下限，他们也要承揽，并不惜派公司最好的项目经理来主持实施。公司的目的很清楚：工程虽小但意义重大，为今后的市场竞争积累资本正是公司的考虑。此时，项目经理的选派已经同公司的战略紧紧联系在了一起。

在许多建筑施工企业的发展过程中都发现，项目经理人才严重不足已成为制约企业发展的主要瓶颈。在企业制定“十二五”规划时，人力资源也是最为难以解决的问题之一。因此，研究人力资源的开发、特别是项目经理人才的培养，将永远是建筑施工企业人力资源工作重中之重的重点。然而，只有建立和实施规范完善的项目管理体系，才是项目经理健康成长的有力保证。建立和实施规范完善的项目管理体系，便在企业中构建了通用的项目管理语言，并建设起了本企业的项目管理最佳实践库，员工重复使用企业最佳实践，可以迅速提升项目管理能力与项目绩效。项目经理通过正确的决策、高效的流程、标准的操作、可控的过程，确保了项目的有效实施，为企业创造良好社会效益和经济效益。可见，规范完善的项目管理体系，是项目经理的良师益友和管理行为准则。

一位哲人曾经说过：“坏的制度能让好人变坏，而好的制度能让坏人变好。”事实上，坏习惯从来都是被坏制度给惯出来的，因为相比于个人的道德自律而言，制度更具有可靠性。在一个完善恰当的项目管理体系的规范下，项目经理如果“不学好”将寸步难行，随着时间的推移，项目经理逐步养成“好习惯”，这正是作为优秀项目经理所应当具备的品质。

完善的项目管理体系应当是用系统化的思维方式，规范项目的工作流程、操作规则及操作方法，有计划地挖掘成功经验和系统化管理创新，通过项目管理过程、项目实施支撑、项目监控方法及项目作业指导，将组织的标准项目生命周期作为核心，将项目管理的理念、工具方法作为支撑，系统化地将项目管理理论及产品要求融入到具体的操作实践过程中。

2.4 项目目标与范围管理

2.4.1 项目目标管理概述

（1）项目目标的特点

项目目标是指实施项目所要达到的期望结果。项目目标的确定使得项目在开始之前，项目成员有了共同努力的方向，也使项目与顾客或业主之间达成了统一。项目在实施过程中实际上就是一种追求目标的过程，其中项目目标就是项目的管理指南。项目结束之后项目目标也是评价项目成功与否的标准。因此，项目目标应该是清楚定义的、可以最终实现的。项目目标有三个特点：

① 多目标性。一个项目的目标往往不是单一的，而是具有多个目标，且目标之间彼此还存在冲突。例如，工程项目的三个基本目标是：时间、成本、技术性能（质量），这三个目标往往相矛盾，通常时间的缩短要以成本的提高为代价，而时间及成本的投入不足又会影响技术性能或质量。这就需要在确定项目目标的同时，对各个目标进行权衡。实施项目的过程就是多个目标协调的过程，这种协调不仅包括同一层次多个目标之间的协调，也包括项目总体目标和子项目目标之间的协调等。

② 优先性。一个项目的不同目标在不同阶段，其重要性也是不同的。例如，一般工程项目在启动阶段，可能更关注技术性能，而到实施阶段则更以成本为先，最后到验收阶段则更关注时间进度。不同的目标在项目生命周期的不同阶段，其权重往往不同，当项目遇到项目目标冲突时，也需要项目经理根据目标在各阶段的优先性进行权衡和选择。

③ 层次性。项目目标的描述是由抽象到具体，有一定的层次性，即一个项目目标包含了最高层次的总体目标和较低层次的具体目标。通常项目目标层次越高的目标描述越抽象，层次越低的其描述越清晰具体。

（2）项目目标确定的原则

项目目标的确定应遵循以下原则：

1）SMART 原则：

① S——Specific（明确）。

项目目标的明确即使用具体的语言清楚地说明要达成的成果标准，需要包括目标的衡量标准、达成措施、完成期限以及资源要求等。有些项目不成功的原因之一就是目标的定义模糊不清，或是未能将目标明确地传递给项目成员。

② M——Measurable（可衡量）。

项目目标应该有一组明确的数据可以作为衡量目标是否达成的依据。项目目标的设置过程中应避免使用形容词等概念模糊、无法衡量的描述。对于目标的可衡量性可以从数量、质量、成本、时间、客户满意度等方面来进行。

③ A——Attainable（可达到）。

项目目标的最终目的是为了达成目标完成项目，无法达成的目标会使得项目成员产生心理和行为上的抗拒。项目目标的设置应做好上下沟通工作，并确保项目成员的参与度，确保项目目标是经过努力可以实现的，而非天方夜谭。

④ R——Realistic（现实）。

项目目标的现实性指在现实条件下目标是否可行、可操作。项目目标的制定过程中需要考虑包括人力资源、硬件条件、技术条件、信息条件、团队环境等因素，一方面不应过于乐观地估计当前形势，制定过高目标，另一方面也不应低估达成目标所需花费的各项成本，造成得不偿失。

⑤ T——Time（时限）。

项目目标需要有明确的时间限制，根据工作任务的重要程度和轻重缓急，拟定出完成项目目标的时间要求，并定期检查项目的完成进度，掌握项目的进展情况，以便根据工作计划及时作出调整。

2）期望原则。

项目目标的设定过程中需要考虑建立合理完善的激励机制，通过将项目目标和项目成员的需求相结合、物质激励和精神激励相结合，达到项目和个人双赢的目的，提高项目成员的工作效率和工作质量。

3）参与原则。

项目目标不应该是单方面的下达，而是应该上下级一起参与目标的设定，以保证项目目标的可实施性和现实性。另外，员工参与目标的制定过程，也是承诺过程，对完成目标负有责任。

2.4.2 项目目标体系的建立

（1）施工项目目标的构成内容

施工项目的目标，从不同的角度有不同的划分。

1）根据对象不同，施工项目的目标可分为个人、团队和组织三个层级，目标的内容、影响因素和测量方法各不相同。

① 个人目标强调的是个体绩效，以及按照执业行为的标准是否能达成目标。在制定目标的过程中应注重员工个人的业绩和实现目标的关联程度，运用承认、报酬和奖励的方式实现目标。

② 团队目标强调的是集体绩效。在制定目标的过程中应设置团队的宗旨和目标，通过强调团队合作、跨团队合作、团队建设、建立学习型组织，以不断提升团队效率和促进知识经验分享。

③ 组织目标强调的是集体绩效，应建立在个人和团队绩效实现的基础上。在制定目标的过程中应针对远景规划和价值观进行不断地沟通，按一定逻辑关系层层将组织目标分解到每个岗位上。

2）根据性质和特点不同，施工项目的目标又可分为基本目标、贡献性目标、竞争性目标和发展性目标。

① 基本目标：是指受合同约束的目标，即是合同履约的基本要求。从施工

企业角度来讲，主要指工期和质量，对施工企业内部来说还应包括成本。工期、质量和成本构成施工项目的基本目标，也是施工项目管理的核心目标。

② 贡献性目标：是指项目对于施工企业的经济效益目标，从施工企业角度来讲，主要有产值、利润、税金、利润率和劳动生产率等。从项目经理的角度来讲，主要是降低成本和提高劳动生产率。

③ 竞争性目标：是指企业施工项目管理与同行业竞争者相比较的水平高低。从施工企业的角度讲，主要包括合同履约率、质量优良率、合格率等。从项目经理的角度来讲，主要是做好资料、进度、安全、文明施工等。

④ 发展性目标：是反映项目管理过程中的技术进步、人员素质提高等目标，包括了新技术、新材料、新工艺的技术研发目标，人员经验技能提高目标，精神文明建设目标等。

（2）项目目标体系建立的程序

施工项目目标体系的建立因施工合同的要求不同、项目规模的大小不同以及企业经营战略的不同而各异，不同项目的目标选择和侧重点也会有所不同，但制定的程序大致是相仿的。项目一般首先制定战略性目标；确定了战略性目标以后制定策略性目标，如工期、质量和投资等；最后，制订行动计划，具体落实到工期安排、人员安排和设备安排等。

① 项目经理部各职能组围绕合同条款及其他制定依据，分析主客观条件，提出相关目标建议，报项目经理。

② 项目经理在各职能组目标建议的基础上，全面协调、综合提高，明确项目的战略性目标即项目总体目标建议，通常用以说明为什么实施该项目，实施该项目的意义，总体目标；以及提出项目的策略性目标，即项目的具体目标建议，用以说明该项目具体应该做什么，应该达到什么样的具体结果，通常是用数据指标来说明。

③ 各职能组根据策略性目标，结合本部门的业务，提出相应项目实施的具体计划和对策措施，主要包括如何实现项目目标，怎样操作，通常为计划安排，涉及工期、人员和资金的安排。

④ 项目经理组织目标协调会，既要协调各部门的实施的具体计划和对策措施，又要协调项目策略性目标和具体计划及对策措施，形成协调一致的目标体系。

⑤ 项目计划部门根据已确立的目标体系和拟议的施工方案编制施工管理规划，报公司批准。

2.4.3 项目范围管理

（1）项目范围管理概述

项目管理范围是指为了成功达到项目的目标，项目所规定的必须要做的事项，就是清晰地界定项目的工作范围和可交付成果，明确项目该如何做和怎么做。

1）项目范围管理的目的

① 确定应完成的工程活动内容，以便作出详细定义和计划；

② 确保在预定的项目范围内有计划的、完整的进行项目的实施和管理工作（便于项目实施控制）；

③ 确保项目各项活动满足项目范围定义的要求；

④ 为进一步确定项目费用、时间和资源计划做好准备；

⑤ 划定项目责任，方便对各项目任务承担者进行监督、考核和评价。

2）项目范围管理的作用

① 可提高项目成本、项目工期和项目资源需求估算的准确性；

② 对项目实施进行有效控制和衡量；

③ 有助于清晰地分派项目任务与责任；

④ 为项目最终交付提供依据。

3）项目范围管理的内容

① 项目范围的确定（项目目标、可交付成果）；

② 明确范围管理组织责任（专人负责）；

③ 范围定义（结构分解、WBS、说明文件）；

④ 项目范围预期稳定性评价（预测范围变更）；

⑤ 实施中的范围控制（活动控制、任务落实、报告、现场检查）；

⑥ 范围变更管理（控制项目范围变化）；

⑦ 范围确认（审查确认成果）。

项目范围管理的主要工作如图 2-26 所示。

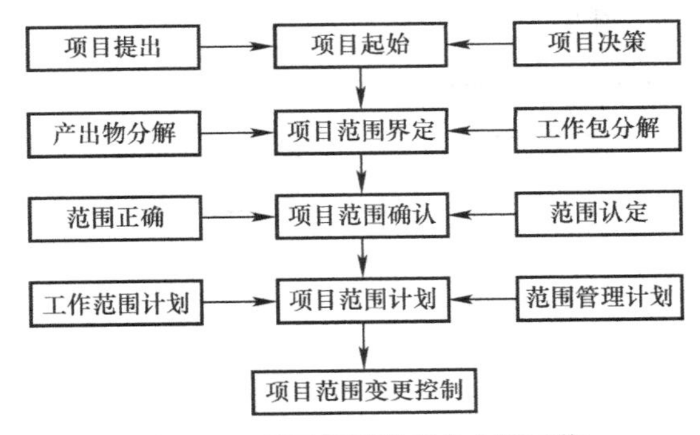

图 2-26　项目范围管理的主要工作

（2）工程项目范围的确定

1）工程项目范围确定的依据

① 项目目标的定义和批准的文件（项目建议书、可研报告、项目任务书）；

② 项目产品描述文件（功能描述文件、规划文件、设计文件、相关规范、可交付成果清单）；

③ 环境调查资料（法律法规、设计和施工规范、现场条件、周边组织要求）；

④ 项目的限制条件和制约因素（预算、资源、时间的限制）；

⑤ 相关历史信息。如已建项目相关历史资料，特别是关于过去同类项目的经验教训的资料，以及以前项目实际实施情况的有关文件和资料。

2）工程项目范围确定的过程

① 项目目标的分析；

② 项目环境的调查与限制条件分析；

③ 项目可交付成果的范围和项目范围的确定；

④ 对项目进行结构分解工作（工作分解结构—Work Breakdown Structure，WBS）；

⑤ 项目单元的定义；

⑥ 项目单元之间界面的分析，包括界限的划分与定义、逻辑关系的分析，实施顺序安排。

工程项目范围确定的流程如图 2-27 所示。

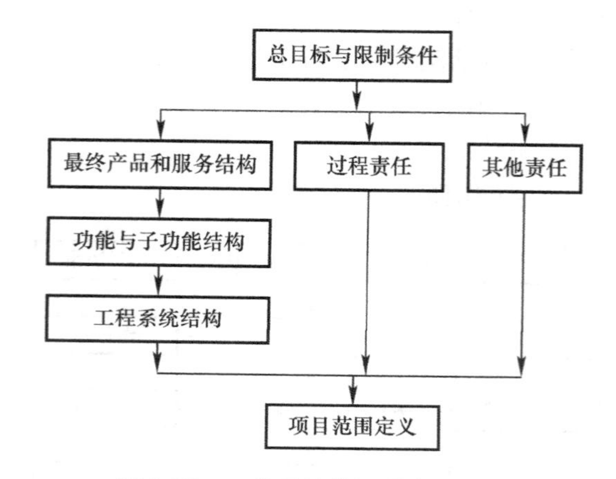

图 2-27 工程项目范围确定的流程

（3）工程项目的范围描述

1）工程项目范围描述体系

工程项目范围描述文件，包括项目目标设计文件、项目定义文件、可行性研究报告、项目任务书、总体设计（规划）文件、详细设计文件（规范和图纸）、项目结构图、计划文件（工期、费用计划）、招标文件、合同文件、操作说明等，共同构成了工程项目范围描述体系。

工程项目范围描述文件可以分为以下几个层次：

① 项目系统目标文件。

项目的系统目标文件是项目最高层次的文件，对项目的各方面都有规定性，包括项目建议书、可行性研究报告、项目任务书等。

② 项目工程技术设计文件。

a. 规划设计文件。主要是对项目的总体目标和总功能的说明，并在建筑场地上进行区域和总体功能的布置。

b. 各子项目的策划文件。包括建设造型、楼层总面积、建筑结构、水电等设计的总体规范，以及设备布置、设备的功能说明和各建筑空间功能面的总体布置及面积的分配表等。

c. 功能面或空间的要求说明。

d. 要素设计说明。主要说明各个功能区间的某一要素的技术要求，它的布置及与其他要素之间的关系、技术标准、材料等各方面的要求。

e. 图纸、模型、规范等。

③ 实施方案和计划文件。

按照项目目标文件和工程设计文件编制，包括项目的施工方案、各种实施计划、投标文件、技术措施、项目组织、项目管理规则等。

④ 工作包说明。

工作包是最低层次的项目单元，是计划和控制的最小单位，是项目管理目标具体体现。

2）工程项目范围描述体系的关系

上层文件的修改必然会引起下层文件的变更。例如，目标的变更会引起设计方案的变更，设计方案的修改必然会引起实施方案和计划的变更。而任何一项变更都会引起工作包说明内容的变更，如图 2-28 所示。

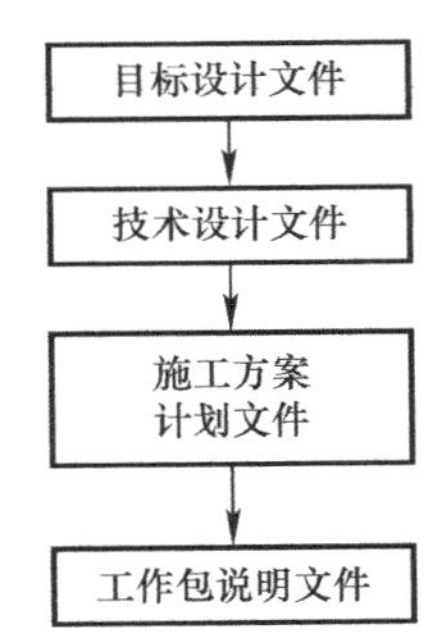

图 2-28　项目范围描述体系各层次关系

3）工程项目范围描述体系的管理

① 对项目系统状态描述体系进行标识。

② 在系统描述文件确定后，对项目系统状况的任何变更应进行严格控制，以确保工程项目变更不损害系统目标、性能、费用和进度，不造成混乱。

③ 在项目过程中可以利用项目系统描述文件对设计、计划和施工过程进行经常性的检查和跟踪。

④ 在工程竣工交付前，应以项目系统描述体系对项目的实施过程和最终工

程状况进行全面审核。

（4）项目范围变更控制

项目范围变更是对于包括项目的目标、产出物和项目工作范围在内的全面控制，项目范围变更包括项目范围变更请求和实际发生的项目范围变更。

1）项目范围变更主要来源

① 需求变更。

② 设计变更。

③ 技术变更。

④ 商务变更。

⑤ 人员变更。

⑥ 法律法规变更。

⑦ 项目变更的请求。

2）影响项目范围变更的因素

项目处在一个不断变化的环境之中，难以避免发生各种各样的变化，因此项目变更产生的原因也是多种多样，包括：

① 项目客户要求发生变化。

② 工艺技术的变化，如项目团队提出新技术、手段和方案。

③ 项目组织本身发生变化，如人员变化。

④ 项目范围计划或定义时出现错误或遗漏。

⑤ 经营环境的变化，如政府的有关规定发生变化。

⑥ 增加项目价值而产生的变更。

项目范围变更的请求由于根据不同的来源，表达形式也以不同的形式出现，口头的或书面的、直接的或间接的、外部提出的或内部提出的、法律强制性的或可选择的等。

3）项目范围变更控制的依据

① 项目工作分解结构。

② 项目实施情况报告。

③ 项目范围变更申请。

④ 项目范围管理计划。

4）项目范围变更控制应注意的问题

① 分析和确定影响项目范围变动的因素和环境条件。

② 管理和控制那些能够引起项目范围变动的因素和条件。

③ 分析和确认各方提出项目变动要求的合理性和可行性。

④ 分析和确认项目范围变动是否已发生及其风险和内容。

⑤ 当项目范围变动发生时对其进行管理和控制。

⑥ 设法使这些变动朝有益的方向发展。

2.4.4 项目目标的策划

目标管理是以目标为导向，以人为中心，以成果为标准，而使组织和个人取得最佳业绩的现代管理方法。

在现实环境中，将个人的价值与社会及组织的价值相结合，充分发挥个人能力与水平，以实现个人人生追求为目的，确定目标，实现目标，并对结果及过程及时进行评估反馈的整个管理过程。

据说美国哈佛大学曾对一群智力、学历、环境等客观条件都差不多的年轻人做过一个长达 25 年的跟踪调查，调查内容为规划对人生的影响，结果发现：

毕业时，27%的人没有人生目标；60%的人目标模糊；10%的人有清晰但比较短期的目标；3%的人有清晰而长远的目标。25 年后的跟踪调查显示：

① 目标模糊的（60%）人群，能安稳地生活与工作，但几乎没有什么特别的成绩。没有什么目标的 27%的人群几乎都生活在社会的最底层，他们的生活过得非常不如意，常常失业，并且常常在抱怨他人、抱怨社会、抱怨这个“不肯给他们机会”的世界。

② 有清晰的短期目标（10%）的人群，大都生活在社会中上层。他们的共同特点是：不断完成短期目标，生活状态步步上升，他们成为了各行业不可或缺的专业人士，如医生、律师、工程师、高级主管等。

③ 有清晰且长期目标（3%）的人群，25 年来总是朝着同一个方向不懈努力，25 年后，他们成为了社会各界的顶尖人士，他们当中不乏创业者、行业领袖、社会精英。

美国其他几所著名大学，也曾做过类似的调查研究，耶鲁大学的调查结果为，3%有清晰长期目标的毕业生，20 年后，他们挣的钱比剩下 97%的毕业生挣的钱的总和还多。

管理学家们还专门做过一次摸高试验。试验内容是把二十个学生分成两组进行摸高比赛，看哪一组摸得更高。第一组十个学生，不规定任何目标，由他们自己随意制定摸高的高度；第二组规定每个人首先定一个标准，比如要摸到 1.60m 或 1.80m。试验结束后，把两组的成绩全部统计出来进行评比，结果发现规定目标的第二组的平均成绩要高于没有制定目标的第一组。这个试验证明了一个道理：目标对于激发人的潜力有很大作用。

这些例子足以证明确定目标的重要性。

由于目标管理的重要作用，它也就成为了项目管理中的有效工具被广泛使用：企业要制定自己在一定时期内的管理目标，对于所承接的每一项工程，也要对项目经理下达该项目必须达到的诸如成本、质量、工期之类的管理目标。

然而，如何确定企业的项目管理目标以及要求某个具体的工程项目达到什么样的目标却并非每个企业都清楚，甚至往往走进误区：有的是项目目标同企业的经营战略相左。例如，某企业为了开拓某领域的市场，以低报价中标了进入该领域的第一项工程，在给项目经理下达目标时，却将项目盈利放在第一位，规定了较高的利润目标。还有的则是项目目标仅停留于工程承包合同规定的目标。工程的建设方在发包工程时都会有工程造价、工期、质量等方面的限定条件并写进合同中，对于施工方来说，这些限定条件是应当达到的“起码要求”，企业还应当从自身的愿景、使命、战略出发，规定高于、至少是不同于合同目标的项目目标要求。甚至有的公司确定项目目标的过程成为公司和项目经理“博弈”的战场，双方反复地“谈判”。

对项目目标的策划不能脱离该项目在公司战略中的地位：是为了开拓、占领某个地域或专业市场，还是为了“立标杆”、“树形象”、扩大影响？是为了挤掉竞争对手，还是为了彰显社会责任？是为了获取高额回报，还是为了积累某方面的技术或经验等？对所承揽的工程项目进行这样的策划后才能向项目经理下达项目管理目标责任书，并以此为据开展对项目经理和项目经理部主要人员的绩效评价及考核。

因此，项目管理目标的确定应通过策划完成，这种策划包括了对项目管理诸多影响因素的分析、项目的战略取向等，有些目标还需要有一定的数据计算和测算。

案例 2-6：某房建项目责任成本目标测算

说明：

1. 本测算是根据××项目工程量清单及项目将发生的各类费用编制的。

2. 合同内自行完成工程：56453160.06 元（含合价包干项目），分包工程：19889228 元，安装工程：11668020.43 元。

3. 会所建筑面积：3406m^2；D 栋建筑面积：55953m^2。

4. 责任范围：按主合同要求施工。

5. 分包工程：安装工程、基坑支护、土石方开挖、人工挖孔桩成孔、防水工程、乳胶漆、精装修（不含外墙装修）、市政管道工程、金属工程、厨房排烟井道、卫生间洁具等。

一、测算实际将发生的费用

1. 人工费：

A. 人工预算收入：9260849元（按“99定额”抽料，仅供参考）

B. 人工费计划支出：8776437.31元（详见人工费计划支出附表）

计划人工节超：9260849元－8776437.31元＝484411.69元

2. 机械费：

A. 机械费预算收入：4179884.42元（按“99定额”抽料，仅供参考）

机械费直接费：5971263.45元

机械费预算收入小计：5971263.45×70%＝4179884.42元

B. 机械费计划支出：3717724.08元

① 机械费租赁台班：2349585.00元

② 预估机械修理及配件费：7000元/月×14.5月＝101500元

1000元/月×24.0月＝24000元

③ 操作人员工资及奖金：603800.00元

机操工：15人×1000元/月·人×16月＝240000.00元

电　工：4人×1100元/月·人×24月＝105600.00元

对焊工：1人×1200元/月·人×17月＝20400.00元

塔吊工：12人×1200元/月·人×14.5月＝208800.00元

机修工：2人×1000元/月·人×14.5月＝29000.00元

④ 预算燃油及电费：638839.08元

汽油：10026.8kg×3.38元/kg＝33890.58元

柴油：26955kg×3.07元/kg＝82751.85元

电费：614349度×0.85元/度＝522196.65元

机械费计划支出小计：①＋②＋③＋④＝3717724.08元

计划机械费节超：4179884.42元－3717724.08元＝462160.34元

3. 材料费

A. 预算材料费总额：31615723.52元

B. 计划材料费节约：1873948.72元

① 自购材料降低成本：513515.25元（详件附后）

② 钢筋节余：（824.01×2315＋3594.9×2492＋955×2492）×1%＝132459.34元

③ 模板计划节约：361210.08元

模板预算收入：1993170.08元

模板支出：1631960.00元

a. 夹板（1830mm×915mm×18mm胶合板）：

15200张×69元/张×90%=943920.00元

b. 木枋（50mm×100mm）：$496m^3$×700元/m^3×70%=243040.00元

c. 钢管租赁费：270t×90元/t·月×10月=243000.00元

d. 扣件租赁费：54000个×0.3元/个·月×10月=162000.00元

e. 穿墙螺杆：25t×3200元/t×50%=40000元

模板支出小计：1631960.00元

模板节约：1993170.08元-1631960.00元=361210.08元

④ 混凝土搅拌站降低成本（详件附后）

混凝土可节约成本：896764.05元

⑤ 防护钢筋：30t×1000元/t=30000元

材料节约总计：①+②+③+④-⑤=1873948.72元

项目材料费总支出：31615723.52元-1873948.72元=29741774.80元

其中：主材：28128774.50元，副材料：1613000.30元。

4. 脚手架计划节约：466656.46元

A. 脚手架预算收入：1624212.06元

B. 脚手架计划支出：1157555.60元

a. 钢管租赁费（地下室）：81.52t×90元/t·月×3月=22010.40元

b. 扣件租赁费（地下室）：12228个×0.3元/(个·月)×3月=11005.20元

c. 钢管租赁费（会所、首层）：75.64t×90元/t·月×4月=27230.40元

d. 扣件租赁费（会所、首层）：15128个×0.3元/(个·月)×4月=18153.60元

e. 钢管租赁费（塔楼）：82.8t×90元/t·月×8月=59616元

f. 扣件租赁费：（塔楼）16560个×0.3元/(个·月)×8月=39744元

g. 外爬架爬升机构：$44322m^2$×18元/m^2=797796元

h. 1.8m×6m安全立网：52元/张×1500张=78000元

i. 3m×6m安全平网：130元/张×800张=104000元

脚手架支出：1157555.60元

脚手架节约：1624212.06-1157555.60=466656.46元

5. 管理费支出：1036800.00元

管理人员工资及奖金：18人×1900元/人·月×24月=820800元

保卫人员工资及奖金：4人×750元/人·月×24月=72000元

办公及招待费：6000元/月×24月=144000元

合计：1036800.00元

6. 分包管理费及包干费（文明施工费、安全措施费、项目总包管理配合费、污水处理费、工程保修费、保险费、树木保护费）：600000.00元

7. 夜间、雨期施工增加费：295926.15 元

8. 试验费：100000.00 元

9. 临建费：380000 元（按大型项目考虑）

10. 交通费及电话包干费：1000 元/月×24 月=24000 元

11. 项目实际发生费用：49643908.52 元

人工费：8776437.31 元

机械费：3717724.08 元

材料费：29741774.80 元

脚手架：1157555.60 元

管理费：1036800.00 元

包干费：600000.00 元

夜间、雨期施工增加费：295926.15 元

试验费：100000.00 元

临建费：380000.00 元

交通费及电话包干费：24000.00 元

费用支出小计（1+2+…11）=45830217.94 元

二、责任成本：45830217.94×(1+5%)=48121728.84 元

项目责任比例为：48121728.84÷56453160.06×100%=85.24%

上交比例：1−85.24%=14.76%

即项目上交：8331431.22 元

备注：① 本测算中已包括粗装修人工费、材料费，除精装修部分人工费、材料费外，其他费用均考虑在内。

② 如果对粗装修进行双包，则上述有些测算数据应做相应调整。

③ 大型机械设备进退场费仍由公司承担，小型设备进退场费由项目承担，由租赁公司打报告给公司财务，由财务按情况转入项目成本或公司承担。

3 生产技术性策划

3.1 项目管理规划

现行国家标准《建设工程项目管理规范》GB/T 50326要求工程项目编制项目管理规划，根据标准中对规划内容的要求，显然是以生产技术性内容为主，尽管也包括了项目管理的其他管理事项（本书第3.2.7节对此有专门分析），但仍然是以实现项目产品为中心，因此，本书仍将其作为生产技术性策划的表现形式之一。

项目管理规划是指导项目管理工作的纲领性文件，应对项目管理的目标、依据、内容、组织、资源、方法、程序和控制措施进行确定。项目管理规划包括项目管理规划大纲和项目管理实施规划两类文件。

项目管理规划大纲由组织的管理层或组织委托的项目管理单位编制，项目管理实施规划则由项目经理组织编制。

大中型项目都应单独编制项目管理实施规划；承包人的项目管理实施规划可以用施工组织设计或质量计划代替，但应能够满足项目管理实施规划的要求。

项目管理规划大纲和项目管理实施规划是项目策划的重要输出文件。在《建设工程项目管理规范》GB/T 50326中，用专门的章节对项目管理规划提出了要求。

3.1.1 项目管理规划大纲

项目管理规划大纲（planning outline for construction project management）是由企业管理层在投标之前编制的，确定项目管理目标、规划项目实施的组织、程序和方法的文件。（见《建设工程项目管理规范》GB/T 50326—2006）

在工程项目中，项目管理规划大纲应由企业的管理层依据招标文件及发包人对招标文件的解释，企业管理层对招标文件的分析研究结果、工程现场情况，发包人提供的信息和资料，有关市场信息以及企业法定代表人的投标决策意见编写。

（1）编制项目管理规划大纲应遵循的程序

① 明确项目目标；

② 分析项目环境和条件；

③ 收集项目的有关资料和信息；

④ 确定项目管理组织模式、结构和职责；

⑤ 明确项目管理内容；

⑥ 编制项目目标计划和资源计划；

⑦ 汇总整理，报有关部门审批。

（2）项目管理规划大纲编制依据

① 可行性研究报告；

② 设计文件、标准、规范与有关规定；

③ 招标文件及有关合同文件；

④ 相关市场信息和环境信息。

（3）项目管理规划大纲内容

企业应根据需要自行确定或选定规划内容，包括：

① 项目概况；

② 项目范围管理规划；

③ 项目目标管理规划；

④ 项目管理组织规划；

⑤ 项目成本管理规划；

⑥ 项目进度管理规划；

⑦ 项目质量管理规划；

⑧ 项目职业健康安全与环境管理规划；

⑨ 项目采购与资源管理规划；

⑩ 项目信息管理规划；

⑪ 项目沟通管理规划；

⑫ 项目风险管理规划；

⑬ 项目收尾管理规划。

3.1.2 项目管理实施规划

项目管理实施规划（execution planning for construction project management）是投标人中标并签订合同后，根据项目管理规划大纲编制的指导项目实施阶段管理的文件，是对项目管理规划大纲的细化。（见《建设工程项目管理规范》GB/T 50326—2006）

(1) 编制项目管理实施规划应遵循的程序

① 了解项目相关各方的要求；

② 分析项目条件和环境；

③ 熟悉相关的法规和文件；

④ 组织编制；

⑤ 履行报批手续。

(2) 项目管理实施规划编制依据的资料

① 项目管理规划大纲；

② 项目条件和环境分析资料；

③ 工程合同及相关文件；

④ 同类项目的相关资料。

(3) 项目管理实施规划应包括的内容

① 项目概况；

② 总体工作计划；

③ 组织方案；

④ 技术方案；

⑤ 进度计划；

⑥ 质量计划；

⑦ 职业健康安全与环境管理计划；

⑧ 成本计划；

⑨ 资源需求计划；

⑩ 风险管理计划；

⑪ 信息管理计划；

⑫ 项目沟通管理计划；

⑬ 项目收尾管理计划；

⑭ 项目现场平面布置图；

⑮ 项目目标控制措施；

⑯ 技术经济指标。

(4) 项目管理实施规划编制的管理要求

① 项目经理签字后报组织管理层审批；

② 与各相关组织的工作协调一致；

③ 进行跟踪检查和必要的调整；

④ 项目结束后，形成总结文件。

案例3-1：某市轨道交通1号线一期工程土建施工第7标段项目管理实施规划（概述部分）

为更好地实施项目管理，圆满完成合同承诺，满足业主和上级领导有关项目的要求，特制定项目实施规划。

一、项目总体管理目标

根据轨道交通1号线一期工程土建施工第7标段施工难度大、工期紧、地质复杂、各方期望值高等特点，确立项目总体目标是：以树立企业形象为目标，以工期、成本管理为中心，抓好安全质量为基础，100%兑现合同承诺。形成卓越的项目氛围，造就一批优秀人才，实现社会效益和经济效益最大化。

进度目标：确保提前2个月完工，努力争取提前3个月完工。

质量目标：做到开工必优、一次成优，确保质量全优。工程一次验收合格率100%，优良率达到95%以上，隧道工程达到不渗、不漏、不裂。

安全文明施工目标：实现“五杜绝，一控制、三消灭，一创建”。五杜绝：杜绝死亡事故，重伤事故，重大机械事故，重大交通事故，重大火灾事故。一控制：年轻伤率控制在12‰以内。三消灭：消灭违章指挥，违章作业，惯性事故。一创建：创建长沙市轨道交通1号线一期工程土建施工第7标段安全文明施工样板工地。

成本目标：加强生产成本控制，做好合同管理，确保责任成本不亏。

环境保护目标：确保工程所处的环境达到环保要求。

二、项目部职责

项目部是项目工期、安全、质量、成本控制、合同履行等的责任主体，对项目进行总体策划、管理、控制，并以合同管理为基础，对外负责与业主沟通和业务往来、合同管理、变更和索赔的组织工作，履行工期、质量承诺，跟踪了解业主意向、社会环境、其他施工单位信息，及时分析、调整施工指导思想，树立企业应有的社会形象。对内分十个生产作业队、综合管理部、施工管理部、中心试验室、计划财务部、安全质量部、物资设备部等十六个相对独立管理单位进行工期、质量、安全、成本的控制管理。

1.1　代表我公司全面履行轨道交通1号线一期工程土建施工第7标段项目的合同，全面负责本项目的施工管理，确保安全、质量、工期、成本控制，满足合同和上级的要求。

1.2　认真执行我公司管理制度，建立健全各种内部规章制度和管理实施细则。

1.3　负责协调与地方县级以上政府、业主、设计、监理及其他单位之间的关系。

1.4 负责对项目进行有效的计划、组织、指挥、协调和控制。

1.5 负责项目的费用控制和项目资源的调控，有权对不合适的资源进行调配。

1.6 负责审定重大技术方案，组织编制实施性施工组织设计、编制创优规划，项目策划书；科研项目的组织工作；关键项目作业指导书；组织编写竣工文件、工程总结。

1.7 负责项目总体、年、季、月施工计划安排；按时组织上报各类统计和计划、验工计价报表，完善文件资料归档管理工作。

三、项目管理制度

为实现项目总体目标，项目部制定本管理制度来规范项目实施过程中的行为，希望各作业班组认真按照管理制度的要求来落实工作，以卓越的意识来塑造精品工程，为我公司在地铁建设行业乃至全国的工程施工领域，保持一流的企业形象贡献力量。

项目管理制度主要体现量化管理和子项目负责制，将整个项目分为十个作业班组负责十个子项目，每个子项目由专人负责，从成本和工期等方面形成完整的程序和严格量化的过程控制，以求项目在各方面做到有思路、有计划，控制执行到位。

项目的管理制度主要包括以下几个方面：

1. 进度计划管理

2. 合同管理

3. 技术管理

4. 安全、质量和文明施工管理

5. 成本管理（资金及财务管理）

6. 项目管理评审制度

7. 项目事务管理（包括：项目部岗位职责，工程信息管理，项目文件资料的管理）

8. 项目资源管理（包括：人力资源管理，物资管理，设备管理）

9. 科研及项目专家小组工作制度

（1）计划进度管理（责任部门：项目经理、项目副经理、总工程师、工程部、作业班组）

计划管理：根据项目总体计划，项目部每月26日下达生产计划。

进度管理：各作业班组根据项目部确定的总体目标进行目标分解，制定相应的计划，并将分解的计划传达到每一个施工人员，使参与项目的人员在共同的目标下履行相应的职责，对于计划完成的情况，将作为管理人员绩效考核的依据。

(2) 合同管理(责任部门:项目经理、工程部、合同组)

项目部合同管理采用分类和分级相结合的原则进行管理。项目部与各作业班组的关系体现为:以合同管理为基础,项目成本总体控制,责任成本分级负责与行政协调的管理关系。

项目的合同管理包括起草签订合同、处理合同纠纷、索赔、变更、验工计价、履行主合同承诺等事宜。

项目部负责工程主合同的执行,并对各作业班组的合同执行进行监督和管理。

各作业班组协助项目部执行好主合同,做好本作业班组的合同管理工作。

(3) 技术管理(责任部门:总工、工程部、作业班组技术人员)

执行技术管理规定,及时规范施工技术资料,是确保项目规范化、标准化作业的前提,是现场进行安全、质量、成本控制的保证。

(4) 安全、质量和文明施工管理(责任部门:项目部、作业班组)

安全是工程施工的重要前提,也是施工企业保证市场的基础,本制度将从安全设施建设、安全保证体系的实施、各作业班组安全施工重点注意事项、安全意识等方面对安全生产做出详细要求。

工程质量是企业的生命,是工程施工永远追求的主题。各级管理人员和技术人员要重视工程质量,按项目部审定的质量创优规划,去体现到每一个人和每一道工序。按时进行质量检查,强化工程实施过程中的过程控制,确保每一单元工程质量优良。

文明施工管理以争创文明施工样板工地为目标,以业主、监理的要求为准则,以推行5S文明施工管理方式作为提升企业形象的主要手段。

(5) 成本管理(责任部门:项目部、作业班组)

施工成本控制是在保证工程质量、工期等方面满足合同要求的前提下,对项目实际发生的费用支出控制在计划成本规定的范围内,以保证成本计划的实现。

成本管理是必须实现以合同管理为基础,资金管理为核心,通过强化现场控制来实现成本目标。

资金使用的核心是资金投入的计划性、目的性,从确保工程需要的最低费用出发,做好投资计划、资金使用计划、阶段性费用计划(费用定额、指标),保证资金的合理、有效利用。

结合业主的相关管理办法,项目部制定验工计价和计量支付的流程和方式,作业班组按相关程序办理计量支付。

(6) 项目管理评审制度(责任部门:项目部、作业班组)

项目管理评审制度是通过一些量化的指标对作业班组主要行政和技术负责人

的考核方式，根据考核标准进行奖罚。

整个项目由许多子项目组成，每一项任务必须有明确的工期、安全、质量、成本要求，根据需要配备相应的资源，纳入子项目的管理。根据子项目的大小，作业班组和项目部分级进行控制，项目部对项目一般控制到分部工程，具体到每项工作的实施由作业班组进行控制。

子项目的控制过程是：指定子项目负责人、由子项目负责人组织方案和技术讨论、实施及过程控制、子项目内部考核与评定及项目部对子项目考核评审。每个子项目形成一个闭合的管理环，通过每个子项目的有效实施，提高每项工作的决策科学性和实施的有效性，形成有效的工期、安全、质量管理体系。

(7) 项目事务管理：项目部岗位职责，需搜集的工程信息，项目文件资料的管理（责任部门：工程部、综合管理部）

工程信息系统管理，其主要任务是明确参与项目的各单位以及项目部内部信息流程，相互间信息传递的形式、时间和内容；确定信息收集和处理的方法、手段。

项目任务是建立、健全与完善项目信息系统，靠信息系统的良好运行来确保信息管理的可控、有效。

项目事务管理包括有关政策、制度规定、政府以及上级有关部门批文、工程往来函件的收集、整理、反馈与落实，项目日常管理文件、会议纪要、工程日志等资料的编写以及项目日常事务管理等。在项目内部事务管理上，要确定专人负责落实与反馈，确保高效、高质量完成事务。

(8) 项目资源管理：人力资源管理，物资管理，设备管理（责任部门：综合管理部、物资部）

各作业班组应建立完善的人力资源管理制度，对作业班组的员工进行量化的绩效考核，建立完备的物资和设备管理。

项目部主要履行对物资供应管理、提出作业班组资源配备计划、作业班组间资源协调及对作业班组资源管理体系的监督功能，对职责不到位或资源设备配备不合理的情况进行调整和清场。

(9) 科研及项目专家小组工作制度（责任部门：项目总工、工程部）

由项目部总工程师牵头，成立项目专家小组，专家小组成员包括业主和监理中相关领域的专家，项目部总工程师、技术人员以及各作业班组技术负责人，定期举行会议，为生产中的重大技术问题提供决策意见。

3.2 施工组织设计

施工组织设计是以施工项目为对象编制的，用以指导施工的技术、经济和管理的综合性文件，是项目生产技术性策划的另一种表现形式。施工组织设计按编制对象，可分为施工组织总设计、单位工程施工组织设计和施工方案。

施工组织总设计（general construction organization plan）是以若干单位工程组成的群体工程或特大型项目为主要对象编制的施工组织设计，对整个项目的施工过程起统筹规划、重点控制的作用。

单位工程施工组织设计（construction organization plan for unit project）是以单位（子单位）工程为主要对象编制的施工组织设计，对单位（子单位）工程的施工过程起指导和制约作用。

施工方案（construction scheme）是以分部（分项）工程或专项工程为主要对象编制的施工技术与组织方案，用以具体指导其施工过程。

3.2.1 施工组织设计的编制和管理

（1）施工组织设计编制必须遵循的工程建设程序和原则

① 符合施工合同或招标文件中有关工程进度、质量、安全、环境保护、造价等方面的要求；积极开发、使用新技术和新工艺，推广应用新材料和新设备。

② 坚持科学的施工程序和合理的施工顺序，采用流水施工和网络计划等方法，科学配置资源。

③ 合理布置现场，采取季节性施工措施，实现均衡施工，达到合理的经济技术指标。

④ 采取技术和管理措施，推广建筑节能和绿色施工。

⑤ 与质量、环境和职业健康安全三个管理体系有效结合。

（2）施工组织设计编制依据

① 与工程建设有关的法律、法规和文件；

② 国家现行有关标准和技术经济指标；

③ 工程所在地区行政主管部门的批准文件，建设单位对施工的要求；

④ 工程施工合同或招标投标文件；

⑤ 工程设计文件；

⑥ 工程施工范围内的现场条件，工程地质及水文地质、气象等自然条件；

⑦ 与工程有关的资源供应情况；

⑧ 施工企业的生产能力、机具设备状况、技术水平等。

（3）施工组织设计的基本内容

施工组织设计应包括编制依据、工程概况、施工部署、施工进度计划、施工准备与资源配置计划、主要施工方法、施工现场平面布置及主要施工管理计划等基本内容。

① 工程概况：主要包括工程特点、建筑地段特征、施工条件等。

② 施工部署：主要包括确定总的施工顺序及确定施工流向，主要分部分项工程的划分及其施工方法的选择、施工段的划分、施工机械的选择、技术组织措施的拟定等。

③ 施工进度计划：主要包括划分施工过程和计算工程量、劳动量、机械台班量、施工班组人数、每天工作班次、工作持续时间，以及确定分部分项工程（施工过程）施工顺序及搭接关系、绘制进度计划表等。

④ 施工准备工作计划：主要包括施工前的技术准备，现场准备，机械设备、工具、材料、构件和半成品构件的准备，并编制准备工作计划表。

⑤ 资源需用量计划：主要包括材料需用量计划、劳动力需用量计划、构件及半成品构件需用量计划、机械需用量计划、运输量计划等。

⑥ 施工平面图：主要包括施工所需机械、临时加工场地、材料、构件仓库与堆场的布置及临时水网电网、临时道路、临时设施用房的布置等。

⑦ 技术经济指标分析：主要包括工期指标、质量指标、安全指标、降低成本等指标的分析。

（4）施工组织设计的编制和审批规定

① 施工组织设计应由项目负责人支持编制，可根据需要分阶段编制和审批。

② 施工组织总设计应由总承包单位技术负责人审批；单位工程施工组织设计应由施工单位技术负责人或技术负责人授权的技术人员审批，施工方案应由项目技术负责人审批；重点、难点分部（分项）工程和专项工程施工方案应由施工单位技术部门组织相关专家评审，施工单位技术负责人批准。

③ 由专业承包单位施工的分部（分项）工程或专项工程的施工方案，应由专业承包单位技术负责人或技术负责人授权的技术人员审批；有总承包单位时，应由总承包单位项目技术负责人核准备案。

④ 规模较大的分部（分项）工程和专项工程的施工方案应按单位工程施工组织设计进行编制和审批。

（5）施工组织设计应实行动态管理规定

① 项目施工过程中，发生工程设计有重大修改、有关法律、法规、规范和标准实施、修订和废止、主要施工方法有重大调整、主要施工资源配置有重大调整或施工环境有重大改变时，施工组织设计应及时进行修改或补充。

② 经修改或补充的施工组织设计应重新审批后实施。

③ 项目施工前应进行施工组织设计逐级交底；项目施工过程中，应对施工组织设计的执行情况进行检查、分析并适时调整。

3.2.2 施工组织总设计

施工组织总设计是以若干单位工程组成的群体工程或特大型项目为主要对象编制的施工组织设计，对整个项目的施工过程起统筹规划、重点控制的作用。它应当包括以下内容：

（1）工程概况

工程概况应包括项目主要情况和项目主要施工条件等。

1）项目主要情况应包括下列内容：

① 项目名称、性质、地理位置和建设规模；

② 项目的建设、勘察、设计和监理等相关单位的情况；

③ 项目设计概况；

④ 项目承包范围及主要分包工程范围；

⑤ 施工合同或招标文件对项目施工的重点要求；

⑥ 其他应说明的情况。

2）项目主要施工条件应包括下列内容：

① 项目建设地点气象状况；

② 项目施工区域地形和工程水文地质状况；

③ 项目施工区域地上、地下管线及相邻的地上、地下建（构）筑物情况；

④ 与项目施工有关的道路、河流等状况；

⑤ 当地建筑材料、设备供应和交通运输等服务能力状况；

⑥ 当地供电、供水、供热和通信能力状况；

⑦ 其他与施工有关的主要因素。

（2）总体施工部署

施工组织总设计应对项目总体施工作出下列宏观部署：

① 确定项目施工总目标，包括进度、质量、安全、环境和成本目标；

② 根据项目施工总目标的要求，确定项目分阶段（期）交付的计划；

③ 确定项目分阶段（期）施工的合理顺序及空间组织。

另外，对于项目施工的重点和难点应进行简要分析。总承包单位还应明确项目管理组织机构形式，并宜采用框图的形式表示。对于项目施工中开发和使用的新技术、新工艺也应作出部署。对主要分包项目施工单位的资质和能力应提出明确要求。

（3）施工总进度计划

施工总进度计划应按照项目总体施工部署的安排进行编制，可采用网络图或横道图表示，并附必要说明。

（4）总体施工准备与主要资源配置计划

总体施工准备应包括技术准备、现场准备和资金准备等。技术准备、现场准备和资金准备应满足项目分阶段（期）施工的需要。主要资源配置计划应包括劳动力配置计划和物资配置计划等。

1）劳动力配置计划应包括下列内容：

① 各施工阶段（期）的总用工量；

② 根据施工总进度计划确定各施工阶段（期）的劳动力配置计划。

2）物资配置计划应包括下列内容：

① 根据施工总进度计划确定主要工程材料和设备的配置计划；

② 根据总体施工部署和施工总进度计划确定主要施工周转材料和施工机具的配置计划。

（5）主要施工方法

① 施工组织总设计应对项目涉及的单位（子单位）工程和主要分部（分项）工程所采用的施工方法进行简要说明。

② 对脚手架工程、起重吊装工程、临时用水用电工程、季节性施工等专项工程所采用的施工方法应进行简要说明。

（6）施工总平面布置

1）总平面布置基本要求：

① 施工总平面布置应科学合理，施工场地占用面积少；

② 合理组织运输，减少二次搬运；

③ 施工区域的划分和场地的临时占用应符合总体施工部署和施工流程的要求，减少相互干扰；

④ 充分利用既有建（构）筑物和既有设施为项目施工服务降低临时设施的建造费用；

⑤ 临时设施应方便生产和生活，办公区、生活区和生产区宜分离设置；

⑥ 符合节能、环保、安全和消防等要求；

⑦ 应遵守当地主管部门和建设单位关于施工现场安全文明施工的相关规定。

2）施工总平面布置图应符合下列要求：

① 根据项目总体施工部署，绘制现场不同施工阶段（期）的总平面布置图；

② 施工总平面布置图的绘制应符合国家相关标准要求并附必要说明。

3）施工总平面布置图应包括下列内容：

① 项目施工用地范围内的地形状况；

② 全部拟建的建（构）筑物和其他基础设施的位置；

③ 项目施工用地范围内的加工设施、运输设施、存贮设施、供电设施、供

水供热设施、排水排污设施、临时施工道路和办公、生活用房等；

④ 施工现场必备的安全、消防、保卫和环境保护等设施；

⑤ 相邻的地上、地下既有建（构）筑物及相关环境。

3.2.3 单位工程施工组织设计

单位工程施工组织设计是以单位（子单位）工程为主要对象编制的施工组织设计，对单位（子单位）工程的施工过程起指导和制约作用。它应当包括以下内容：

（1）工程概况

包括工程主要情况、各专业设计简介和工程施工条件等。

1）工程主要情况应包括下列内容：

① 工程名称、性质和地理位置；

② 工程的建设、勘察、设计、监理和总承包等相关单位的情况；

③ 工程承包范围和分包工程范围；

④ 施工合同、招标文件或总承包单位对工程施工的重点要求；

⑤ 其他应说明的情况。

2）各专业设计简介应包括下列内容：

① 建筑设计简介应依据建设单位提供的建筑设计文件进行描述，包括建筑规模、建筑功能、建筑特点、建筑耐火、防水及节能要求等，并应简单描述工程的主要装修做法；

② 结构设计简介应依据建设单位提供的结构设计文件进行描述，包括结构形式、地基基础形式、结构安全等级、抗震设防类别、主要结构构件类型及要求等；

③ 机电及设备安装专业设计简介应依据建设单位提供的各相关专业设计文件进行描述，包括给水、排水及采暖系统、通风与空调系统、电气系统、智能化系统、电梯等各个专业系统的做法要求。

3）工程施工条件，参照本书第3.2.2节相关内容。

（2）施工部署

工程施工目标应根据施工合同、招标文件以及本单位对工程管理目标的要求确定，包括进度、质量、安全、环境和成本等目标。各项目标应满足施工组织总设计中确定的总体目标。

1）施工部署中的进度安排和空间组织应符合下列规定：

① 工程主要施工内容及其进度安排应明确说明，施工顺序应符合工序逻辑关系；

② 施工流水段应结合工程具体情况分阶段进行划分；单位工程施工阶段的划分一般包括地基基础、主体结构、装修装饰和机电设备安装三个阶段。

2）对于工程施工的重点和难点应进行分析，包括组织管理和施工技术两个方面。

3）工程管理的组织机构形式应按照《建设工程项目管理规范》GB/T 50326—2006 第 4.2.3 条的规定执行，并确定项目经理部的工作岗位设置及其职责划分。

4）对于工程施工中开发和使用的新技术、新工艺应作出部署，对新材料和新设备的使用应提出技术及管理要求。

5）对主要分包工程施工单位的选择要求及管理方式应进行简要说明。

（3）施工进度计划

单位工程施工进度计划应按照施工部署的安排进行编制。

施工进度计划可采用网络图或横道图表示，并附必要说明；对于工程规模较大或较复杂的工程，宜采用网络图表示。

（4）施工准备与资源配置计划

1）施工准备，应包括技术准备、现场准备和资金准备等。

① 技术准备应包括施工所需技术资料的准备、施工方案编制计划、试验检验及设备调试工作计划、样板制作计划等。

② 主要分部（分项）工程和专项工程在施工前应单独编制施工方案，施工方案可根据工程进展情况，分阶段编制完成；对需要编制的主要施工方案应制定编制计划。

③ 试验检验及设备调试工作计划应根据现行规范、标准中的有关要求及工程规模、进度等实际情况制定。

④ 样板制作计划应根据施工合同或招标文件的要求并结合工程特点制定。

⑤ 现场准备应根据现场施工条件和实际需要，准备现场生产、生活等临时设施。

⑥ 资金准备应根据施工进度计划编制资金使用计划。

2）资源配置计划，应包括劳动力计划和物资配置计划等。

① 劳动力配置计划应包括：

a. 确定各施工阶段用工量；

b. 根据施工进度计划确定各施工阶段劳动力配置计划。

② 物资配置计划应包括：

a. 主要工程材料和设备的配置计划应根据施工进度计划确定，包括各施工阶段所需主要工程材料、设备的种类和数量；

b. 工程施工主要周转材料和施工机具的配置计划应根据施工部署和施工进度计划确定，包括各施工阶段所需主要周转材料、施工机具的种类和数量。

（5）主要施工方案

单位工程应按照《建筑工程施工质量验收统一标准》GB 50300 中分部、分项工程的划分原则，对主要分部、分项工程制定施工方案。

对脚手架工程、起重吊装工程、临时用水用电工程、季节性施工等专项工程所采用的专项施工方案应进行必要的验算和说明。

（6）施工现场平面布置

施工现场平面布置图参照本书第 3.2.2 节相关内容并结合施工组织总设计，按不同施工阶段分别绘制，应包括下列内容；

① 工程施工场地状况；

② 拟建建（构）筑物的位置、轮廓尺寸、层数等；

③ 工程施工现场的加工设施、存贮设施、办公和生活用房等的位置和面积；

④ 布置在工程施工现场的垂直运输设施、供电设施、供水供热设施、排水排污设施和临时施工道路等；

⑤ 施工现场必备的安全、消防、保卫和环境保护等设施；

⑥ 相邻的地上、地下既有建（构）筑物及相关环境。

案例 3-2：某市生活垃圾焚烧发电厂工程施工组织设计（目录）

1 编制依据

1.1 合同

1.2 工程地质勘察报告

1.3 经过有关部门审批的有效施工图

1.4 工程所涉及的主要国家、行业或地方标准、规范、规程、法规、图集

1.5 企业质量、环境和职业健康安全管理体系有关的文件

2 工程概况

2.1 工程建设概况

2.2 工程设计概况

2.3 自然条件

2.4 施工特难点

3 施工部署

3.1 工程目标

3.2 项目经理部组织机构及管理职责

7.5 职业健康安全、消防保证措施

7.6 施工现场环境保护、节能措施

7.7 文明施工与CI

8 附件

附件1：组织机构图

附件2：总进度计划横道图

附件3：施工总平面布置图

3.2.4 施工方案

施工方案是施工组织设计在具体分部分项工程上的细化，是以分部（分项）工程或专项工程为主要对象编制的施工技术与组织方案，用以具体指导其施工过程。其内容包括：

（1）工程概况

包括工程主要情况、设计简介和工程施工条件等。

① 工程主要情况。包括分部（分项）工程或专项工程名称，工程参建单位的相关情况，工程的施工范围，施工合同、招标文件或总承包单位对工程施工的重点要求等。

② 设计简介。主要介绍施工范围内的工程设计内容和相关要求。

③ 工程施工条件。重点说明与分部（分项）工程或专项工程相关的内容。

（2）施工安排

工程施工目标包括进度、质量、安全、环境和成本等目标，各项目标应满足施工合同、招标文件和总承包单位对工程施工的要求。

工程施工顺序及施工流水段应在施工安排中确定。

针对工程的重点和难点，进行施工安排并简述主要管理和技术措施。

工程管理的组织机构及岗位职责应在施工安排中确定并应符合总承包单位的要求。

（3）施工进度计划

分部（分项）工程或专项工程施工进度计划应按照施工安排，并结合总承包单位的施工进度计划进行编制。

施工进度计划可采用网络图或横道图表示，并附必要说明。

（4）施工准备与资源配置计划

1）施工准备应包括下列内容：

① 技术准备：包括施工所需技术资料的准备、图纸深化和技术交底的要求、试验检验和测试工作计划、样板制作计划以及与相关单位的技术交接计划等。

② 现场准备：包括生产、生活等临时设施的准备以及与相关单位进行现场交接的计划等。

③ 资金准备：编制资金使用计划等。

2）资源配置计划应包括下列内容：

① 劳动力配置计划：确定工程用工量并编制专业工种劳动力计划表。

② 物资配置计划：包括工程材料和设备配置计划、周转材料和施工机具配置计划以及计量、测量和检验仪器配置计划等。

（5）施工方法及工艺要求

① 明确分部（分项）工程或专项工程施工方法并进行必要的技术核算，对主要分项工程（工序）明确施工工艺要求。

② 对易发生质量通病、易出现安全问题、施工难度大、技术含量高的分项工程（工序）等应作出重点说明。

③ 对开发和使用的新技术、新工艺以及采用的新材料、新设备应通过必要的试验或论证并制订计划。

④ 对季节性施工应提出具体要求。

案例 3-3：淮安港某码头堤岸防护护坡工程施工方案（节录）

第一章　编制说明

一、编制目的

明确护坡的施工要点和相应的工艺标准，指导、规范护坡施工。编制具有可靠的、施工操作性较强的专项方案，用以指导具体施工，确保本工程质量、安全、工期等目标的顺利实现。

二、编制依据（略）

第二章　概　述

一、工程概况

1. 自然条件（略）

2. 水文气象

（1）水文特征

分项工程位于苏北灌溉总渠两岸，该渠属于大型河道（1951 年冬开工，次年完成），西起洪泽湖边的高良涧，流经洪泽、青浦、楚州、阜宁、射阳、滨海六县，东至滨海县扁担港入海，全长 168km。它既是淮河排洪入海出路之一，又能引洪泽湖水发展黄河以南地区灌溉，并辅助总渠北部地区排涝及航运，航运西段为Ⅲ级航道。

（2）气候特征

项目区属于中纬度北亚热带向暖温带过渡地区，兼有南北气候特征，温带季风气候尤为显著，加之濒临黄海，受海洋水影响，气候条件比较优越。四季分明，雨量充沛，光照时间长，有霜期短。

第三章 施工组织与管理

一、组织机构的设立及人员分工（略）

各施工阶段拟投入劳动力见表3-1。

各施工阶段劳动力投入计划 表3-1

时间 / 工种	按工程施工阶段投入劳动力（施工班组）	
	2011年	
	4月	5月
管理人员	2	2
技术人员	5	4
技工	10	10
普工	20	20
合计	37	36

二、用于护坡工程施工的机械及检测设备（见表3-2）

主要机械设备进场计划 表3-2

机械名称	规　格	单　位	进场数量	进场日期	备　注
翻斗车		辆	1	已进场	混凝土运输
混凝土拌合机	350L	套	3	已进场	混凝土拌合
插入式振捣棒		台	1	已进场	混凝土振捣
挖掘机	220	台	1	已进场	修坡、基槽开挖
装载机	30	台	1	已进场	混凝土运输
电动潜水泵	4吋	台	2	已进场	抽水
发电机	50kW	台		已进场	供电

三、材料的组织

1. 经多项选择，横向比较，择优选定以下几家原材料供应厂家：（略）

2. 加强材料的检测工作（略）

3. 材料采购计划

护岸挡墙基础原材料采购计划见表3-3。

主要材料进场计划表 表3-3

时间 / 名称	2011年	
	4月	5月
水泥	120	100
砂	800	500
碎石	800	500
石料	1200	1400

石料单位：m^3，其他单位：t

四、临时用电

1. 施工用电负荷计算

现场施工主要机械设备（用电量统计见表 3-4）

现场施工主要机械设备用电量　　表 3-4

编　号	设备名称	功率（kW）	数　量	设备容量（kW）
1	搅拌机	15	1台	15
2	混凝土振动器	1.1	1台	1.1
3	水 泵	4	2台	8

电动机合计功率：$\sum P_1 = 24.1\text{kW}$

安全系数取 1.05

现场照明用电占总用电量的 10%

$$P_e = 1.05 \times \sum P_1 \times 1.1 = 35\text{kW}$$

2. 电器装置（略）

3. 安全用电措施（略）

第四章　护坡分项工程施工工艺

一、护坡分项工程施工工艺流程

1. 概述

根据实际情况，先用挖机清理河坡杂草 30cm，后打围堰抽水，格埂，护砌。每一施工段按以下流程施工：原材料准备-测量放样-边坡清理-填筑围堰、抽水-削坡整平-基槽开挖-模板安装-浇筑混凝土格埂-块石护砌-整理验收-拆除围堰。

2. 施工工期安排计划（略）

3. 浆砌块石护坡施工工艺流程

原材料准备→测量放线→边坡清理→填筑围堰、抽水→削坡整平→基槽开挖→模板安装→浇筑混凝土格埂→砂石垫层→块石护砌→整理验收、拆除围堰。

二、施工过程控制

1. 混凝土格埂施工

对上下格埂基槽开挖，开挖截面为 130cm×60cm（宽×高），开挖后对格埂基础进行人工压实。纵向格埂平均每 35m 设置一道，在对下卧土体及格埂基础按要求压实后装模浇筑 C25 混凝土，上下横向格埂平均每 15m 或 20m 设置一道 2cm 宽沉降缝并用塑料板填充，养护。

（以下略）

现浇混凝土格埂采用普通的定型木模板，宽为 60cm，$\phi48 \times 3.5$ 建筑钢管支撑加固，防止胀模，模间采用压油毛毡，模底用砂浆填实，防止漏浆造成蜂窝麻面。模板示意图见图 3-1。

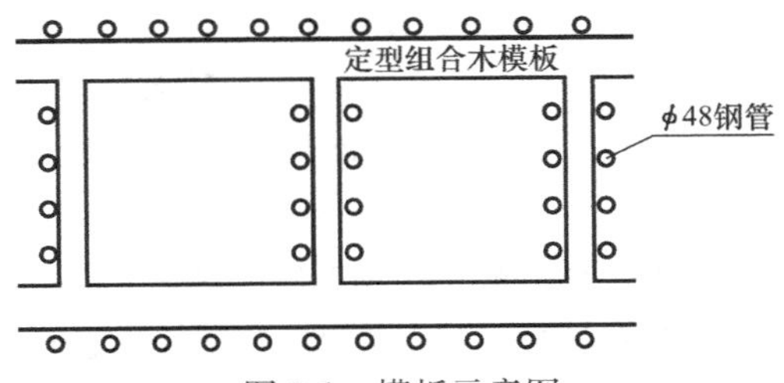

图 3-1　模板示意图

① 混凝土的拌制场地及拌制运输（略）

② 混凝土的浇筑（略）

③ 混凝土的振捣（略）

④ 拆模（略）

⑤ 混凝土的养护（略）

⑥ 混凝土表面缺陷及防治措施

⑦ 混凝土试块

现场混凝土浇筑时按段取 4 组试块，试块随机从搅拌机中取料，由专人制作，制作后 3 组送项目部标准养护室做好标识进行养护，1 组与现场混凝土同等条件下进行养护。

2. 铺砂垫层及碎石垫层

坡面按要求整平压实后，铺填 10cm 厚砂垫层，沿坡面整平，再铺 10cm 厚碎石垫层。垫层覆盖范围不得小于设计范围，平均厚度不得小于设计厚度，并不得出现基层裸露。表面应平整，且无明显尖锐物。砂石垫层的允许偏差、检查数量和方法应符合表 3-5 规定：

砂石垫层的允许偏差、检查数量和方法　　表 3-5

序号	项目	允许偏差（mm）	检验单元和数量	单元测点	检验方法
1	陆上	+30 −20	每个断面（每 10～20m 一个断面）	每 2m 一个测点	用水准仪等仪器测量
	水下	+300 −200			用测探仪或测探杆、经纬仪或 GPS 等仪器测量
2	陆上	100	每处（每 $100m^2$ 一处）	1	用 2m 靠尺和钢尺量
	水下	200	每个断面（每 10～20m 一个断面）	每 2m 一个测点	用测探仪或测探杆、经纬仪或 GPS 等仪器测量

3. 浆砌块石护坡

(1) 原材料准备

施工前根据每一段施工情况编制石料供应计划，严格按计划组织石料供应。

同时修好材料运输通道，石料的运输途径主要有汽车运输及水路运输直接运到施工现场。施工前要保证材料供应及储备充足。

块石：墙体所用石料应强韧、密实、坚固、耐久，质地适当细致，色泽均匀，无剥落和裂纹，石料大致方正，上下面大致平行，厚度为20～30cm，长度不宜大于厚度的4倍，外露应基本平整。计划采用盱眙块石。

水泥：本工程水泥计划采用海螺水泥32.5级水泥。

碎石骨料：细石混凝土骨料的级配必须合理，尽量采用自然连续级配的细骨料，粒径一般为16～31.5mm，且不得有针片状碎石或石屑。含泥量控制在1%以内，以避免因含泥引起混凝土强度降低和成型混凝土外观颜色失真。碎石骨料计划采用盱眙碎石。

砂：以中粗砂为宜，并应尽量减小砂率，含泥量控制在1.5%以内。砂拟采用宿迁砂。

水：现场混凝土施工用水为河水，现场备水箱，将河水抽到水箱内净化，使用前进行水质检验，符合要求后方可使用。

（2）测量放线

砌筑前根据护坡的位置及厚度、墙身断面尺寸，在基础顶面上放线，立断面样架，并固定好，拉上准线。

（3）选石和做石

石料运到施工现场后，冲洗干净并分出加工料石和一般砌筑石材，分别堆置于机械运输和人工搬运的适当范围之内，保证有组织、有计划、有次序地进行安全施工。

（4）块石护坡砌筑

① 浆砌石砌筑工程施工流程为：定点放线定标高→清理工作面→选用合格石料→砂浆拌和→砂浆运输→浆砌石砌筑。

② 砌体应按设计要求测量放样，经验收合格后再开始砌石。采用砂浆拌和机拌制砂浆，应严格按试验确定的配料单进行配料，严禁擅自更改，配料的称量允许偏差应控制在规定的范围内。应经常检查砂浆的稠度，当气温变化时，应适当调整。砂浆稠度一般为30～50mm。施工中应在现场随机制作试件。砌体用的块石，必须坚实新鲜，无风化剥落层或裂纹，块石表面无污垢、水锈等杂质，表面应色泽均匀。

③ 砌筑前，应在砌体外将石料上的泥垢冲洗干净，保持砌石表面湿润。采用坐浆法人工砌筑，铺浆厚应略高于规定的灰缝厚度，随铺浆随砌石，砌缝需用砂浆填充饱满，不得无浆直接贴靠，砌缝内砂浆应采用扁钢插捣密实，严禁先堆砌石块再用砂浆灌缝。砌筑因故停顿，砂浆已超过初凝时间，应待砂浆强度达到

2.5MPa后才可继续施工；在继续砌筑前，应将原砌体表面的浮渣清除，砌筑时应避免振动下层砌体。

④ 砌石施工时，若遇大雨必须停工，雨后复工时对受雨水冲刷处先清洗表层再进行砌筑，收工时覆盖一层块石压浆。当砌体砌筑达到12h，应及时对砌体外露面养护，经常保持外露面的湿润。

第五章　施工质量保证体系及保证措施

（略）

第六章　施工安全保证体系及保证措施

（略）

第七章　环境保护与文明施工措施

（略）

3.2.5　作业指导书

作业指导书是施工方案的进一步细化和具体化。

作业指导书（Working Instruction）是指为保证过程的质量而制定的程序，其针对的对象是具体的作业活动。作业指导书用以指导某个具体过程，是对产品形成的技术性细节描述的可操作性文件。作业指导书有时也称为工作指导令或操作规范、操作规程、工作指引等。作业指导书是指导保证过程质量的最基础的文件和为开展纯技术性质量活动提供指导。按发布形式可分为书面作业指导书、口述作业指导书、计算机软件化的工作指令、音像化的工作指令等；按内容可分为用于施工、操作、检验、安装等具体过程的作业指导书，用于指导具体管理工作的各种工作细则、导则、计划和规章制度，以及用于指导自动化程度高而操作相对独立的标准操作规范等。

作业指导书的内容应满足5W1H原则（即：Where，在哪里使用此作业指导书；Who，谁使用该作业指导书；What，此项作业的内容是什么；Why，此项作业的目的是什么；when，什么时候做；How，如何按步骤完成作业）。

只要满足了上述内容，作业指导书的篇幅可详可简，可全部使用文字叙述，也可以使用图表说明。

案例3-4：湖北××电厂二期工程4号机组烟风道加工配置作业指导书（节录）

1. 编制依据

1.1　××设计院烟风煤管道设计图纸（J0501～J0507）；

1.2　烟风煤粉管道零部件典型设计手册（J3105）；

1.3 烟风煤粉管道支吊架设计手册（J3106）；

1.4 《电力建设施工及验收技术规范》（锅炉篇）、（焊接篇）；

1.5 《火电施工质量检验及评定标准》（锅炉篇）；

1.6 《火电施工质量检验及评定标准》（加工配制篇）

2. 目的及适用范围

本作业指导书规定了锅炉烟风道加工配制的程序方法以及安装的程序和工艺，确保施工质量，并依据工程合同的要求，本着为业主服务之宗旨，按期高质量完成施工任务。

3. 工程概况

××电厂二期工程（2×680MW）4号锅炉烟风道加工配制工程量约1026t，包括矩形管道、圆形管道、方圆节和大小头等，其中烟道制作约595t，冷风道约155t，热风道制作约270t，给煤机磨煤机密封管道6.5t。工期安排为5个月。

加工制作场地主要是40t龙门吊区域，该区域面积约为4000m^2。

4. 资源配置

4.1 施工现场主要机械工具配置计划（见表3-6）：

施工现场主要机械工具配置计划　　表3-6

序　号	名　称	型　号	数　量	备　注
1	龙门起重机	40t/42m	1台	
2	轮胎吊	MK3050（50t）	1台	
3	轮胎吊	RT625（25t）	1台	
4	平板车	25t	1台	
5	载重汽车	10t	1台	
6	手拉葫芦	1～5t	20只	
7	千斤顶	1.6～5t	6只	
8	割刀		4套	
9	电焊机		20台	
10	卷板机		1台	
11	半自动切割机		4台	
12	钢卷尺	50m	1把	经检验合格
13	卷尺	3m、5m	各3把	经检验合格

4.2 劳动力配置计划（见表3-7）

劳动力配置计划　　表3-7

	起重工	钳工	管工	电焊工	气割工	电工	油漆工	辅助工	合计
第1月	2	4	2	10	8	2	2	5	35
第2月	4	8	6	16	12	2	8	24	80
第3月	4	8	6	16	12	2	8	24	80
第4月	4	8	6	16	12	2	8	24	80
第5月	2	4	2	10	6	2	4	5	35

5. 作业程序及施工方法

5.1 矩形金属结构烟风道制作首先必须掌握施工图设计要求，包括构件的尺寸关系、选材规格型号、焊接部位和要求、加强肋及撑杆的设置等。

5.2 严格按施工图设计要求选材，按设计尺寸进行号料，号料由钣金工担任，矩形板料要检查对角线，弹号通线。方圆节等要按钣金异形图要求放样号料。槽钢、角钢加强肋采用钢尺量好长度数据后，采用角尺画好切割线。

5.3 材料由氧气乙炔火焰切割，型材切割由手工操作担任，板材切割由半自动氧气乙炔切割机担任。余边及角料由手工操作担任。

5.4 毛刺的去除：材料切割完成后，必须先行去除结瘤和毛刺才能进行拼接料工序，板料毛刺由长柄平口錾子去除或角向砂轮机打磨。

5.5 板料的拼装：矩形烟风管道及管件，当板料切割完成后，先在地面组装四方板料，板料拼装一块一块按序进行，拼缝间隙一致，缝宽不大于 2mm，板与板错边在 0.2mm 之内，点焊时从一端向同一方向顺次进行，点焊间距在 300mm 内。当全部板料拼点完成后，尺寸检查在要求范围之内方能施满焊。

5.6 加强肋的布置：在板料拼装完成后，由钣金工画线定位，布设加强肋，加强肋与板料间结合严密，先施点焊，由一端向同一方向进行，间距均匀一致，当全部的加强肋点焊完成后，按设计施工图的要求，可在地面完成加强肋与板料间断焊缝的焊接。加强肋与板料间断焊缝每焊 100～120mm 留 100～120mm，两侧相互交替，保证板与加强肋间无通缝，加强肋的焊接应从两端向中间进行，连续施焊时间控制在 30min 之内，控制温升和热变形。

5.7 矩形管道的组装：由龙门吊配合，先将底板翻边，安放在适当位置（注：大截面板料作为底板一方），并画好侧面板料组装控制线，然后由龙门吊吊入侧面板料与底板组合，先施点焊，由一端向另一端顺次进行。施焊前，校正好对接位置，调整好结合间隙，并保证侧面板与底板间的角度（矩形管道为 90°，管件按设计）。点焊完成后，底板与侧面板间加设好斜拉撑，方能松钩拼装下一块侧面板料。当两侧板料拼装完成，安装烟道内横支撑后，按要求做好结合部的焊接，翻转 90°，拼装最后一面板料。

5.8 圆形管道的组装：先采用卷板机卷制好每一节圆管，卷制时多卷几道达到圆度要求并做好每一节圆管的直向焊缝，校正点焊完成后，里外侧各施一道平焊。两节圆管对接时，要掌握好两节圆管之间同圆度，保证两对接圆管直向焊缝相互错开 180°为佳。组装时保证两节圆管错边在 0.5mm 之内，缝宽均匀一致，变形及错位处用三角楔铁找平找正。

5.9 烟风管道的焊接：必须达到焊缝宽度、焊脚高度均匀一致，无气孔，无夹缝，无咬边。

5.10　焊缝的煤油渗透检查：当构件组对焊接完成后，按质检部门要求，对所有焊缝进行煤油渗漏检查，在焊缝外侧刷上白石灰浆，待其干燥后，焊缝里侧刷涂煤油，检查煤油是否浸透至白石灰中。

5.11　构件的吊装作业由起重工负责指挥，钢丝绳直径、卸扣规格满足吊装要求。板料采用板夹配合吊装，圆管采用自制卡抓吊运，以提高吊运效率。

5.12　除锈和刷油：各管道管件制作并检查合格后，及时去除浮锈灰尘，涂刷铁红防锈漆一道。

6. 主要质量标准

（略）

7. 主要安全施工措施

（略）

在工程施工现场，作业指导书往往是以技术交底（主要解决施工技术和质量问题）或安全技术交底（主要解决安全生产问题）的方式进行。其中，技术交底应分层次进行，一级交底是项目技术负责人对项目部施工员（工长）的交底，二级交底是项目部施工员（工长）对施工劳务队（组）长的交底，三级交底是施工劳务队（组）长对操作工人的交底。三级交底中，对操作工人的交底最为重要，因为操作工人是直接的劳动者，是他们在落实施工工程设计，将工程从图纸变为现实的工程实物，是否满足设计要求，是否符合验收标准，主要依靠工人的操作。但实践中，操作工人系由劳务公司聘用并以施工队（组）的方式派到施工现场进行劳务作业的，对他们的技术交底可能是由他们的队（组）长在接受了项目部的交底后再“转卖”给操作工人的，为了防止他们“克扣”交底内容，往往是二级交底同三级交底合并进行，但操作工人并不由项目部施工员（工长）调遣，因此，有可能造成接受了交底的工人干活时不在本现场，在本现场干活的工人没有接受交底。解决这个难题一是靠现场劳务工人的实名制管理，二是交底在作业前即时进行，三是加强作业过程的监督控制。

案例 3-5：××小区二期 6 号楼一般抹灰技术交底

1. 材料要求

（1）水泥：一般采用 32.5 级矿渣硅酸盐水泥。应有出厂证明或复试单，当出厂超过 3 个月按试验结果使用。

（2）砂：中砂，平均粒径为 3.5～5mm，使用前应过 5mm 孔径筛子。不得含有杂物。

（3）石灰膏：应用块状生石灰淋制，必须用孔径不大于 3mm×3mm 的筛子过滤，并贮存在沉淀池中。熟化时间，常温下一般不少于15d；用于罩面时，不应少于30d。使用时，石灰膏内不得含有未熟化的颗粒和其他杂质。

2. 主要机具

一般应备有搅拌机、5mm的筛子、大平锹、抹灰常用工具等。

3. 作业条件

(1) 首先必须经有关部门进行结构工程验收，合格后方可进行抹灰工程。

(2) 抹灰前，应检查门窗框安装位置是否正确，与墙连接是否牢固。连接处缝隙应用1：1：6水泥混合砂浆分层嵌塞密实。

(3) 应将过梁、梁垫、圈梁及组合柱等表面凸出部分剔平，对蜂窝、麻面、露筋等应剔到实处，刷素水泥浆一道，紧跟用1：3水泥砂浆分层补平；脚手眼应堵严实，外露钢筋头、钢丝头等要清除净，窗台砖应补齐。

(4) 管道穿越墙洞和楼板洞应及时安放套管，并用1：3水泥砂浆或豆石混凝土填嵌密实；电线管、消火栓箱、配电箱安装完毕，并将背后露明部分钉好钢丝网；接线盒用纸堵严。

(5) 砖墙等基体表面的灰尘，污垢和油渍等应清除干净，并洒水湿润。

4. 操作工艺

工艺流程：顶板勾缝→墙面浇水→贴灰饼→抹水泥踢脚板→做护脚→抹水泥窗台板→墙面冲筋→抹底灰→修抹预留孔洞、电气箱、槽盒→抹罩面灰。

(1) 顶板勾缝：剔除灌缝混凝土凸出部分及杂物，然后用刷子蘸水把表面残渣和浮尘清理干净，刷水泥浆一道，紧跟抹1：0.3：3混合砂浆将顶缝抹平，过厚处应分层勾抹，每遍厚度宜在5～7mm。

(2) 墙面浇水：墙面应用细管自上而下浇水湿透，一般应在抹灰前一天进行(一天浇两次)。

(3) 贴灰饼：一般抹灰按质量要求室内砖墙抹灰层的平均总厚度不得大于20mm。

抹水泥踢脚板：用清水将墙面洇透，污物冲洗干净，接着抹1：3水泥砂浆底层，表面用大杠刮平，木抹子搓毛，常温第二天便可抹面层砂浆，面层用1：2.5水泥砂浆压光，要按照设计要求施工。

(4) 做水泥护角：室内墙面、柱面的阳角和门窗洞口的阳角，应用1：3水泥砂浆打底与贴灰饼找平，待砂浆稍干后再用素水泥膏抹成小圆角，宜用1：2水泥砂浆做明护角，其高度不应低于2m，每侧宽度不小于50mm。

(5) 修抹预留孔洞、电气箱、槽、盒：当底灰抹平后，应即设专人先把预留孔洞、电气箱、槽、盒周边5cm的石灰砂浆清理干净，改用1：1：4水泥混合砂浆把洞、箱、槽、盒抹成方正、光滑、平整。

(6) 抹灰罩面：当底子灰六、七成干时，即可开始抹罩面灰。罩面灰应二遍成活，厚度约2mm，最好两人同时操作，一人先薄薄刮一遍，另一人随即抹平。按先上后下顺序进行，再赶光压实，然后用钢板抹子压一遍。

(7) 抹灰的具体做法：

① 顶棚1：厨房、卫生间粉刷采用水泥砂浆做法：

a. 钢筋混凝土板底面清理干净；

b. 7mm厚1：3水泥砂浆；

c. 5mm厚1：2水泥砂浆压光；

d. 表面罩石灰膏。

② 顶棚2：卧室、客厅、餐厅、楼梯间、地下室粉刷采用混合砂浆做法：

a. 钢筋混凝土板底面清理干净；

b. 7mm厚1：1：4水泥石灰砂浆；

c. 5mm厚1：0.5：3水泥石灰砂浆；

d. 表面罩石灰膏。

③ 内墙1：卫生间、厨房粉刷采用水泥砂浆做法：

a. 砖墙面清理干净；

b. 15mm厚1：3水泥砂浆拉毛。

④ 内墙2：卧室、客厅、餐厅、楼梯间、地下室粉刷采用混合砂浆做法：

a. 砖墙面清理干净；

b. 15mm厚1：1：6水泥石灰砂浆；

c. 5mm厚1：0.5：3水泥石灰砂浆；

d. 表面罩石灰膏。

⑤ 地面：所有地面为1：2水泥砂浆拉毛（地下室地面为水泥砂浆压光）。

⑥ 踢脚：卧室、客厅、楼梯间、地下室采用水泥砂浆做法：

a. 15mm厚1：3水泥砂浆。

b. 10mm厚1：2水泥砂浆抹面压光。

c. 踢脚高150mm，与抹回墙面平齐。

5. 质量标准

(1) 主控项目：材料的品种、质量必须符合设计要求和材料标准的规定；各抹灰层之间抹灰层与基体之间必须粘结牢固，无脱层、空鼓，面层无爆灰和裂缝等缺陷。

(2) 一般项目：

① 表面：表面光滑、洁净，接槎平整，线角顺直清晰。

② 孔洞、槽、盒、管道后面的抹灰表面：尺寸正确、边缘整齐、光滑；管

道后面平整。

③ 门窗框与墙体缝隙填塞密实，表面平整。护角材料、高度符合施工规范规定，表面光滑平顺。

（3）允许偏差项目（见表3-8）。

一般抹灰允许偏差项目 表3-8

项次	项目	允许偏差（mm）	检验方法
1	立面平直	5	用2m托线板检查
2	表面平整	4	用2m靠尺楔形塞尺检查
3	阴阳角垂直	4	用2m托线板检查
4	阴阳角方正	4	2m方尺及楔形塞尺检查格

编制作业指导书，要从员工和岗位的角度出发，使员工对有关该岗位的相关知识和工作能有全面的了解，知道在该岗位上工作可能遇到的危害、风险和隐患，应当采取哪些防范措施。岗位作业指导书可以提高班组的管理水平，也提高了企业的管理水平。

每一岗位都要有一本岗位作业指导书，并下发到岗位员工手中，以便于员工随时学习和查阅。因此，组织学习培训后，岗位作业指导书就成为员工工作的依据，也是企业管理的基础和依据。

针对不同岗位编制的岗位作业指导书，内容也会有所不同。因为有的岗位要巡回检查，有的重复性较强，有的随机、临时性工作较多，所以，有的岗位作业指导书内容较多，有的则比较简单。

比较复杂的岗位作业指导书一般包括十二项内容：岗位描述，岗位工作目标和要求，安全职责，岗位职责，巡回检查路线和检查标准，工作规范（内容），隐患分析及削减措施，系统内设备操作规程和参数，系统内工艺流程图，管理制度，应急预案，常用法律法规、标准目录及附录。这些内容可以根据岗位的实际，增加或减少相关的项目和内容，便于增强可操作性，对基层的岗位工作有更好的指导性。

（1）岗位描述

这一部分是对一个岗位的基本情况进行描述，其作用是使在该岗位工作的员工能对这个岗位有比较全面的了解。这一项包括岗位名称、工作概述、岗位关系、特殊要求、工作权限、职业资格和工作考核七项内容。

（2）岗位工作目标和要求

这一部分描述了这个岗位各方面的工作目标是什么，有什么要求和标准。这是一个总体的概述，使岗位员工对这个岗位的工作要达到什么要求有清楚的认识。

(3) 安全职责

这一部分使员工清楚该岗位在安全方面应当遵守的职责是什么，要做好哪些安全工作，要负什么样的责任。

(4) 岗位职责

这一部分是介绍该岗位的岗位职责，岗位职责是多年来企业管理中好的管理做法。目前，有的企业流于形式，应当从实际出发，与时俱进，对其内容不断修订，增强可操作性和实效性，能量化的内容尽量量化，避免空洞的内容，既不起界定职责的作用，也无法考核。

(5) 巡回检查路线和检查标准

顾名思义，这一部分是针对需定时巡回检查的岗位，明确规定巡回检查的路线、检查点和检查的标准，便于岗位员工能够正确检查，掌握正常与异常的差别，能够及时处理。

(6) 工作规范（内容）

对一个岗位应做的具体工作，在此部分中要告诉员工遵守什么规范，执行什么程序。此项规定越细，越易于员工在工作中执行。

(7) 隐患分析及削减措施

在危害（隐患）辨识分析的基础上，这一部分将该岗位员工参与的工作列出，按照标准危害（隐患）辨识分析卡的模式逐一编制，使员工在工作实施前清楚这项工作的危害和预防措施，所需的准备工作和工作步骤，达到的具体标准等。

(8) 设备操作规程和参数

有的岗位在日常工作中须管理各种设备。因此，员工应当掌握这些设备的操作规程和基本参数。掌握了操作规程，才能做到正确的操作。所以，这一部分要将该岗位所有设备的操作规程和基本参数一一列出。

(9) 工艺流程图

有的岗位负责工艺流程，所以，员工要对工艺流程一清二楚，否则，出现异常情况就会不知所措、不会处理。因此，这一部分主要把该岗位的工艺流程图附上，流程的操作标准、操作步骤和方法也应当一并列出。

(10) 管理制度

每个岗位员工都应当遵守法律法规和企业的管理制度。一个员工在上岗工作前，企业首先应当告知这名员工应当遵守的管理制度有哪些，做到什么程度。否则，出了问题，就指责员工违反管理制度，是不合适的。这一项就应列出在岗位上应当遵守的制度及内容。有的企业制度比较多，可在此只列制度目录，具体内容查相关的制度汇编。

（11）应急预案

一般企业都有各种应急预案，用来应对各种突发情况。作为一名员工，在出现突发情况时，能够及时正确处理是至关重要的。所以，岗位员工应当清楚遇到意外或紧急情况如何处理。针对岗位的实际情况，可以把可能遇到的情况从应急预案中摘录出来，编入岗位作业指导书。

（12）常用法律法规、标准目录及附录

这一部分列出该岗位员工应当遵守的法律、法规和标准，供查阅的地点或来源，使员工能够了解到这些知识。附录，指根据岗位实际需要列出的内容，如岗位常用的安全知识等。

岗位作业指导书内容较多，一般由专业人员为主组织编制，班组长和部分技术骨干为编制工作人员，在完成危险源（隐患）辨识分析的基础上进行编制。工作人员先收集相关的资料，然后按作业指导书的项目内容进行筛选整理，最后形成一个系统的岗位作业指导书。

案例 3-6：中建某公司技术交底管理标准

1 引言

1.1 为了使参加施工的技术人员与工人熟悉和了解所承建工程的特点、设计意图、技术要求、施工工艺、工程难点及操作要点以及过程质量标准，以便科学地组织施工，保证施工顺利进行，特制定本标准。

1.2 本标准规定了技术交底的内容与要求，技术交底的程序。

1.3 本标准适用于本公司所属各施工生产单位。

2 技术交底的内容与要求

2.1 技术交底的内容

2.1.1 设计意图、施工图要求、构造特点、施工工艺、施工方法、技术安全措施、执行的规范规程和标准、质量标准和材料要求等。

2.1.2 对工程某些特殊部位、新结构、施工难度大的分项工程以及推广与应用新技术、新工艺、新材料、新设备的工程，在交底时应全面、明确、具体详细。

2.1.3 技术交底实行分级交底制度，在不同层次，其交底的内容与深度也不同。

2.2 技术交底的要求

2.2.1 技术交底除领会设计意图外，必须满足设计图纸和变更的要求，执行和满足施工规范、规程、工艺标准、质量评定标准和工程承包合同的要求。技术交底的资料作为工程施工中重要的技术资料，均须列入工程技术档案。

2.2.2 在技术交底前，应先熟悉施工图纸与设计文件、规范规程、工艺标准、质量标准等。

2.2.3 技术交底必须满足设计图纸的技术要求，凡须修改设计均应通过设计单位和建设单位签证。

2.2.4 技术交底必须满足施工规范、技术操作规程的要求，施工质量必须达到规范规定，不得任意修改、删除规范中的内容，不得降低施工质量标准。

2.2.5 整个工程施工，各分部分项工程均须作技术交底。对一些特殊的关键部位、技术难度大和隐蔽工程，更应认真作技术交底。

2.2.6 对易发生质量事故与安全事故的工序与工程部位，在技术交底时，应着重强调各种事故的预防措施。

2.2.7 企业内部的技术交底都必须填写《技术交底书》，技术交底内容字迹清楚、完整。有交底人、接受人的签字。

2.2.8 技术交底是分部分项工程施工前的准备工作，必须在施工前进行。

3 技术交底的程序

3.1 施工组织（总）设计（施工方案）经批准后，公司（分公司）分管项目的副总经理和总工程师组织生产、技术、经营、物资等部门同项目经理部进行施工总交底。

3.1.1 工程概况一般性介绍：

a）工程所在位置、占地面积、建（构）筑物规模（面积、层数、高度、跨度、里程、生产能力）、建（构）筑物等级、与邻近建筑物的关系等；

b）地形、地貌、工程水文地质、气象、地震情况介绍；

c）工程合同条款内容，包括进场日期、开工日期、工程质量、工期等；

d）城市市政部分与绿化要求；

e）业主提供物资的情况，临建工程设置的位置；

f）当地普通建材，如水泥、砂石、砖等供应情况，劳动力来源，交通运输与电力供应等。

3.1.2 工程特点及设计意图

a）建筑群平面布置（如城市小区）及相互关系；

b）建筑设计思想与特点，包括建筑物平面布置、立面处理、装饰要求及其他特殊要求；

c）结构设计特点，包括地基处理、结构形式（如框架、剪力墙、网架、悬挂等）及受力方式、填充墙种类及做法等；

d）水、暖、电、通风等对施工安装的要求。

3.1.3 施工方案

a) 介绍配备在本项目上的施工机械和技术力量（包括技术人员与技术工人），施工措施对邻近建筑物影响以及预定的施工工期；

b) 介绍施工方案的比较情况，最后确定施工方案的依据，该施工方案的优缺点，介绍技术经济指标以及施工顺序，流水施工段划分及组织形式，主要分部分项工程施工方法及主要施工工艺标准要求，各分包单位协作与关系情况，各工种交叉作业具体问题，在施工中质量标准要求，安全施工技术措施等。

3.1.4 施工准备工作计划和要求。

3.1.5 施工注意事项，包括地基处理、主体施工、装饰工程、工期、质量、安全等。

3.2 项目技术负责人对工长（或施工员）进行技术交底。

3.2.1 技术交底可分批分期或按工程分部、分项进行。在单位工程施工组织设计编制完成后，为保证施工方案实施，应进行技术交底，技术交底必须要早，应在单位工程开工前按施工顺序、分部分项工程要求、不同工种特点分别作出书面技术交底，一式四份，由项目技术负责人审核，分批分期根据施工进度及时下达。

3.2.2 下达内容包括：

a) 设计图纸具体要求，建筑、结构、水、暖、电、通风等专业细节及相互关系；

b) 施工方案实施具体技术措施、施工方法；

c) 土建与其他专业交叉作业时施工协作关系及注意事项；

d) 各工种之间协作与工序交接质量检查；

e) 施工组织设计对各分项工程工期要求；

f) 设计要求及规范、规程、工艺标准、施工质量与检查方法；

g) 隐蔽工程记录、验收时间与标准；

h) 施工安全技术措施；

i) 工程变更交底。

3.3 工长（施工员）对班组技术交底

3.3.1 这是各级技术交底的关键，必须向班组长及全体人员或有关人员反复细致地进行。

3.3.2 交底内容主要有：

a) 结合具体施工工程，贯彻落实公司以下各级有关技术交底的要求；

b) 提出施工图纸必须注意的尺寸、方位、轴线、标高以及预留孔洞、预埋铁件的位置大小、数量等；

c）提出对使用的材料的品种、等级、配合比、质量要求等；

d）根据各施工组织设计交代的施工方法、施工顺序、工种配合、工序搭接等的具体要求；

e）交代并协助班（组）长制定具体保证质量、安全、节约、进度的措施；

f）在特殊情况下，为了引起操作人员的高度重视，对应知应会的要求，也需要进行交底；

g）向有关班（组）长交代工程变更和材料代换；

h）向有关班（组）长交代工程质量要求，需达到的标准。

3.4　班（组）长向工人技术交底

3.4.1　班（组）长应结合承担的具体任务，组织全体班（组）人员讨论研究，同时向全班（组）交代清楚关键部位、质量要求、操作要点，明确自己及相互配合应注意的事项，以及制订保证全面完成任务的计划。

3.4.2　班（组）长应向工人进行安全操作交底。

3.4.3　班（组）长对新工人应进行详细的质量操作交底。

3.2.6　主要施工管理计划

施工管理计划在目前多作为管理和技术措施编制在施工组织设计中，这是施工组织设计必不可少的内容。施工管理计划涵盖很多方面的内容，可根据工程的具体情况加以取舍。在编制施工组织设计时，各项管理计划可单独成章，也可穿插在施工组织设计的相应章节中。

施工管理计划应包括进度管理计划、质量管理计划、安全管理计划、环境管理计划、成本管理计划以及其他管理计划等内容。各项管理计划的制订，应根据项目的特点有所侧重。

（1）进度管理计划

不同的工程项目其施工技术规律和施工顺序不同。即使是同一类工程项目，其施工顺序也难以做到完全相同。因此必须根据工程特点，按照施工的技术规律和合理的组织关系，解决各工序在时间和空间上的先后顺序和搭接问题，以达到保证质量、安全施工、充分利用空间、争取时间、实现经济合理安排进度的目的。项目施工进度管理应按照项目施工的技术规律和合理的施工顺序，保证各工序在时间上和空间上的顺利衔接。

进度管理计划应包括下列内容：

① 对项目施工进度计划进行逐级分解，通过阶段性目标的实现保证最终工期目标的完成。

② 建立施工进度管理的组织机构并明确职责，制定相应管理制度。

③ 针对不同施工阶段的特点，制定进度管理的相应措施，包括施工组织措施、技术措施和合同措施等。

④ 建立施工进度动态管理机制，及时纠正施工过程中的进度偏差，并制定特殊情况下的赶工措施。

⑤ 根据项目周边环境特点，制定相应的协调措施，减少外部因素对施工进度的影响。

在施工活动中通常是通过对最基础的分部（分项）工程的施工进度控制来保证各个单项（单位）工程或阶段工程进度控制目标的完成，进而实现项目施工进度控制总体目标；因而需要将总体进度计划进行一系列从总体到细部、从高层次到基础层次的层层分解，一直分解到在施工现场可以直接调度控制的分部（分项）工程或施工作业过程为止。

施工进度管理的组织机构是实现进度计划的组织保证，它既是施工进度计划的实施组织，又是施工进度计划的控制组织；既要承担进度计划实施赋予的生产管理和施工任务，又要承担进度控制目标，对进度控制负责，因此需要严格落实有关管理制度和职责。

面对不断变化的客观条件，施工进度往往会产生偏差。当发生实际进度比计划进度超前或落后时，控制系统就要作出应有的反应：分析偏差产生的原因，采取相应的措施，调整原来的计划，使施工活动在新的起点上按调整后的计划继续运行，如此循环往复，直至预期计划目标的实现；项目周边环境是影响施工进度的重要因素之一，其不可控性大，必须重视诸如环境扰民、交通组织和偶发意外等因素，采取相应的协调措施。

（2）质量管理计划

施工企业应按照《质量管理体系要求》GB/T 19001 建立本单位的质量管理体系文件。可以独立编制质量计划，也可以在施工组织设计中合并编制质量计划的内容。质量管理应按照 PDCA 循环模式，加强过程控制，通过持续改进提高工程质量。

质量管理计划应包括下列内容：

① 按照项目具体要求确定质量目标并进行目标分解，质量指标应具有可测量性。

② 建立项目质量管理的组织机构并明确职责。

③ 制定符合项目特点的技术保障和资源保障措施，通过可靠的预防控制措施，保证质量目标的实现。

④ 建立质量过程检查制度，并对质量事故的处理作出相应规定。

质量计划中制定的项目质量目标应不低于工程合同明示的要求，质量目标应尽可能地量化和层层分解，建立阶段性目标，同时应采取各种有效措施，确保项目质量目标的实现，这些措施包括：原材料、构配件、机具的要求和检验，主要的施工工艺、主要的质量标准和检验方法，夏期、冬期和雨期施工的技术措施，关键过程、特殊过程、重点工序的质量保证措施，成品、半成品的保护措施，工作场所环境以及劳动力和资金保障措施等。

根据质量管理八项原则中的过程方法要求，应将各项活动和相关资源作为过程进行管理，建立质量过程检查、验收以及质量责任制等相关制度，对质量检查和验收标准作出规定，采取有效的纠正和预防措施，保障各工序和过程的质量。

（3）安全管理计划

安全管理计划可参照《职业健康安全管理体系规范》GB/T 28001，在施工单位安全管理体系的框架内编制。

安全管理计划应包括下列内容：

① 确定项目重要危险源，制定项目职业健康安全管理目标。

② 建立有管理层次的项目安全管理组织机构并明确职责。

③ 根据项目特点，进行职业健康安全方面的资源配置。

④ 建立具有针对性的安全生产管理制度和职工安全教育培训制度。

⑤ 针对项目重要危险源，制定相应的安全技术措施；对达到一定规模的危险性较大的分部（分项）工程和特殊工种的作业应制定专项安全技术措施的编制计划。

⑥ 根据季节、气候的变化制定相应的季节性安全施工措施。

⑦ 建立现场安全检查制度，并对安全事故的处理作出相应规定。

建筑施工安全事故（危害）通常分为七大类：高处坠落、机械伤害、物体打击、坍塌倒塌、火灾爆炸、触电、窒息中毒。安全管理计划应针对项目具体情况，建立安全管理组织，制定相应的管理目标、管理制度、管理控制措施和应急预案等。现场安全管理还应符合国家和地方政府部门的要求。

（4）环境管理计划

施工现场环境管理越来越受到建设单位和社会各界的重视，同时各地方政府也不断出台新的环境监管措施，环境管理计划已成为施工组织设计的重要组成部分。对于通过了 GB/T 24001 环境管理体系认证的施工单位，环境管理计划应在企业环境管理体系的框架内，针对项目的实际情况编制。

一般来讲，建筑工程常见的环境因素包括如下内容：

① 粉尘、电焊废气等对大气的污染。

② 建筑垃圾。

③ 建筑施工中建筑机械发出的噪声和强烈的振动。

④ 电焊弧光、夜间施工照明等造成的光污染。

⑤ 放射性污染。

⑥ 生产、生活污水排放。

应根据建筑工程各阶段的特点，依据分部（分项）工程进行环境因素的识别和评价，并制定相应的管理目标、控制措施和应急预案等。

环境管理计划应包括下列内容：

① 确定项目重要环境因素，制定项目环境管理目标。

② 建立项目环境管理的组织机构并明确职责。

③ 根据项目特点进行环境保护方面的资源配置。

④ 制定现场环境保护的控制措施。

⑤ 建立现场环境检查制度，并对环境事故的处理作出相应的规定。

现场环境管理应符合国家和地方政府部门的要求。

（5）成本管理计划

成本管理计划应以项目施工预算和施工进度计划为依据编制。成本管理计划应包括下列内容：

① 根据项目施工预算，制定项目施工成本目标。

② 根据施工进度计划，对项目施工成本目标进行阶段分解。

③ 建立施工成本管理的组织机构并明确职责，制定相应管理制度。

④ 采取合理的技术、组织和合同等措施，控制施工成本。

⑤ 确定科学的成本分析方法，制定必要的纠偏措施和风险控制措施。

成本管理是与进度管理、质量管理、安全管理和环境管理等同时进行的，是针对整体施工目标系统所实施的管理活动的一个组成部分。在成本管理中，要协调好与进度、质量、安全和环境等的关系，不能片面强调成本节约。

（6）其他管理计划

其他管理计划宜包括绿色施工管理计划、防火保安管理计划、合同管理计划、组织协调管理计划、创优质工程管理计划、质量保修管理计划以及对施工现场人力资源、施工机具、材料设备等生产要素的管理计划等。这些管理计划可根据项目的特点和复杂程度加以取舍。同时各项管理计划的内容应有目标，有组织机构，有资源配置，有管理制度和技术、组织措施等。

3.2.7 施工项目管理规划与施工组织设计的关系

施工项目管理规划和施工组织设计都是项目生产技术性策划的表现形式，《建筑施工组织设计规范》GB/T 50502—2009 第 2.0.1 条将施工组织设计定义为“以施工项目为对象编制的，用以指导施工的技术、经济和管理的综合性文件”。

施工组织设计既要体现工程项目的设计和使用要求，又要符合建筑施工的客观规律，对施工全过程起战略部署和战术安排的作用。施工组织设计是对施工过程实行科学管理的重要手段，是编制施工预算和施工计划的主要依据，是合理组织施工和加强项目管理的重要措施。《建设工程项目管理规范》GB/50326 第 4.1.1 条指出：项目管理规划应对项目管理目标、内容、组织、资源、方法和步骤进行预测和决策，作为指导项目管理工作的纲领性文件。

显然，施工项目管理规划与施工组织设计有着密切的关系，但这两种文件并不完全相同。传统的施工组织设计是技术经济文件，满足项目施工准备和施工的需要，其在满足企业经营管理方面，显然有其不足之处。而施工项目管理规划则是在融合施工组织设计内容的基础上，总结我国多年施工项目管理成功经验，与国际惯例接轨的产物，它并不仅仅是技术经济文件，更重要的，它是贯穿于施工企业从事经营、生产全过程的规范性管理文件。两者之间的区别，主要体现在以下几个方面：

（1）文件的性质不同

施工项目管理规划是一种规范性管理文件，产生管理职能，服务于项目管理；施工组织设计是一种技术经济文件，服务于施工准备和施工活动，要求产生技术效果和经济效果。

（2）文件的范围不同

施工项目管理规划所涉及的范围是施工项目管理的全过程，即从投标开始至交付使用后服务的全过程；施工组织设计所涉及的范围只是施工准备和施工阶段。

（3）文件产生的基础不同

施工项目管理规划是在市场经济条件下，为了提高施工项目的综合经济效益，以目标控制为主要内容而编制的；而施工组织设计是为了组织施工，以技术、时间、空间的合理利用为中心，使施工正常进行而编制的。

（4）文件的实施方式不同

施工项目管理规划是以目标管理的方式编制和实施的，目标管理的精髓是以目标指导行动，实行自我控制，具有考核标准；施工组织设计是以技术交底和制度约束的方式实施的，没有考核的严格要求和标准。

3.3 施工现场总平面布置

有的建筑工地秩序井然，有的建筑工地则杂乱无章，这与施工平面图设计的合理与否有着直接的关系。单位工程施工总平面布置图是施工组织设计的主要组成部分，合理的施工总平面布置对于顺利执行施工进度计划是非常重要的。反之，如果施工平面图设计不周或管理不当，都将导致施工现场的混乱，直接影响施工进度、劳动生产率和工程成本。因此在施工设计中，对施工平面图的设计应予极大重视。

3.3.1 施工平面图包含的内容

单位工程施工平面图通常用 1：200～1：500 的比例绘制，一般应在图上标明下列内容：

（1）建筑总平面上已建和拟建的地上和地下的一切房屋、构筑物及其他设施的位置和尺寸。

（2）移动式起重机（包括有轨起重机）开行路线及垂直运输设施的位置。

（3）各种材料（包括水暖电卫）、半成品、构件以及工业设备等的仓库和堆场。

（4）为施工服务的一切临时设施的布置。

（5）场内施工道路以及与场外交通的连接。

（6）临时给水排水管线、供电线路、蒸汽及压缩空气管道等。

（7）一切安全及防火设施的位置。

3.3.2 施工平面图布置依据

施工平面图应根据施工方案和施工进度计划的要求进行设计。施工设计人员必须在踏勘现场，取得施工环境第一手资料的基础上，认真研究以下有关资料，然后才能规划出施工总平面布置图的设计方案：

（1）施工组织设计文件（当单位工程为建筑群的一个工程项目时）及原始资料。

（2）建筑平面图，了解一切地上、地下拟建和已建的房屋与构筑物的位置。

（3）一切已有和拟建的地上、地下管道布置资料。

（4）建筑区域的竖向设计资料和土方平衡图。

（5）各种材料，半成品、构件等的需要量计划。

（6）建筑施工机械、模具、运输工具的型号和数量。

（7）建设单位可为施工提供原有房屋及其他生活设施的情况。

3.3.3 设计单位工程施工平面图的步骤

（1）决定起重机械的位置：它的位置直接影响仓库、料堆、砂浆和混凝土搅拌站的位置及道路和水、电线路的布置等，应首先予以考虑；

（2）确定搅拌站、仓库和材料、构件堆场的位置；

（3）布置运输道路；

（4）布置管理、生活及文化福利等临时设施；

（5）布置水电管网。

必须强调指出，建筑施工是一个复杂多变的生产过程，各种施工机械、材料、构件等是随着工程的进展而逐渐进场的，而且又随着工程的进展而逐渐变动、消耗。因此在整个施工的过程中，它们在工地上的实际布置情况是随时在改变着的。为此，对于大型建筑工程、施工期限较长或施工场地较为狭小的工程，就需要按不同施工阶段分别设计施工总平面布置，以便能把不同施工阶段工地上的合理布置生动具体地反映出来。在布置各阶段的施工平面图时，对整个施工时期使用的主要道路、水电管线和临时房屋等，不要轻易变动，以节省费用。对较小的建筑物，一般按主要施工阶段的要求来布置施工平面图，同时考虑其他施工阶段如何周转使用施工场地。布置重型工业厂房的施工平面图，还应该考虑到一般土建工程同其他专业工程的配合问题，以一般土建施工单位为主会同各专业施工单位，通过协商编制综合施工平面图。在综合施工平面图中，根据各专业工程在各施工阶段中的要求将现场平面合理划分，使专业工程各得其所，具备良好的施工条件，以便各单位根据综合施工平面图布置现场。

案例 3-7：中建某公司施工现场总平面布置管理标准

1　总则

1.1　为加强施工总平面管理，使建筑物所需的各项设计和永久建筑物相互间布置合理，特制定本标准。

1.2　本标准规定了施工总平面的管理职能、内容和要求，可结合《现场文明施工管理细则》和《中建总公司 CI 手册施工现场分册》一起实施。

1.3　本标准适用于本公司所属各施工生产单位。

2　管理职能

2.1　施工总平面布置图的制定由项目技术负责人负责，项目技术部门制定，并报上级有关部门审批后实施。

2.2　施工总平面布置图的管理由项目经理负责，项目经理部有关部门和人员组织实施。

2.3　视工程项目大小由上级有关部门派人检查、督促总平面的实施情况。

3　主要内容

3.1　设置施工区临建

3.1.1　设置永久性和半永久性坐标、水准点位置。

3.1.2 设置大、中型机械设备位置。

3.1.3 设置平衡土方现场堆放位置。

3.1.4 设置材料、半成品、产品堆放位置。

3.1.5 设置水电源线路和其他动力线路，排水系统、变压器、配电房位置。

3.1.6 设置消防设备和场内临时交通道路位置。

3.1.7 需要时，设置混凝土搅拌站和混凝土预制、加工场地位置。

3.1.8 设置钢筋加工、木材加工、非标金属件加工车间位置。

3.1.9 设置小型机械设备维修车间和三大工具管理站位置。

3.1.10 设置水泥仓库、小型材料或工具仓库、值班房、厕所位置。

3.2 设置生活区、行政办公临建

3.2.1 设置宿舍、食堂、开水房、工人之家、厕所等生活必须临建位置。

3.2.2 设置消防设备、油库、行政办公室、会议室位置。

4 要求

4.1 施工总平面设置的各项临建设施必须减少二次搬运，尽量降低运输费用。

4.2 尽量减低临建设施的修理费，充分利用已有或拟建房屋、管道、电源、道路和可缓拆暂不拆除项目为施工服务。

4.3 临时设施的布置应不影响正式工程施工，有利生产，方便生活。

4.4 工人到工地往返时间要短，居住区至施工区要近，做到生活、生产与施工互不妨碍。

4.5 符合劳动保护、技术安全和防火、卫生要求。

4.6 经常检查施工总平面规划的贯彻、实施情况。

4.7 各项工作必须满足《现场文明施工管理细则》和《中建总公司CI手册施工现场分册》的要求。

3.4 安全生产和文明施工的策划

本书第3.2.6节主要施工管理计划一节中已经介绍了项目安全管理计划和环境管理计划的编制，但是由于安全生产和文明施工在工程项目管理中的重要地位，其需要策划的内容很多，内容仅仅依靠在施工组织设计中设专门章节反映其策划的输出远远不够，因此有必要再以专门章节对此加以介绍。

安全生产文明施工策划大致可分为三个步骤：①识别危险源和环境因素；②分析评估后找出安全和环境的重大风险；③针对重大风险制订方案、计划、措施。

3.4.1 危险源和环境因素识别

危险源（hazard）即“可能造成人员受伤或疾病等伤害的根源、状态或行为，或它们的组合”（OHSAS18001：2007《职业健康安全管理体系-要求》）；环境因素（environmental aspect）是“一个组织的活动、产品和服务中能与环境发生相互作用的要素”（《环境管理体系 要求及使用指南》GB/T 24001—2004）。识别危险源和环境因素的活动实际上是找出影响安全生产文明施工的不利因素，以便有针对性地制定防范和控制措施。

（1）危险源的识别

所有安全事故都是事故因素发生连锁反应的结果，是美国著名安全工程师海因里希通过分析工伤事故的发生概率提出300：29：1法则。意思是说，一起重伤、死亡或重大事故的背后，一定有29起轻伤或故障，其背后又一定有300个隐患或违章。因此，及时并准确地识别安全隐患是防止安全事故的根本。

危险源也包括事故隐患。是指存在的能量、有害物质以及能量、有害物质失去控制而导致的意外释放或有害物质的泄漏、散发而带来人员的伤害、疾病、财产损失或工作环境的破坏。危险源可按现行国家标准《生产过程中的危险危害因素》GB/T 13816分为6类：物理性、化学性、生物性、心理和生理性、行为性、其他。

危险源辨识应包含施工现场所有常规的和非常规的活动、所有进入工作场所的人员（包括合同方人员和访问者）的活动、工作场所的设施（无论由本组织还是由外界所提供）状况等。

危险源辨识的方法应依据风险的范围、性质和时限性进行确定，确保该方法是主动性的而不是被动性的；要与运行经验和所采取的风险控制措施的能力相适应。

危险源辨识应考虑以下三个方面的情况：

1）考虑危险源的三种状态，即正常状态，即正常施工生产中的安全隐患；异常状态，如设备的停机检修、脚手架安装、拆卸时的安全隐患；紧急状态，如突发火灾时出现的安全风险等。

2）考虑危险源的三个时态，即过去出现延续到现在（如由于技术资源不足而仍未解决）的安全隐患、施工活动当时存在的安全隐患、施工活动告一段落后可能引发的安全隐患。

3）考虑七种安全隐患的类型，即机械能（如机械设备伤人）、电能（如漏电伤人）、热能（如蒸汽灼伤）、化学能（如化学品对人的毒害）、放射能（射线对人的辐射）、生物因素（如病毒）、人机工程因素（如人员的误操作、不遵守规程）等。

危险源及安全隐患，包括以下几个方面：

1）生产过程中存在的、可能发生意外释放的能量或有害物质。包括：

① 意外释放的能量。如锅炉、爆炸危险品产生的冲击波、温度、压力，高处作业的势能，带电导体上的电能，行驶车辆或运动部件的动能，噪声的声能，辐射能等。

② 有害物质。如有毒物质、腐蚀性物质、有害粉尘、窒息性气体等。

2）失控。包括：

① 故障。如发生故障、误操作，信号装置、保险、信号缺乏的缺陷，设备在强度、刚性、稳定性、人机关系上的缺陷等。

② 人员失误。如操作失误、人为造成的安全装置失灵、使用不安全设备、手替代工具操作、物体存放不当、冒险进入危险场所、攀登不安全装置、在起吊物下作业、机器运转时加油、修理等。

③ 管理缺陷。如计划、组织、协调、检查过程中存在的缺陷，作业环境缺陷，温度、湿度、照明、通风等引起或造成人员失误等。

（2）环境因素识别

建筑业能耗高、污染大，建筑施工对环境的影响极大。据统计，全世界建筑业雇用人员达数亿人，对全球GDP的贡献率约为10%左右，但同时也对气候变化、废弃物产生和自然资源损耗等紧迫的全球环境问题造成严重影响：

1）全世界建筑施工活动消耗地球1/6净水、1/4木材、2/5材料与能量，是典型的能源与资源消耗大户。

2）中国建筑业的物资消耗量占全部物资消耗总量的15%，其中钢材、木材、水泥消耗量分别占社会消耗总量的40%、40%、70%，建筑能耗占全部能耗的28%，建筑活动造成的环境污染是全部污染的34%。

3）建筑业平整土地和挖土对土壤的扰动，加速土壤侵蚀40000倍，而土壤贫瘠化和沙化影响其保水、蓄水能力，使土壤变得更容易流失和侵蚀。

4）水系、流域地区的城镇建设中，过分硬化铺地，造成水的季节性超量排泄，导致或加大了流域洪水灾害。

5）影响城市环境各种噪声来源中，施工噪声影响范围在5%左右，因施工机械运行噪声较高，施工时间不加控制，扰民现象较频繁，施工噪声成为城镇居民公害之一。

6）中国每年施工废渣4000万t，占城市垃圾总量30%～40%。据对砖混结构、全现浇结构和框架结构等建筑的施工材料损耗的粗略统计，在每万平方米建筑的施工过程中，仅建筑垃圾就会产生500～600t；而每万平方米拆除的旧建筑，将产生 7000～12000t 建筑垃圾，而中国每年拆毁的老建筑占建筑总量的 40%。大部分建筑垃圾未经处理，被运往郊外或乡村露天堆放或填埋，建筑垃圾成为城市固体废物主要组成部分。

可见，建筑业和建筑施工活动在带给人类更加舒适的居住和工作环境的同时，却在更大范围内破坏着人类赖以生存的自然环境。开展以环境管理为核心的文明施工活动有着巨大的作用。

所谓环境因素，指"一个组织的活动、产品和服务中能与环境发生相互作用的要素"(《环境管理体系要求》ISO 14001)。环境因素识别即运用某种特定的工具或技术，对组织的活动、产品和服务中可能对环境产生影响的事物或现象进行描述、辨认、分类和解释。组织活动、产品和服务中对环境产生的影响可能是正面的，也可能是负面的，全面识别项目的环境因素，将活动、产品和服务中对环境产生有益或有害影响的因素分析出来，确定、识别和评估其产生的影响，提出对负面影响的控制办法并付诸实施，这是项目在文明施工中应首先开展的工作。

不过，环境因素识别的目的主要是搞好项目的环境管理，它同文明施工并非完全一致，只是文明施工的主要方面是环境管理，环境管理对于文明施工具有举足轻重的作用。

同安全隐患识别一样，识别环境因素应考虑以下三个方面的情况：

① 环境因素的三种状态，即正常状态、异常状态、紧急状态；

② 环境因素的三个时态，即过去时态、现在时态、将来时态；

③ 环境影响以及能源资源消耗的八种情况。即废弃物向大气的排放、向水体的排放、向土地的排放、原材料和自然资源的消耗、能源消耗、热能、辐射、振动等能量释放对环境的影响、废物和施工生产过程中伴随工程产品自然生成的副产品对环境的影响、某些物理属性对环境的影响等。

(3) 危险源与环境因素识别的方法与步骤

识别的方法包括查阅文件和记录、专家咨询、工艺流程分析、施工现场调查（查看和面谈）、法律法规要求对照、产品（包括工程产品、原材料、采购半成品等）的生命周期分析（见图 3-2）、员工问卷调查以及管理人员开展头脑风暴等。每一种方法都有局限性，因此应尽量同时使用多种方法，以使识别充分和准确。

识别的一般步骤：第一步划分作业活动，即对施工生产过程分解到每一项作业活动和每一道工序；第二步是针对每一项作业活动和每一道工序分析其有哪些可能的安全隐患和负面的环境影响；第三步分析这些安全隐患和环境影响的风险程度。

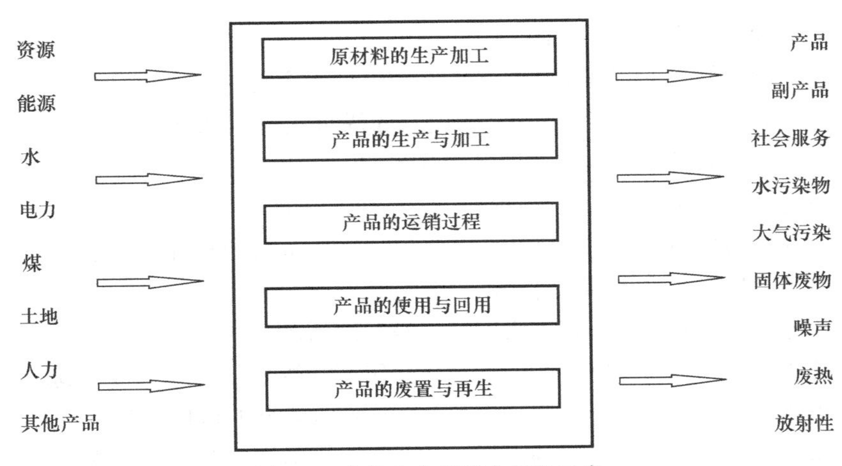

图 3-2 产品生命周期分析法示意

3.4.2 危险源和环境因素的分析评估

对于识别出来的危险源和环境因素要进行重要程度评估，确定主要的危险源和重要的环境因素，将它们作为项目管理过程中的控制重点。

（1）环境因素评估

通过环境因素评估，以确定具有或可能具有重大环境影响的因素时，可以从三个方面进行：

① 有具体的法规排放标准的污染因子是哪些，从等标污染负荷、综合污染指数等方面评估其严重程度，以确定其是否为重要环境因素。

② 对于资源消耗、废物的产生等环境因素，可根据外部（社区、公众、相关方等）要求的紧迫程度、技术的成熟度、组织目前的管理水平，使用类比法、多因子打分法、专家评估、物料衡算等方法确定。

③ 对于潜在的环境因素，则考虑其环境因素风险大小、发生的几率、产生后果的严重程度，使用风险评价的方法确定。

评估时，应考虑环境与社会的要求（如相关法律法规的要求、环境影响的规模、环境影响的严重程度、对环境负面影响发生的概率、环境影响的持续时间、对环境破坏的可恢复性等方面）以及企业和项目的经营、技术和管理条件（如对企业公众形象的影响、社区、周边其他单位和居民等相关方的关注程度、这种改变对其他活动和过程的影响、治理或改善所需的费用、改变环境因素及其影响的程度等）。

危险源评估方法和程序也大致相同。

（2）危险源和环境因素分析做法

根据评估结果，对危险源和环境因素进行分级排列，确定风险级别最高的作为主要的危险源和重要的环境因素。

目前，项目管理的实践中存在这样一个误区：企业层次发布一个通用的重要环境因素清单和主要危险源，作为项目层次识别的指南和参考。

用意似乎是好的，但效果可能适得其反。

且不论公司这个清单的水平如何，仅就项目而言，情况千差万别，危险源和环境因素的"通用清单"实际上无法把所有可能的危险源和环境因素全部包括进去，危险源和环境因素识别及评估时应当涵盖"组织在提供产品、服务和全部活动中可能存在的危险源和环境因素"，"当组织的活动、产品或服务有更改时可能带来的新的危险源和环境因素"以及"一个组织能够控制的或可望对其施加影响的危险源和环境因素"，范围非常宽泛，但具体到某个工程项目时，却是边界清晰、范围可控的。因此，公司的通用清单往往包罗万象，却无法涵盖特定项目的特定范围。同时，公司发下来了通用的清单，项目团队正好"偷懒"，把公司的通用清单摘抄若干，作为项目的清单。在这里，危险源识别和环境因素识别这个最基础的活动没有了，项目团队成员也就基本不清楚本项目安全生产和文明施工中应控制重点，仍然只能是按一般性的传统或经验去做。

这种做法实际上是企业在 ISO14001 和 OHSAS18001 贯标认证的初期还不大懂管理体系的要求，但又须应付"外审"的无奈之举，但在实践中它却是有害的：项目会因危险源和环境因素识别不充分而忽略对某些主要危险元或有重大环境负面影响的环境因素的控制，会因清单的不准确而消耗若干本不需消耗的资源，造成浪费，会因照抄照搬而失掉许多学习实践的机会，还会因"清单"同实际的差异而产生麻痹思想等，这些都是不利于安全生产和文明施工的。

3.4.3 危险源和环境因素的控制计划和措施

(1) 环保和文明施工方案

实施文明施工、加强现场施工环境管理，将现场的环境保护与文明施工纳入施工管理的职责并强制执行，对工程至关重要。建立文明的施工环境，不仅是我们自身的需要，而且是整个社会的需要。文明施工不但与安全隐患存在着千丝万缕的关系，而且还直接或间接地影响着人们的身体健康。实施文明施工、加强现场施工环境管理，将现场的环境保护与文明施工纳入施工管理的职责并强制性执行，对工程至关重要。编制环保和文明施工方案应有以下内容：

1) 贯彻公司的环境管理方针并确定项目的环境管理目标。包括噪声排放、现场扬尘排放、运输遗洒、生活及生产污水排放、施工现场夜间无光污染、最大限度防止施工现场火灾、爆炸的发生、固体废弃物分类管理和回收利用、最大限度节约水电能源消耗、节约纸张消耗、混凝土抗冻剂氨味排放等。

2）明确文明施工的组织机构及管理制度。工作制度包括每周的“施工现场文明施工和环境保护”工作例会、施工现场环境保护管理检查制度等。

3）制定文明施工的管理措施，包括：

① 场容布置。

② 防止对大气污染的措施。

③ 防止对水体污染的措施。

④ 防止施工噪声污染的措施。

⑤ 限制光污染措施。

⑥ 废弃物管理措施。

⑦ 材料设备的管理措施。

通过上述措施的实施，重视环保及文明施工控制的积极作用，充分调动参建人员的主观能动性。

案例 3-8：青岛市建筑工程文明施工标准（节录）

第二章　施工现场围挡

第四条　临街建筑施工现场的围挡墙应使用符合规定要求的彩色喷塑压型钢板。彩色喷塑压型钢板围挡设置高度为 2m，厚度不小于 0.5mm。围挡应砌筑基座，基座应高出地面 0.2m，宽度不小于 0.24m，墙体设置应牢固稳定。

第五条　非临街建筑可使用砖砌围挡墙。砖砌围挡墙体高度为 1.8m，厚度不小于 0.24m，每 3m 砌筑墙垛；围挡墙须压顶，内外须用混合砂浆抹面、粉刷，砌筑水泥砂浆不低于 M5；严禁砌筑空斗墙和使用黏土砌筑、抹面。

第六条　围挡墙 1m 范围内不得堆放料具、土石方等物料，围挡墙外 5m 范围内保持清洁。

严禁用围挡墙作挡土、挡水墙或作广告牌、机械设备等的支撑体。

第七条　临街围挡墙须采用彩绘、灯箱等形式进行美化，并采用多种形式进行亮化。美化、亮化应反映企业文化特点。

第八条　施工现场须设置金属大门，面积在 2 万 m^2 以上的，须使用电动门，门头处应设置企业标志。

第九条　施工现场大门处应设置施工标志牌、十项安全措施牌、文明施工牌、入场须知牌、消防保卫牌、管理人员名单及监督电话牌和施工现场平面布置图、工程立体效果图。

施工标志牌规格为：高 1.5m，宽 1.8m，其他不小于 1.2m×0.8m，架体材质为不锈钢，直径不小于 0.06m，各类标牌应设置牢固、美观，并进行亮化。

第十条　施工现场的标志牌、警示牌、操作规程牌等各种标识牌内容应符合规定要求。

第十一条　施工现场大门口处应设门卫室，并建立来访人员登记制度，严禁无关人员进入施工现场。

第三章　建筑物围挡

第十二条　在建工程建筑物必须使用符合规定要求的密目安全立网进行封闭围挡，16层（含16层）以下的，必须全封闭围挡，16层以上的，应自最高作业层至下封闭不少于10层。

第十三条　密目安全立网应封闭严密、牢固、平整、美观，封闭高度应保持高出操作层1.5m；密目安全立网使用不得超出其合理使用期限，重复使用的应进行检验，检验不合格的不得使用。

第十四条　密目安全立网应绑扎在脚手架内侧，不得使用金属丝等不合格材料绑扎。

第十五条　脚手架杆件须涂黄色漆，防护栏、安全门及挡脚板须涂红、白相间警戒色。

第四章　现场临建设施

第十六条　在建工程，推广使用符合规定要求的钢结构、彩钢活动房，评选省级及以上“文明工地”的必须使用钢结构、彩钢活动房；临建设施原则上不得超过三层（含三层），单层临建设施檐口高度不低于2.8m。

第十七条　临建设施应满足牢固、美观、保温、防火、通风、疏散等要求，墙体内外应抹灰、粉刷，室内地面应硬化，顶棚吊顶，温暖季节安装纱门、纱窗；不得使用石棉瓦盖顶，严禁使用“菱苦土”活动板房。

第十八条　临建设施内用电应达到“三级配电两级保护”，未使用安全电压的灯具，距地高度应不低于2.4m。

第十九条　宿舍窗口应设置合理，宽度不小于0.9m、高度不小于1.2m，房间居住人数不得超过16人，单人单床，每人居住面积不少于2m^2，严禁睡通铺。在建建筑物内严禁安排人员住宿、办公。

第二十条　宿舍内应设置封闭式餐具柜，个人物品须摆放整齐，保持卫生整洁。

第二十一条　食堂应距离厕所、垃圾及其他有毒有害物质不小于30m。食堂必须取得《卫生许可证》、炊事人员应按规定进行体检，取得《健康证》后方可上岗。

炊事人员工作时应穿戴白色工作服、工作帽，帽外不露长发，不得穿拖鞋。

第二十二条　灶间、售饭间、食品储藏室应分隔，不得存放有毒有害物品，食品放置高度应距地面不小于0.2m。生、熟炊具器皿应有明显标记，分别放置，经常消毒，保持洁净。出售食品须用食品夹，售出前应加盖防蝇罩。严禁购买、出售变质食品。

第二十三条　食堂应设上、下水设施，排水口与排气洞口应采用金属网封闭，通风、排气良好；砌筑式灶台应使用面砖材料饰面。

第二十四条　食堂内禁止安排人员住宿、洗澡、洗衣物及放置施工料具等；应使用油、气、电等清洁燃料，禁止燃用散煤、型煤、焦炭、木料等污染性燃料。

第二十五条　食堂与食品储藏室门口处应设置“挡鼠板”，“挡鼠板”高度不小于0.6m。

第二十六条　施工现场应设置封闭、水冲式厕所，人与蹲位比例不少于1∶25，蹲位之间设置隔墙，隔墙高度不低于1.2m；便池应采用面砖等材料饰面，饰面高度不低于1.5m。

第二十七条　厕所应设专人管理，及时冲刷、清理，喷洒药物消毒，无蚊蝇孳生。高层作业区应设置封闭式便桶。

第二十八条　施工现场应设置淋浴室，墙面须使用面砖等材料饰面；淋浴喷头与人员比例不低于1∶15，满足冷、热水供应，排水、通风良好；淋浴间与更衣间应隔离，设置挂衣架、橱柜等，并使用防水电器。

第二十九条　施工现场应设置职工学习娱乐活动室，配备报刊、杂志等学习娱乐活动用品。

第三十条　施工现场应进行卫生防病宣传教育，配备经考核合格急救人员，设置卫生室。卫生室须配备药箱、担架等急救器材，常备止血药、绷带及其他常用药品。

第三十一条　施工现场应设置吸烟、饮水室，严禁在施工区域内吸烟。饮水室应设置密封式保温桶，保温桶应加盖加锁，保持清洁。

第三十二条　施工现场须设置宣传栏、读报栏、黑板报，及时更换宣传内容；设置应牢固、美观，防水防雨，并进行亮化。

第五章　场容场貌

第三十三条　现场施工人员应佩戴带证明身份的胸卡，提倡统一着装。

第三十四条　施工现场应按照平面布置图划分生活区、作业区，建筑材料应按规定要求分类堆放，设置标牌，并稳定牢固，整齐有序。

第三十五条　施工现场道路、加工区和生活区应进行硬化，道路应采用混凝土硬化，并满足车辆行驶和抗压要求；生活区、加工区可采用砖铺等其他硬化方式。

第三十六条　施工现场搅拌等易产生扬尘污染的作业区应进行封闭作业。因堆放、装卸、运输等易产生扬尘污染的物料应当采取遮盖、封闭、洒水等措施。风速四级以上天气应停止易产生扬尘的作业，严禁从建筑物内向外抛扬垃圾。

第三十七条　施工现场大门处应设置车辆冲刷设施，保持出场车辆清洁，避免行驶途中污染道路。

第三十八条　建筑垃圾应集中、分类堆放，及时清运；生活垃圾采用封闭式容器，日产日清。垃圾清运应委托有资格的运输单位，不得乱卸乱倒垃圾。不得在施工现场熔融沥青、焚烧垃圾等有毒有害物质。

第三十九条　施工现场应设置良好的排水系统，保持排水畅通，无积水；合理设置沉淀池，严禁污水未经处理直接排入城市管网。

第四十条　对使用易产生噪声的机具应采取封闭作业，装卸材料应轻卸轻放；未经审批，晚10:00至早6:00，中、高考期间，晚8:00至早6:00禁止施工。

第四十一条　温暖季节，现场须种植花草进行绿化，绿化面积应不小于生活区面积的5%。

第四十二条　施工现场应按规定在边角等处每隔15m设“灭鼠屋”，温暖季节设置“捕蝇笼”，并设专人负责投放药品。

第四十三条　施工现场应制定消防管理制度，严格履行动火作业审批手续；配置消防器材集中存放点，生活区、仓库、配电室（箱）、木制作区等易燃易爆场所须配置相应的消防器材。消防器材应定期检查，确保完好有效。严禁在施工现场内燃用明火取暖。

第四十四条　施工现场应制定易燃易爆及有毒物品管理制度，对购领、运输、保管、发放、使用等环节严格管理，并建立台账。

第四十五条　高层建筑（30m以上）应每层设置临时消防水源管道（用2吋管），并留有消防水源接口，设加压泵，配足消防水管具。

（2）安全生产管理计划和方案

安全管理计划应包括下列内容：

① 确定项目重要危险源，制定项目职业健康安全管理目标。

② 建立有管理层次的项目安全管理组织机构并明确职责。

③ 根据项目特点，进行职业健康安全方面的资源配置。

④ 建立具有针对性的安全生产管理制度和职工安全教育培训制度。

⑤ 针对项目重要危险源，制定相应的安全技术措施；对达到一定规模的危险性较大的分部（分项）工程和特殊工种的作业应制定专项安全技术措施的编制计划。

⑥ 根据季节、气候的变化制定相应的季节性安全施工措施。

⑦ 建立现场安全检查制度，并对安全事故的处理作出相应规定。

案例3-9：某工程项目安全管理计划（节录）

一、项目安全管理机构（略）

二、人员安全

1. 项目部应给予工人安全培训提供必要的支持，保证培训充分有效且制成文件存档。

2. 工人的培训应满足项目培训要求且能被工人所接受后经综合测试方可上岗。

3. 所有员工必须到指定的医疗单位接受心理、疾病健康体检。项目部提供现场所有员工的劳动防护用品。

4. 公司提供统一工作防护用品（包括：工作服、防护眼镜、反光背心、防护鞋、安全帽、安全带，手套），特殊作业配安全面罩、耳塞。所有防护劳品必须有国家规定生产许可证，合格产品。

5. 生产班组每天上班前须进行安全技术交底，并及时做好班组安全活动记录，交底要有针对性的内容。

6. 施工员、安全员每天对作业面上须进行日常安全检查，对检查时发现的问题要及时采取整改措施，落实执行人员和整改期限。

7. 项目工程部每周组织有关人员进行安全检查，并由安全员及时做好台账。

8. 检查要有重点，要讲究实效，并建立项目整改书面通知单，及整改反馈档案制度。

9. 项目要设置专人负责安全生产的管理及有关记录，对较大隐患在短期内不能及时整改的，应采取紧急措施并向上级请示。

10. 对操作班组或个人违反安全操作规程、制度的行为要及时制止，并以相应的奖罚措施制约。

三、施工现场、设备及用电安全

1. 所有设备手续齐全（包括生产厂商的安全生产许可证、产品合格证、使用说明书）。在使用安装前须进行验收。

2. 大型机械使用前必须报建筑机械检测中心检测合格。

3. 大型机械操作工、信号工必须持证上岗。

4. 小型机械安装前必须有专业人员检测合格后方可安装。使用前必须调试合格，确保临电规范到位，接地良好。

5. 做好定人定机，合理设置求生通道。在确认为危险的区域必须搭设金属防护栏，悬挂警示牌以指明是何危险，负责区域的主管及其他相关警告。

6. 警示牌必须设置在明显的部位，以确保任何可能的进入点都能看到。

7. 施工现场临时用电电压为380/220V，采用三级配电两级保护的供电方式对现场送电。从变压器室总配电开关出线采用BV铜芯塑料线，线路采用埋地敷设埋入地下0.8m。

8. 施工配电按总配电箱、分配电箱、开关箱三级配电。总配电箱、开关箱实行两级漏电开关保护设置。

9. 总配电箱、分配电箱设在负荷相对集中的地方。

10. 动力配电箱与照明配电箱分别设置，如设置在同一箱内，动力和照明应分路设置。

11. 开关箱应由末级分配电箱配电，分配电箱与开关箱的距离不得超过30m，开关箱与其控制的固定式用电设备的水平距离不宜超过3m。

12. 开关箱和配电箱均应装设在干燥、通风及常温场所，不得装在有严重损伤作用的瓦斯、蒸汽、液体等有害介质中，且不易受外来固体物撞击、强烈震动、液体浸溅及热源烘烤的场所，否则，应做好特殊防护处理。

13. 根据用电原则，并结合本工程实际情况，做以下布置：

13.1 分配电箱设置在施工现场用电负荷较为集中的地段，在主体施工阶段为钢筋加工、模板加工、塔吊等处安装分配电箱，主体完毕后转为安装、精装修临时供配电。

13.2 开关箱的设置：各开关箱均设在用电设备附近（3m以内），以便于控制、操作各用电设备。

13.3 总配电箱、分配电箱、开关箱统一购买合格品或安检站推荐产品。其进出线孔均设在箱底，并加护套，箱体方正、牢固、防尘、防晒、严密，并上锁，由专职电工负责保管，做好可靠的重复接地和保护接零。

13.4 总配电箱需装设总电源隔离开关，总漏电空气开关和分路隔离开关，分漏电空气开关。其漏电动作电流、动作时间与分配电箱、开关箱中漏电开关相适应，且符合规范要求。

13.5 二级分配电箱内装设总隔离开关、总断路器和分路隔离开关、分路断路器。

13.6 开关箱严格执行“一机、一闸、一箱、一漏电”制。严禁用同一开关直接控制二台及二台以上用电设备（含插座），严禁线路两端用插头连接电源与用电设备或电源与下一级供电线路。

13.7 开关箱内的开关必须能在任何情况下都可以对用电设备实行电源隔离，开关箱内设置漏电保护装置必须在设备负荷侧，其型号、额定动作电流及动作时间应与总配电箱处漏电开关的动作电流及动作时间做合理配合，使之具有分级分段保护的功能，且不大于 30mA/0.1s。在潮湿场所漏电空气开关为防溅型 15mA/0.1s

13.8 电焊机漏电保护器采用国家认证专用电焊机漏电保护开关。

13.9 照明配电箱内漏电空气开关的漏电动作电流、动作时间与开关箱相同，为 30mA/0.1s。

13.10 配电箱与开关箱的安装无论是选用新电气产品还是旧电气产品，本工程都保证这些产品全部完整无损、动作可靠、绝缘良好，绝对不使用破损电气产品。

13.11 所有配电箱与开关箱均将在其箱门处标注其编号、名称、用途和分路情况。

13.12 为防止停、送电时，电源手动开关带负荷操作，以及便于对用电设备在停、送电时进行监护，配电箱、开关箱之间应当遵循一个合理的操作程序，即停电时其操作程序应当是：开关箱—分配电箱—总配电箱；送电时其操作程序应当是：总配电箱—分配电箱—开关箱。

13.13 线路走向按以下原则：总配电箱—分配电箱—开关箱—用电设备。

14. 漏电保护器装于总隔离开关负荷侧。N 线在进线端做重复接地，并另引保护零线 PE。漏电保护器同时具备短路和过载保护功能时，总隔离开关可以不设熔断器。

15. 配电金属箱体作保护接零。

16. 重复接地不少于三处（变压器配电范围内），重复接地点选在总配电箱处、电路中段、电路末端（可选在塔吊、施工电梯处），接地电阻不大于 10Ω。

17. 采用具有专用保护零线的 TN-S 系统．即在 TN-S 系统中，保护零线应专用，不得作工作零线使用，所有的电器设备的外壳和保护零线均应与专用保护零线相连接，专用保护零线颜色为黄绿相间双色线。

18. 如做人工接地体，应垂直设置，接地体采用 ϕ50 钢管，单根长度 2.5m，间距 5m。接地体连线采用 40mm×4mm 扁钢。扁钢搭接焊时，搭接长度 ≥80mm。接地连接线埋深距地面 0.8m。接地电阻小于 10Ω。

19. 吊、提升架、超高物均应利用建筑物的防雷接地系统作为防雷保护。接地电阻不得大于 30Ω，否则应另做防雷接地。

20. 保护零线与保护接地应采用焊接、压接、螺栓连接或其他可靠方法连接，严禁缠绕或勾挂。

四、脚手架

1. 搭设金属扣件双排脚手架，应严格按《建筑施工扣件或钢管脚手架安全

技术规范》规定安装。

2. 搭设前严格进行钢管筛选，凡严重锈蚌、薄壁、严重弯曲裂变的不得使用。

3. 严重锈蚌、变形、裂缝、螺栓螺纹损坏的机件不准采用。

4. 脚手架的基础按规定设置外，还必须做好排水处理。

5. 脚手架立杆底部应设置底座和垫板，必须设置纵、横向扫地杆。

6. 所有的件紧固力矩应达到45～55N·m。

7. 同一立面的横杆，应对等交错设置，同时应上下杆对直。

8. 斜杆接长，不应采用对接扣件，应采用搭接方式，搭接不应少于两只旋转扣件，固定端部扣件盖板的边缘至杆端距离不应小于100mm。

9. 脚手架的连墙件不宜采用钢丝攀拉，必须采用埋件形式的刚性材料，并从第一步起隔步隔层设置。

10. 落地脚手架应同步搭设上下通行的斜道，并应每隔250～300mm设置一根防滑木条，人形斜道宽度不小于1m，坡度采用1∶3，运料斜坡道宽度不小于1.5m，坡度采用1∶6。脚手架作业层，必须设置高度不低于180mm的挡脚板，挡脚板必须用醒目的安全色加以警示，必须严格按搭设方案搭设。

11. 搭设人员必须持证上岗，不符合高处作业人员一律禁止高处作业，并严禁酒后作业。严格正确使用劳动保护用品，遵守高处作业规定，工具必须入袋，严禁高处抛掷。强风，雪天、雨天环境不准进行作业，夜间作业要做好良好的照明设备。

12. 拆除区域须设置警戒范围，设立明显警戒标记，非操作人员或地面施工员均不得通过施工。输送至地面的杆件，应及时清理按类堆放整齐。

13. 脚手架使用前，必须由专业技术人员验收合格挂牌后方可使用。脚手架在使用过程中，不允许超出其设计荷载，不允许改变，拆除脚手架的任何部件(包括跳板)，私自改装者将受到纪律处分。如果脚手架需要改装，则由相关合格人员经主管授权后进行。

五、文明施工及防火

1. 现场必须做到原材料和设备有序地排列。

2. 每天用安全的方法清理施工区，以排除可能引发事故的隐患。

3. 人行道、走廊、楼梯以及出入口保持在干净畅通的状态。

4. 现场垃圾及时清理，对易燃易爆，有毒分类盛放，及时清除。

5. 暴露在外的裂片、钉子等做到远离或被保护，排除造成伤害的可能。

6. 液体（油漆、溶剂、稀释剂油类，油脂），以及其他原料必须按项目危险垃圾进行处理。

7. 施工区域不允许食物消费，食物消费只允许在指定位置，所有的食物残余物应放置在指定的垃圾箱内，午餐式饮食区必须保持干净并且无食物残留、包装纸、杯子等。

8. 禁止原料从高处扔下或坠落，所有废弃原料做到随工作进程移出工作区域。所有原材料做到按指定位置堆放，区域保持整洁（不影响事故发生时逃生的需要）。

9. 可燃液体、固体材料做到远离火源。

10. 适当的消防设备一定要被放置在临近易燃物资存储和转移的所有位置。

11. 氧气、易燃气体系统必须准备经核准的逆流预防阀，瞬间制动器及减压装置。

12. 当燃料气体或氧气设备无人看管时，如午餐时间或工作完成后，要保证设备切断与气源的连接，燃料气体或氧气设备不能留在无人看守的被限空间内。

19. 焊接导线和设备在使用之前必须进行适当的维修和检查。暴露在外的导线必须单独使用和维修。

20. 当电焊机在移动过程中或当工人必须离开时电焊机必须关闭。

22. 准备适当的、经核准的灭火器直接用于任何正在执行焊接的场所。

23. 焊工需要佩戴经核准合格的眼部和头部的保护设备，焊工助手必须佩戴保护镜。焊工在焊接操作中需要带安全头盔。

24. 接地电缆放置在离焊接尽可能近的地方。

25. 项目设特定区域允许吸烟，在可能构成火灾危险的操作附近禁止吸烟。

六、安全措施与监督

1. 安全员每日例会，班长对班组上岗前安全交底。

2. 对电工、电焊工、架子工等特殊工种，必须持证上岗。

3. 电工对现场线路、配电、接地测试应做好记录，建立台账。

4. 现场基坑临边按规范标准加以防护，并用安全色警示。

5. 现场机械操作规范图及警示牌合理张贴。

6. 严格遵守项目管理制度，管理人员负起责任。

7. 安全人员要监督制止，跟踪整改安全隐患。

8. 做到检查要有重点，讲究实效，并建立项目整改书面通知单及整改反馈档案。

（以下略）

七、定期与不定期安全文明检查计划

定期：定于每周四上午由安全员带领对全场安全文明（包括设备、用电、场地、材料堆放等）进行全面检查，并进行登记记录，对于违反安全规章制度的及时进行整改，同时进行相应的罚款。

不定期：由安全员协助业主或建立单位进行不定期安全文明检查，检查内容与定期检查内容相同。

3.4.4 绿色施工的策划

绿色施工是指工程建设中，在保证质量、安全等基本要求的前提下，通过科学管理和技术进步，最大限度地节约资源并减少对环境负面影响的施工活动，实现节能、节地、节水、节材和环境保护“四节一环保”。实施绿色施工，应依据因地制宜的原则，贯彻执行国家、行业和地方相关的技术经济政策。

实施绿色施工的原则。一是要进行总体方案优化，在规划、设计阶段，充分考虑绿色施工的总体要求，为绿色施工提供基础条件。二是对施工策划、材料采购、现场施工、工程验收等各阶段进行控制，加强整个施工过程的管理和监督。绿色施工的总体框架由施工管理、环境保护、节材与材料资源利用、节水与水资源利用、节能与能源利用、节地与施工用地保护六个方面组成（见图 3-3）。

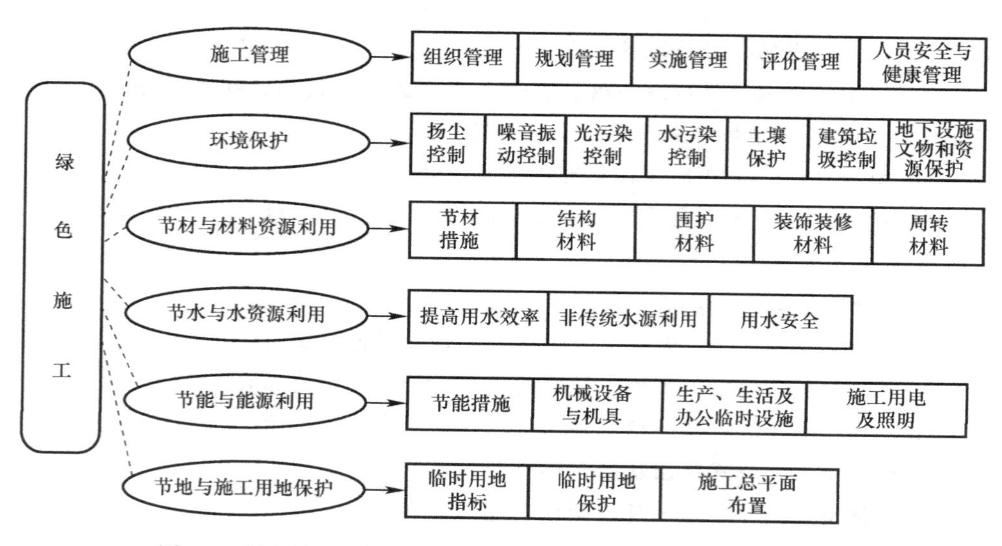

图 3-3 绿色施工总体框架（资料来源：建设部《绿色施工导则》）

绿色施工不同于绿色建筑。绿色建筑体现在建筑物本身的安全、舒适、节能和环保，绿色施工则体现在工程建设过程的“四节一环保”。绿色施工以打造绿色建筑为落脚点，但是又不仅仅局限于绿色建筑的性能要求，更侧重于过程控制。没有绿色施工，建造绿色建筑就成为空谈。

绿色施工又不完全等同于文明施工。从某种程度上，文明施工可以理解为狭义的绿色施工。随着国家战略政策和技术水平的发展，绿色施工的内涵也在不断深化。绿色施工除了涵盖文明施工外，还包括采用降耗环保型的施工工艺和技术，节约水、电、材料等资源能源。因此，绿色施工高于、严于文明施工。例如，建设部《绿色施工导则》中对地下设施、文物和资源的保护，节材、节能措施等都有所规定。绿色施工也需要遵循因地制宜的原则，结合各地区不同自然条件和发展状况稳步扎实地开展，避免做表面文章而浪费。

建筑业肩负着义不容辞的社会责任。绿色施工是建筑业积极承担这份社会责任的重要举措和实践形式。建筑活动一直是自然资源和能源高消耗的生产性活动之一，建筑物所占用的土地，建筑材料的加工、使用以及工程建设过程中产生废弃物和对周边的污染等都对生态环境产生极大影响。比如建筑用水，据有关方面统计，全国每年缺水量达 60 亿 t，有 1/6 的城市严重缺水。我国年混凝土制成量达 20 亿 m^3，配制这些混凝土所需的用水量约有 3 亿多 m^3，再加上混凝土养护用水量（如果按照传统做法浇水养护，水的消耗量将超过搅拌用水），相当于每年 60 亿 t 缺水量的 1/10。而且目前施工用水几乎都是自来水，造成不必要的浪费，因为混凝土搅拌和养护完全可以使用中水。尽管建筑施工水资源的消耗量相对于高水耗工业企业，单位产值耗水量比重较低，但是工程建设本身的流动性和临时性造成施工用水管理比较粗放，还有较大的水资源节约和再利用的空间。还有，如建筑垃圾，根据北京、上海两地统计，每施工 1 万 m^2 建筑平均产生建筑垃圾 500～600t。而这些建筑垃圾可以通过填埋和铺路等方式再利用。由此可见，建筑业为贯彻国家节能减排战略、建设节约型环境友好型社会贡献的潜力巨大，责任重大。绿色施工的指导思想立足于建筑业以工程建设实践“四节一环保”，责无旁贷地承担起可持续发展的社会责任。

案例 3-10：沈阳某综合体工程绿色施工方案（节录）

2　工程概况

2.1　基本概况

本工程为一栋集国际顶级办公楼，购物中心，豪华酒店，大型宴会、展览厅以及服务式公寓为一体的综合性建筑，建筑总高度 350.60m。工程建设中，在保证质量、安全等基本要求的前提下，通过科学管理和技术进步，最大限度地节约资源与减少对环境负面影响的施工活动，实现“四节一环保”（节能、节地、节水、节材和环境保护）。

2.2　绿色施工概况

本工程依据《公共建筑节能设计标准》GB 50189—2005 和《辽宁省公共建筑节能设计标准》DB 21/1461-2006 进行建筑节能设计，技术规格综合了“美国能源及环境设计先导计划（LEED)”。

（1）车库保温卷帘以外部分的坡道和坡道外壁均按室外墙地面做80mm厚挤塑聚苯板保温层；商场、办公大堂、办公室和车库、机电层相贴临的楼板均作80mm厚挤塑聚苯板保温层；地下室底板及侧壁防水采用卷材外防水与钢筋混凝土自防水相结合形式，防水卷材采用3mm＋3mm厚聚乙烯胎SBSⅡ橡胶改性沥青防水卷材，断裂延伸率≥450%；屋面防水卷材采用3mm＋3mm厚聚乙烯胎SBSⅡ橡胶改性沥青防水卷材，断裂延伸率≥450%，加1.5mm厚三元乙丙防水卷材。

（2）工程维护结构按节能标准设计，离心式冷水机组 *COP*＝6.1；通风效率采用排风热回收措施，热回收效率大于70%；空调水系统支管设置流量调节阀，水系统并联环路水力不平衡率小于15%。

（3）给水排水设计范围有生活给水系统、生活热水给水系统、管道直饮水系统、中水给水系统、中水处理系统、雨水排放系统、雨水处理系统、生活污、废水排水系统、室外消火栓系统、室内消火栓系统、自动喷水灭火系统、大空间智能型主动喷水灭火系统、气体灭火系统。本项目不设中央热水系统，所有办公楼、商场及地下车库的卫生间及员工更衣室内独立装设电储水式/即热式热水器。

（4）地下四层设有独立的中水处理系统，分别在办公楼、商场及地下车库，对卫生间废水、污水及餐饮废水回收，经过滤，生化处理和消毒除味后作冲厕、冲洗汽车、清晰道路和绿化用途；设置独自的污废水排放系统及化粪池，排水系统采用双管排放，即污水废水分流方式设计；污水收集后进入地下四层的化粪池，经过化粪池处理后再利用潜水泵把废水排入市政排水管网。

（5）本工程外维护结构为组合幕墙，其中：透明玻璃采用节能保温玻璃，品种有：10mm厚钢化Low-E镀膜玻璃＋12mm厚空气层＋10mm厚钢化玻璃，10mm厚钢化Low-E镀膜玻璃＋12mm厚空气层＋15mm厚钢化清玻璃，8mm厚半钢化玻璃＋1.52mm厚PVB＋8mm厚半钢化Low-E镀膜玻璃＋12mm厚空气层＋8mm厚半钢化玻璃＋1.52mm厚PVB＋8mm厚半钢化低贴高透明玻璃；非透明幕墙内均内设75mm厚保温层。

3 施工部署

3.1 工程目标

本工程绿色施工目标为“美国能源及环境设计LEED铂金奖”，争创国家级节能示范工程。

3.2 数据化目标

遵从和按照LEED-CS中的指引及要求，提供一切施工方案、措施、配套、材料及送审文件。所需提交数据必须与其他提交数据独立及分开提交。

3.2.1 侵蚀和沉积控制

为防止在建筑期间暴雨及恶劣天气产生的水土流失，现场设置 $3600m^3$ 沉淀池。

3.2.2 热岛效应

(1) 非屋面

最低50%的停车面积设有遮蔽（可以是地下，楼层下，屋面下和建筑下）。用于遮蔽停车场的屋面，其SRI值应至少为29。

(2) 屋面

使用高反射率的屋面材料和种植绿化屋面，其综合效果力争达到以下标准的要求（表3-9）。

(高反射屋面面积/0.75)+(种植屋面面积/0.5)≥屋面总面积

太阳辐射反射指标（SRI）要求 **表3-9**

屋面类型	太阳辐射反射指标
平屋面（≤2:12）	78
坡屋面（>2:12）	29

3.2.3 施工废料管理

实施“施工废料管理计划”，以确保回收循环或再使用不少于75%（按重量）的施工、拆卸和工地清理废料。

3.2.4 循环成分材料列表

使用含循环成分材料，确保所用的再生材料总值不少于其所用的建筑材料总值的20%。

3.2.5 材料采购范围

采用项目方圆500英里（800km）范围内开采、采购及生产加工的产品/材料，确保所用的地方/区域性材料总值不少于其所用的建筑材料总值的20%。

3.2.6 FSC认证木材

采用已获取森林管理委员会（Forest Stewardship Council，FSC）认证的木质材料/产品，确保所用的认证材料/产品的价值不少于其所用木质材料/产品总值的50%。

3.3 组织架构（略）

3.4 施工计划（如表3-10）

施工计划 **表3-10**

步骤	工作内容简介	备　注
1	在施工前一周举行施工动员会议	开工前
2	工作区、绿化带和缓冲区的维护保养、施工沉淀池、在施工入口、出口安装暴雨排水沟、采用砂砾铺设临时施工出入口、在项目建筑场地建造临时排水管道	施工初期

续表

步骤	工作内容简介	备 注
3	清理场地、清理废弃物、场地初步坡度分级后，挖渠并安装相应的排水口、场地初步坡度分级后，就开始对建筑物周围场地找坡，接着马上种植草籽、浇筑路面并找坡、绿化场地	施工中期
4	每周将对水土侵蚀和沉积控制作定期检查，每次下雨后及时检查并修复受损地方，记录相关资料图片	施工过程中
5	完成施工后撤出所有临时设施，并在受影响的区域采用植被进行永久的绿化	竣工后与绿化同步
6	在竣工后1个月之前整理提交资料，进行评估	竣工后30天

3.5 施工准备

3.5.1 劳动力准备（略）

3.5.2 物资准备（略）

3.5.3 技术准备

(1) 绿色施工要求技术部设置专人管理，进行编制方案，现场协调及资料、对接工作。

(2) 方案编制计划（见表3-11）

方案编制计划 **表3-11**

序 号	名 称	编制时间
1	侵蚀和沉积控制方案（中/英）	开工初期
2	室内空气质量（IAQ）管理方案（中/英）	开工初期
3	施工废料管理计划（中/英）	开工初期
4	初步材料成本安排	开工初期
5	沉淀池施工方案	开工中期
6	机电调试方案	开工中期

3.5.4 机械准备（略）

3.6 资料报审

3.6.1 资料报审流程

根据“美国能源及环境设计LEED铂金奖”及LEED-CS执行标准要求，配合建设单位汇总整理相关资料，报审予栢诚（亚洲）顾问，通过栢诚（亚洲）顾问与美国绿色建筑协会（USGBC）对接，进行认证。

资料提交按照部门及分包分配，商务部负责《初步材料成本安排》；物资部负责《材料列表》；技术部负责《监测与测量纪录表》；机电、钢结构、幕墙、精装修等分包单位负责配合总包各部门；最后由现场绿色施工专人汇总整理，报审栢诚（亚洲）香港顾问审批。

3.6.2 资料计划

1. 双周召开“绿色施工专题会议”，报审《会议纪要》。

2. 每天监测现场洒水、清理，每周监测现场绿化、废料处理，双周监测沉淀池、排水沟清理，报审《监测与测量纪录表》。

3. 按月报审项目成本计划，即《初步材料成本安排》。

4. 双周报审《双周报》，在双周报中反映两周内现场实施情况。

5. 按月报审《材料列表》，对现场废料处理、循环材料、低挥发性材料（VOC）标准等进行汇总报审，附相关厂家证明文件。

6. 按月报审现场方案实施照片，即侵蚀和沉积控制方案、废弃物管理方案、室内空气质量（IAQ）管理方案。

4 环境保护

4.1 环保概念（略）

4.2 环保材料标准

制订“使用的低挥发性材料列表”，表示各种室内装饰装修及主体施工阶段所用材料的来源、易挥发性有机化合物（VOC）含量数据和证明其价值，并确保所用装饰装修及主体施工材料满足LEED-CS标准。

（以下略）

4.3 扬尘控制

4.3.1 扬尘的产生

工程施工过程中，运送土方、垃圾、设备及建筑材料等物质时，要求不污损场外道路；运输容易散落、飞扬、流漏的物料的车辆，必须采取措施封闭严密，保证车辆清洁；施工现场出口设置洗车槽，及时清洗车辆上的泥土，防止泥土外带。

（以下略）

4.3.2 具体控制措施（略）

4.5 光污染控制

4.5.1 光污染范围

施工现场夜间照明、电焊作业、幕墙、屋面热岛效应。

4.5.2 具体控制措施（略）

4.6 水污染控制

4.6.1 水污染范围

施工现场污水处理严格按照国家标准《污水综合排放标准》GB 8978—1996及LEED-CS（2.0修正版）执行。针对不同的污水，设置沉淀池、隔油池、化粪池。

4.6.2　具体措施（略）

4.7　土壤保护

(1) 保护好施工周围的树木、绿化，防止损坏。及时补救施工活动中人为破坏植被和地貌所造成的土壤侵蚀。在工地大门口到办公室门前种植花草并经常浇水。

(2) 现场基坑放坡面挂置遮阳网，在坡顶遮阳网处用砂袋压实，可以用于挡水，防止坡面土壤侵蚀。

(3) 施工机械用油桶统一存放，当加油时采用接油桶（接油桶采用1000mm×1000mm×800mm木箱并底下铺钢板），防止因渗漏造成污染土壤及水源。

(4) 禁止将有毒有害废弃物用作土方回填，以免污染地下水和环境。

(5) 对于现场内施工主干道和辅助道路铺设卵石采用装载机碾压，防止土壤风蚀。

4.8　建筑垃圾控制

4.8.1　侵蚀和沉积控制措施

制定《侵蚀和沉积控制方案》，对现场建筑垃圾进行计划控制。每万平方米的建筑垃圾不超过400t；加强建筑垃圾的回收再利用，力争建筑垃圾的再利用和回收率达到30%，建筑物拆除产生的废弃物的再利用和回收率大于40%；对于碎石类、土石方类建筑垃圾，采用地基填埋、铺路等方式提高再利用率，力争再利用率大于50%。

4.8.2　“减量化、资源化和无害化”措施（略）

5　节材与材料资源利用

5.1　节材概念

通过设计、施工将材料的使用数量、运输范围、能源消耗降到最低，达到节约材料、节约成本，资源再利用的目的。

（以下略）

6　节水与水资源利用

6.1　节水概念

提高水的利用效率、减少水的使用量、增加废水的处理回用量、防止和杜绝水的浪费。

6.2　节水措施（略）

6.3　中水措施（略）

7　节能与能源利用

7.1　节能概念

采取技术上可行、经济上合理、环境和社会可接受的一切措施，来提高能源资源的利用效率。节能就是尽可能地减少能源消耗量，生产出与原来同样数量、同样质量的产品；或者是以原来同样数量的能源消耗量，生产出比原来数量更多或数量相等质量更好的产品。

（以下略）

8 节地与施工用地保护

8.1 节地概念

通过合理的统筹、布局，起到节约土地、空间合理的再利用目的。

（以下略）

9 各项管理及保证措施

（以下略）

3.4.5 安全专项施工方案

危险性较大的分部分项工程必须编制专项施工方案。国务院2003年颁布的《建设工程安全生产管理条例》，规定施工单位对7类达到一定规模的危险性较大的分部分项工程应编制专项施工方案，并附具安全验算结果，经施工单位技术负责人、总监理工程师签字后实施。建设部建质［2009］87号文件《危险性较大的分部分项工程安全管理办法》指出，“危险性较大的分部分项工程”是指“建筑工程在施工过程中存在的、可能导致作业人员群死群伤或造成重大不良社会影响的分部分项工程”，危险性较大的分部分项工程安全专项施工方案则是指“施工单位在编制施工组织（总）设计的基础上，针对危险性较大的分部分项工程单独编制的安全技术措施文件”。建设部建质［2004］213号文件《危险性较大工程安全专项施工方案编制及专家论证审查办法》中还依据《建设工程安全生产管理条例》第二十六条所指的七项分部分项工程进一步明确其范畴：

（1）基坑支护与降水工程

基坑支护工程是指开挖深度超过5m（含5m）的基坑（槽）并采用支护结构施工的工程；或基坑虽未超过5m，但地质条件和周围环境复杂、地下水位在坑底以上等工程。

（2）土方开挖工程

土方开挖工程是指开挖深度超过5m（含5m）的基坑（槽）的土方开挖。

（3）模板工程

各类工具式模板工程，包括滑模、爬模、大模板等；水平混凝土构件模板支撑系统及特殊结构模板工程。

（4）起重吊装工程

（5）脚手架工程

① 高度超过24m的落地式钢管脚手架；

② 附着式升降脚手架，包括整体提升与分片式提升；

③ 悬挑式脚手架；

④ 门型脚手架；

⑤ 挂脚手架；

⑥ 吊篮脚手架；

⑦ 卸料平台。

(6) 拆除、爆破工程

采用人工、机械拆除或爆破拆除的工程。

(7) 其他危险性较大的工程

① 建筑幕墙的安装施工；

② 预应力结构张拉施工；

③ 隧道工程施工；

④ 桥梁工程施工（含架桥）；

⑤ 特种设备施工；

⑥ 网架和索膜结构施工；

⑦ 6m 以上的边坡施工；

⑧ 大江、大河的导流、截流施工；

⑨ 港口工程、航道工程；

⑩ 采用新技术、新工艺、新材料，可能影响建设工程质量、安全，已经行政许可，尚无技术标准的施工。

建设部相关文件还进一步明确应当组织专家组进行论证审查的、超过一定规模的危险性较大的分部分项工程的范围：

(1) 深基坑工程

开挖深度超过 5m（含 5m）的基坑（槽）的土方开挖、支护、降水工程；开挖深度虽未超过 5m，但地质条件、周围环境和地下管线复杂，或影响比邻建筑（构筑）物安全的基坑（槽）的土方开挖、支护、降水工程。

(2) 模板工程及支撑体系

工具式模板工程：包括滑模、爬模、飞模工程。

混凝土模板支撑工程：搭设高度 8m 及以上；搭设跨度 18m 及以上，施工总荷载 $15kN/m^2$ 及以上；集中线荷载 20kN/m 及以上。

承重支撑体系：用于钢结构安装等满堂支撑体系，承受单点集中荷载 700kg 以上。

(3) 起重吊装及安装拆卸工程

采用非常规起重设备、方法，且单件起吊重量在 100kN 及以上的起重吊装工程；起重量300kN及以上的起重设备安装工程；高度200m及以上内爬起重设备的拆除工程。

(4) 脚手架工程

搭设高度50m及以上落地式钢管脚手架工程；提升高度150m及以上附着式整体和分片提升脚手架工程；架体高度20m及以上悬挑式脚手架工程。

(5) 拆除、爆破工程

采用爆破拆除的工程；码头、桥梁、高架、烟囱、水塔或拆除中容易引起有毒有害气（液）体或粉尘扩散、易燃易爆事件发生的特殊建、构筑物的拆除工程；可能影响行人、交通、电力设施、通信设施或其他建（构）筑物安全的拆除工程；文物保护建筑、优秀历史建筑或历史文化风貌区控制范围的拆除工程。

(6) 其他

施工高度50m及以上的建筑幕墙安装工程；跨度大于36m及以上的钢结构安装工程；跨度大于60m及以上的网架和索膜结构安装工程；开挖深度超过16m的人工挖孔桩工程；地下暗挖工程、顶管工程、水下作业工程；采用新技术、新工艺、新材料、新设备及尚无相关技术标准的危险性较大的分部分项工程。

建设部文件还规定了专项方案编制应当包括的内容：

① 工程概况：危险性较大的分部分项工程概况、施工平面布置、施工要求和技术保证条件。

② 编制依据：相关法律、法规、规范性文件、标准、规范及图纸（国标图集）、施工组织设计等。

③ 施工计划：包括施工进度计划、材料与设备计划。

④ 施工工艺技术：技术参数、工艺流程、施工方法、检查验收等。

⑤ 施工安全保证措施：组织保障、技术措施、应急预案、监测监控等。

⑥ 劳动力计划：专职安全生产管理人员、特种作业人员等。

⑦ 计算书及相关图纸。

案例3-11：北京某地铁车站工程碗扣式脚手架施工方案

1 编制依据（表3-12）

编制依据 **表3-12**

序号		名称	编号
1	图纸	北京地铁×号线工程施工设计-××站车站主体结构变更设计（A）	BJ4-221-SS
2	施工组织设计	××站实施性施工组织设计	003
3	规范	《组合钢模板技术规范》	GB 50214—2001
		《建筑工程施工手册-脚手架相关内容》	第三版
		《建筑结构长城杯工程质量评审标准》	DBJ/T 01-69—2003
4	其他方案	××站模板工程施工方案，本方案和模板方案配合使用	

2　施工概况

北京地铁×号线工程××站位于××南门西侧，采用明挖顺作法施工，主体结构全长184.45m，标准段宽度18.7m，东西端宽度分别为22.99m和22.4m，地下二层结构，总建筑面积5712.255m^2，结构类型为双跨双层框架结构，基础底板厚0.9m和1.0m。本工程主、次梁多，楼板预留孔洞复杂，本工程施工计划分为八个流水段。

施工概况　　表3-13

序号	项目	内容			
1	建筑面积（m^2）	总建筑面积	5712.255	地下每层面积	3610.146
		占地面积	5712.255	标准层面积	
2	层数	地下	2层	地上	/
3	层高（m）	地下一层	4900mm		
		地下二层	6930mm		
4	结构形式	基础类型	钢筋混凝土框架结构		
		结构类型	两跨双层框架结构		
5	地下防水	结构自防水	C30 P10混凝土		
		材料防水	膨润土防水毯和聚氨脂涂膜		
6	结构断面尺寸（mm）	基础底板厚度	900mm，1000mm		
		外墙厚度	600mm和700mm		
		内墙厚度	/		
		柱断面	1000×1000、1000×1200、600×1500、800×1000		
		梁断面	2300×1200、2400×1200、2100×1200、3000×1200、900×1000		
		楼板	400		
7	楼梯结构形式	现浇钢筋混凝土			
8	施工缝设置	环向设置在纵向柱距1/3跨附近			

3　结构施工分段及顺序

车站主体结构纵向共分为八段进行施工。从东向西依次为第一、二、三、……八段。长度分别为19.85m，25m，25m，19.25m，27m，34.75m，14.5m，19.1m（见图3-4）。

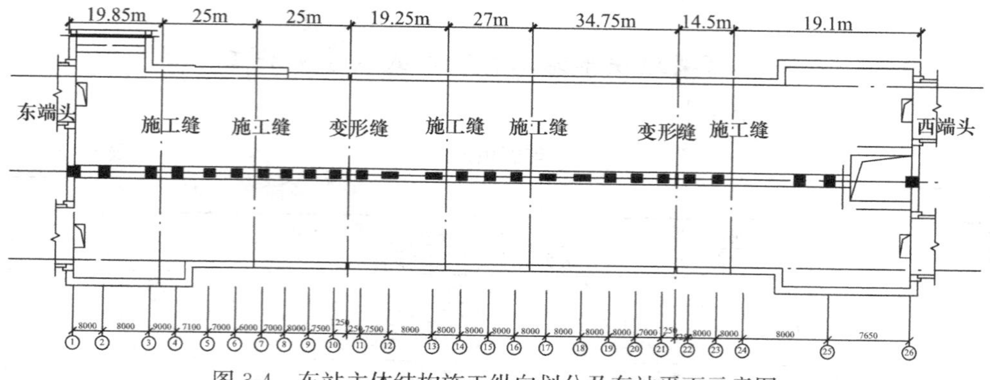

图3-4　车站主体结构施工纵向划分及车站平面示意图

车站主体结构平面施工顺序为：

自东向西按照第一段结构→第二段结构→第三段结构……→第八段结构施工顺序施工。断面设两道变形缝，五道施工缝。

4 脚手架使用概述

××车站主体结构侧墙、中板及顶板模板支撑系统采用碗扣式 ϕ48mm×3.5mm 钢管脚手架，负二层侧墙和中板、负一层侧墙和顶板混凝土一次浇筑，碗扣式脚手架同时兼顾侧墙和中板或顶板。中板厚度 400mm，顶板厚度 1000mm，侧墙厚度 700mm 和 600mm。脚手架承载力验算见后。中板脚手架纵向间距 600mm，横向间距 600mm，步距 600mm。顶板脚手架纵向间距 600mm，横向间距 600mm，步距 600mm。

（车站主体标准剖面图略）

5 使用的碗扣式脚手架基本规格

立杆采用 LG-180 型，重量 10.67kg，每隔 60cm 设一副碗扣接头，承载力 30kN/根。顶杆采用 DG-90 型，重量 5.5kg。立杆垫座，DZ-1 型；横杆采用 HG-60 型和 HG-90 型，重量分别为 5.2kg 和 7.8kg；斜杆用作架子的斜向拉压杆，用于 1.8m×1.8m 的网格，采用 XG-216 型，重量 6.6kg。可调横托撑，可调范围 449～749mm，重量 7.3kg。可调顶托撑，可调范围 585～875mm，重量 8.7kg（见表 3-14）。

支撑架荷载和立杆的支撑面积表　　表 3-14

楼板厚度（cm）	混凝土重量 $p1$（kN）	模板楞条重量 $p2$（kN）	冲击荷载 $p3=0.3p1$（kN）	人行机具动荷载 $p4$（kN）	荷载总计（kN）	每立杆可以支撑的面积（m²）
40	9.41	0.44	2.823	1.96	14.633	2.01
50	11.77	0.44	3.531	1.96	17.701	1.66
60	14.12	0.44	4.236	1.96	20.756	1.42
70	16.47	0.44	4.941	1.96	23.811	1.24
80	18.83	0.44	5.649	1.96	26.879	1.09
90	21.18	0.44	6.354	1.96	29.934	0.98
100	23.54	0.44	7.062	1.96	33.002	0.89
110	25.89	0.44	7.767	1.96	36.057	0.82

（该表摘自《建筑施工手册》中国建筑工业出版社-1992）

6 搭设顺序

碗扣式钢管脚手架（见图 3-5）从中间向两边分层、分段纵向搭设，搭设顺序为：测量放线→安放立杆底座（并固定）→树立杆→安装底层（第一层）横杆→安装斜杆→接头销紧→安装上层立杆→紧立杆连接销→安装横杆→直到达到设计高度→安装顶杆→安装顶撑。

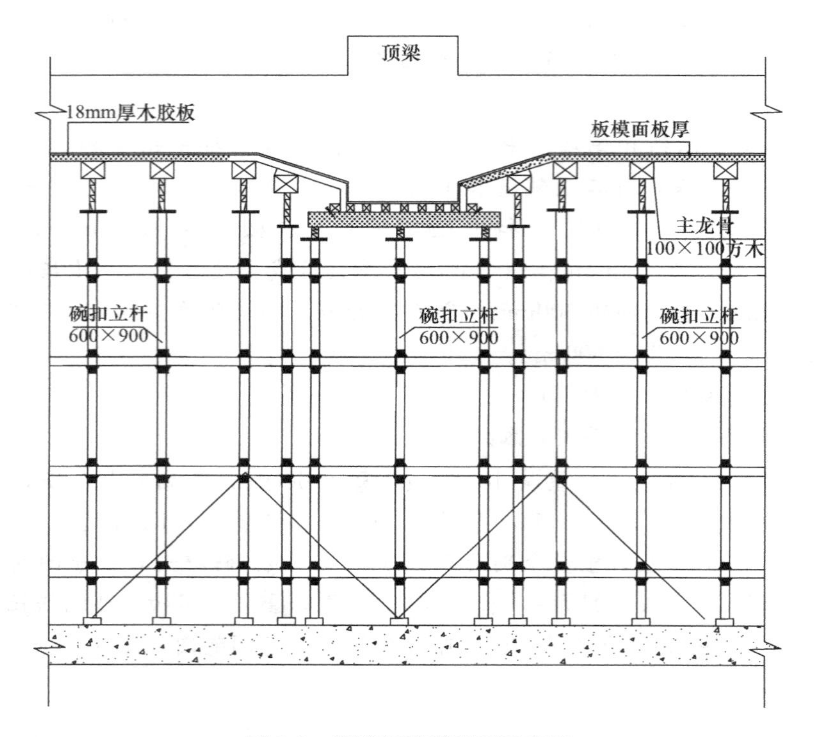

图 3-5 脚手架搭设断面示意图

7 脚手架搭设

7.1 树立杆、安放扫地杆

根据脚手架立杆的设计位置放线后，即可安放立杆垫座，并树立杆。脚手架底层的立杆应选用 3m 和 1.8m 两种不同长度的立杆互相交错参差布置，使立杆的上端不在同一平面内，接头错开，到架子顶部时再分别采用 1.8m 和 3m 两种长度的立杆接长。

在树立杆时，应及时设置扫地杆，将所树立杆连成一整体，以保证架子整体的稳定。

7.2 安装底层横杆

本工程碗扣式钢管脚手架步高取 600mm，考虑到板和墙一次浇筑混凝土。

将横杆接头插入立杆的下碗扣内，然后将上碗扣沿限位销扣下，并顺时针旋转，靠上碗扣螺栓旋面使之限位销顶紧，将横杆与立杆牢固的连在一起，形成框架结构。碗扣式钢管脚手架底层的第一步搭设十分关键，因此要严格控制搭设质量，当组装完第一步横杆后，应进行检查。

7.3 接立杆

立杆的接长是靠焊于立杆顶部的连接管承插而成。立杆插入后，使上部立杆底端连接孔同下部立杆顶部连接孔对齐，插入立杆连接销锁定即可。

7.4 搭设基本要求

① 脚手架地基要求平整，中板孔洞采用工字钢搭设，立杆底座应用大钉固定在垫木上。

② 立杆的接长缝应错开，即第一层立杆应采用长 1.8m 和 3.0m 的立杆错开布置，往上则均采用 1.8m 的立杆，至顶层再用两种长度的立杆找平。

③ 立杆距边墙面以 65cm 为宜。

④ 立杆的垂直度应严格加以控制，控制标准为 2m 高度偏差 2cm。

⑤ 脚手架拼装到 3 层高度时，使用经纬仪检查横杆的水平度和立杆的垂直度，并在无荷载情况下逐个地检查立杆底座有否松动或空浮情况。

⑥ 斜撑杆对于加强脚手架的整体刚度和承载力的关系很大，应按 1.8m×1.8m 要求设置，不应随意拆去。因操作需要暂时拆除时，必须严格控制同时拆除的根数，并随后及时装上。

⑦ 支撑架的横撑因使支撑架侧向受力，必须对称设置。

8 脚手架的拆除

8.1 准备工作

① 当混凝土达到要求的强度后，必须经单位工程负责人检查验证，确认脚手架不再需要后，方可拆除。脚手架拆除必须由施工现场技术负责人下达正式通知；

② 制定脚手架拆除方案，并向操作人员进行技术交底；

③ 拆除前安排专人清除脚手架上的材料、工具和杂物，清理地面障碍物；

④ 制定详细的拆除程序；

⑤ 拆除脚手架现场应设置安全警戒区域和警告牌，并派专人看管，严禁非施工作业人员进入拆除作业区内。

8.2 脚手架的拆除

脚手架的拆除顺序与搭设顺序相反，后搭的先拆，先搭的后拆。

碗扣式脚手架的拆除顺序为：松动顶撑→立杆上方木→模板→顶撑→横杆→立杆→斜撑→……→立杆底座。

拆除顺序应“由外向内、自上而下”逐层进行，严禁上、下同时作业。严禁将拆卸下来的杆配件及材料从高空向地面抛掷，已吊运至地面的材料应及时运出拆除现场堆码，以保持作业区整洁。

8.3 拆除注意事项

① 如部分脚手架需要保留而采取分段、分立面拆除时，对不拆除部分脚手

架必须设置斜撑，横向斜撑应自底至顶层呈“之”字形连续布置；

② 脚手架分段、分片拆除高度不应大于2步；

③ 拆除立杆时，把稳上部，再松开下端的联结，然后取下；

④ 拆除水平杆时，松开连接后，水平托举取下。

9　卸料平台

脚手架搭设至顶面完成后，铺设5cm木板作为卸料平台，卸料平台设置在靠近中柱的南侧，卸料平台宽度3m，长度15m，每平方米堆码重量不得超过3t。卸料平台处应设置相关荷载标识和堆码高度（堆码高度不得超过1m），不得超出规定的范围。

10　脚手架施工安全保证措施

① 脚手架搭设和使用，必须严格执行有关的安全技术规范。

② 搭设脚手架必须由专业架子工担任，并应按现行国家标准《特种作业人员安全技术考核管理规则》考核合格，持证上岗。上岗人员应定期进行体检，凡不适合高处作业者不得上脚手架操作。

③ 搭拆脚手架时，操作人员必须戴安全帽、系安全带、穿防滑鞋。

④ 未搭设完的脚手架，非架子工一律不准上架。脚手架搭设完后，由施工技术负责人及技术、安全等有关人员共同验收合格后方可使用。

⑤ 作业层上的施工荷载不应超过模板工程设计各项荷载，不得超载。不得在脚手架上集中堆放模板、钢筋等物件，严禁在脚手架上拉缆风绳，固定、架设模板支架及混凝土泵送管等，严禁悬挂起重设备。

⑥ 搭拆脚手架时，基坑内应设围栏和警戒标志，并派专人看守，严禁非操作人员入内。

⑦ 工地临时用电线路架设及脚手架的接地、避雷措施、脚手架与架空输电线路的安全距离等应按现行标准《施工现场临时用电安全技术规范》的有关规定执行。钢管脚手架上安装照明灯时，电线不得接触脚手架，并要做好绝缘处理。

11　碗扣式脚手架检算

脚手架采用架距600mm×600mm。

（1）荷载计算

a. 普通胶合板、小楞及大楞自重：0.65kN/m²

b. 板混凝土自重：25×1=25kN/m²

c. 板钢筋自重：2×1=2kN/m²

d. 施工人员及设备：1.5kN

（2）强度及刚度检查

根据“碗扣式脚手架技术规范”纵向横杆0.9m，横向横杆0.6m，横杆步距

0.6m 时，此种组合每根立杆可承载力为 30kN。

$$F=[1.2(a+b+c)+1.4\times d]\times 0.9$$
$$=[1.2(0.65+25+2)+1.4\times 1.5]\times 0.9$$
$$=31.75kN/m^2$$

每根杆承受的力：$P=F/[1/(0.6\times 0.9)\times 2]=31.75/[1/(0.6\times 0.9)\times 2]=8.57kN<[P]=30kN$

经检验，强度及刚度符合要求。

脚手架检查评分表（略）

3.4.6 应急预案

应急预案是为应对紧急状态才被激活的一种行动方案，是一个政府或组织针对紧急事态所采取的全部行动的方案，它主要规定相关管理部门在紧急事态前、中、后的工作内容。长期以来，在一些专业的领域，如在煤矿、化工厂等高危行业的工业企业，相关法律法规都要求制定"事故应急救援预案"、"灾害预防及处理计划"。2005 年 1 月，国务院常务会议原则通过《国家突发公共事件总体应急预案》，它是全国应急预案体系的总纲，明确了国务院处置重大突发公共事件的工作原则、组织体系和运行机制。2007 年 1 月，《突发事件应对法》开始正式实施。建筑施工也是一项高危行业，工程施工过程中的突发事件随时都有可能发生，安全事故、生产责任事故、自然灾害、战争、恐怖袭击等风险是工程项目不得不面临的现实问题。因此，为应对各种可能的紧急状态，应急预案的编制成为工程施工项目部在工程开工之时必须完成的工作。

（1）应急预案内容应包括 6 个要素：

① 主体：即预案实施过程中的决策者、组织者和执行者等组织或个人。

② 客体：即预案所要实施的灾害对象。

③ 目标：即预案实施所欲达到的目的或效果，尽可能减轻灾害造成的生命财产损失。

④ 情景：即自然情景：气象、水土、地质、地理、生物等；人文情景：工程性情景，非工程性情景。

⑤ 措施：即预案实施过程中所采取的方式、方法和手段。

⑥ 方法：即实施措施的管理方案及动态调整方法。

（2）应急预案的文件结构为"1＋4"结构

1）"1"为基本预案：是对该应急预案的总体描述。主要阐述应急预案所要解决的紧急情况、应急的组织体系、方针、应急资源、应急的总体思路，并明确各应急组织在应急准备和应急行动中的职责以及应急预案的演练和管理等规定。

2）“4”为功能设置、特殊风险预案、操作程序和支持文件。

① 应急功能设置（又可称应急程序）：着眼于突发事件发生时通常都要采取的一系列基本的应急行动和任务，主要的对象是那些应急执行机构。

② 特殊风险预案：即根据潜在的风险类型，说明处置此类风险应该设置的专有应急功能或有关应急功能所需的特殊要求。

③ 标准操作程序：用以说明各项应急功能的实施细节，从而为应急组织和个人提供履行应急功能设置中规定的职责和任务提供详细指导。

标准操作程序应与应急功能设置中各有关部门职责和任务的内容一致，应该由该应急功能的责任部门组织编制，并由预案管理部门负责评审和备案。

④ 支持附件：主要包括应急的有关支持保障系统的描述和有关的附图表，如危险分析附件、通讯联络附件、法律法规附件、应急资源附件、教育、培训、训练和演习附件、技术支持附件、互助协议等。

（3）应急预案的核心内容

1）总则：包括编制目的、编制依据、适用范围、应急预案体系、应急工作原则等。

2）危险性分析：即要界定出系统中的哪一区域和部分是危险源，其危险的性质、危害程度、存在状况、危险源转化为突发事件的转化过程规律、转化的条件和促发因素、发生危害的可能性、后果的严重程度。

3）组织结构及职责任务：应明确应急组织形式、构成单位或人员，并尽可能以结构图的形式表示出来。

应急指挥中心应明确总指挥、副总指挥、各成员单位及相应职责。

4）预防与预警，包括：

① 危险源监控：应明确对危险源监控的方式、方法以及采取的预防措施；

② 预警行动：应明确预警的条件、方式、方法；

③ 预警信息报告与处理：针对能够预警的突发事件，需要向相关方面报告及发布预警信息。包括：

a. 报告上级主管部门；

b. 报告地方政府；

c. 报告企业应急指挥中心；

d. 通报企业有关部门；

e. 向企业内的职工发布；

f. 向企业外的群众发布；

g. 在制定预案时，应明确报告和处理预警信息的流程、内容、时限、方式。

5）应急响应：当事件的紧急状态达到响应级别时，启动应急预案，并实施应急救援的过程。

应急响应的规划应该包括响应标准、响应程序和应急结束。

① 响应标准（响应分级）：制定预案时，应根据突发事件危害程度、影响范围和单位控制事态的能力，将事件分为不同的等级，按照分级负责的原则，明确应急响应级别。

② 响应程序：

a. 接警并根据警情判断响应级别；

b. 应急启动，包括：指挥中心人员到位，现场指挥到位，信息网络开通，应急资源调配；

c. 展开救援行动，包括：工程抢险，警戒与交通管制（设警戒线的目的是为保证应急处置工作的顺利开展及事后的原因调查，应有多层警戒线），医疗救护，人群疏散，环境保护（防止次生灾害），现场监测，专家支持；

d. 事态控制/扩大应急。

6）响应结束：编制预案时，应明确应急终止的条件。经“启动应急”，“执行救援”，使事态得到控制后，经现场应急指挥部确认满足终止条件时，即可向上一级应急指挥中心报告，下达终止指令。

终止的条件包括：突发事件现场得以控制；环境符合有关标准；导致的“次生”、“衍生”灾害隐患消除。

7）信息发布（公共关系）：该项应急功能主要涉及负责与公众和新闻媒体（媒体是信息发布的主要媒介）的沟通，向社会发布准确的事件信息、人员伤亡情况及已采取的措施。

突发事件发生后，能否“以妥善的方式发布信息，从而处理好公共关系”是挽回组织形象，重塑组织公信力的很关键一环。

8）后期处置，包括3方面：

① 善后处理。一般指突发事件发生之后的“人员临时安置”、“抚恤与补助”、“经济赔偿”等。

② 恢复重建。恢复即使生产、工作、生活、生态运行恢复常态；重建即对于突发事件影响下不能恢复的状况，要进行重新建设。

③ 调查评估。预案应就调查总结的主体、程序、办法等做出安排。

9）综合保障：包括队伍保障、经费保障、物资装备保障、通信与信息保障和交通运输、治安、技术、医疗、后勤等其他保障。

10）监督管理：包括应急培训、演练、奖惩。

（4）应急预案的编制程序

1）应急预案策划：

① 危险辨识：系统中可能导致不期后果发生的设备、装置、工艺、物质、场所等。

② 风险评估：可能发生的危险的发生概率、后果严重性。

③ 预案对象确定：指事发突然，后果严重，不加控制后果将持续恶化，且需专业人员、设备进行处理的险情、事故或事件。

④ 应急资源与应急能力现状评估。

2）成立应急预案编制工作组。

3）开始编制应急预案：

① 收集相关资料；

② 进行危险源和风险分析；

③ 进行应急资源与能力评估。

4）编写应急预案。

5）应急预案评审与发布。

4 项目商务策划

4.1 商务策划的概念和任务

4.1.1 商务策划的概念

工程项目策划从20世纪90年代起步到现在，正取得越来越大的市场影响。其中，商务策划的重要性也已经得到了越来越多的工程建设界人士的赞同。比如，开发商期望通过良好的策划来明确投资目标，坚定投资行为，使工程进展更为顺利，同时能够更有效地控制项目开发的质量、成本和进度，从而保证投资得到所期望的回报。大量的实践案例表明，有效的商务策划能让企业在与外部市场进行资源交换的交易过程中，依照环境变化而不断改变策略与方法，来降低交易费用，为战略目标实现提供保障，确保获取竞争优势，这是提升盈利水平的有效途径。

根据《商务策划师资质认证标准》（试行本）中的定义：商务策划是一种创新型的更加获益的经营决策方式，是发现并应用规律、整合有限资源、实现最小投入最大产出，把虚构变成现实的商务过程。换言之，商务策划，就是从事商务活动的策略，是以获得社会交换中的更多优势和利益为目标，通过创造性思维的有效整合，形成完整执行方案的过程。

工程施工项目商务策划是以合同管理为前提，通过综合分析项目各种因素，结合生产、技术等环节，通过预先策划形成完整商务实施方案，化解风险，推进项目管理精细化，追求效益最大化的活动过程，其实现的途径是在整个项目实施过程中的“开源”与“节流”。

工程项目商务策划既是项目成功的重要保证，同时也是提升企业盈利水平的有效途径。但遗憾的是，在我国很多建筑施工企业中，商务策划没有受到足够的重视和有效的开展。例如，一些施工企业在确定项目经理的责任成本目标时，常采用“合同价减去几个点”的简单方式，而不是去做准确的成本测算；在对项目经理进行合同交底时，也仅仅只是把合同中关于开竣工时间、合同价格、质量等级要求等合同文本中非常明确的条款复述一遍，而不是详细交代投标策略、投标时的成本测算、合同风险条款和其他重点条款、影响工程价格的重点问题、合同价款的调整方式、不平衡报价的内容、投标时承诺的技术经济措施等，使得项目经理在施工过程中不知投标策略的恰当应用。

4.1.2 商务策划的任务

所谓“在商言商”，施工企业经营的商品就是项目，企业的经营过程就是运作一个个具体项目的过程。所以商务策划工作要以项目为中心。由于项目的规模、标准、投资额度等因素都会影响项目商务策划工作的开展，所以商务策划必须在对项目的环境和条件进行全面地、深入地调查分析的基础上进行，只有经过充分的调查分析，才能避免夸夸其谈，才有可能获得一个实事求是、优秀的商务策划方案。

通常施工企业的任务是，在业主规定的工期内，确保安全的情况下为业主提供质量合格的产品，在此过程中企业获得应有的利润。换句话说，在确保工期安全、质量的情况下，施工企业需最大限度地控制自身的成本，以使利润最大化。为了规范项目实施过程中的各项管理，达到项目预期的期望，就必须在项目开工前和施工过程中进行多方面的商务策划，并以此来指导项目实施的各项活动，规避各种风险。因此，商务策划的任务就是对施工项目全过程中的各种管理职能、各种管理过程以及管理要素进行全面、完整、总体的计划和安排，旨在指导项目经理部对项目施工阶段实施管理。

简单地讲，商务策划的任务就是运用知识、技能、方法与工具，满足或者超越项目业主对项目的要求与期望，达到人力、资金、物料等各种资源的优化配置和有效利用，最终使施工企业对项目的各种预期目标得以顺利实现。通过商务策划，可以对施工过程中的各个方面进行充分调查和研究，制定切实可行的施工组织方案和目标，为项目的盈利提供重要的前提。归结起来，施工方的商务策划的任务主要有四个方面。

（1）保证工程项目投标阶段决策的科学性和合理性

在复杂激烈的市场竞争环境中，承包商对于工程投标信息要进行仔细的分析和论证，要有所为有所不为，企业经营越困难，越要谨慎。对认准有所为的项目要进行认真的调查和研究，制定投标报价的策略，努力战胜对手，获得中标，并最终签订一个有利的合同。

（2）保证项目施工过程中各要素的协调一致性

通过商务策划，落实施工过程中各要素的协作配合，从而保证项目施工顺利有序进行。越是复杂的项目，对于管理层次越高的承包商来说，其商务策划的重要性越强。商务策划的结果是施工中制定各项工作的依据，是圆满完成施工任务的保证。

(3) 保证承包商获得良好的效益

通过商务策划，制定出项目施工中的质量、工期、安全目标，并进行成本分析，限定施工成本和损耗，将各项目标进行责任落实，从而强化项目施工，保证工程建设获得必要的效益。在目前建筑业竞争激烈，利润微薄的情况下，这是承包商获得效益的重要途径。

(4) 降低承包商施工风险

建筑工程施工周期长，工程量大，协作单位多，所涉及的风险因素波及范围广，通过项目策划，能实现对风险的全面识别，进而制定风险对策，同时也对施工过程中风险的规避、转移、索赔补偿提供前提和基础，这对于复杂项目具有重要的意义。

4.1.3 商务策划的基本思路

正如上文中所说的，商务策划的手段是通过创造性思维的有效整合，形成完整执行方案，商务策划的目的是获得社会交换中的更多优势和利益。为了达到这个目标，其主要的思路就是“开源”和“节流”。对于施工企业来说，面对越来越激烈的竞争，如何更有效的利用各种资源有效拓展市场，以及降低管理和运营成本，来提升企业的竞争力，是施工企业进行商务策划的基础。开源是增收的有效途径，节流是创效的关键措施。作为施工企业，对外要认真履行与业主的施工合同，完成合同规定的工作内容，并在此基础上争取最大收益，此为开源；对内，要严格进行物资设备费用管理和劳务分包费用的管理，在保证施工质量的同时，降低物资消耗，节约开支，此为节流。企业开源创收，外加节流增效才能最大程度的提升企业效益，这也是施工企业进行商务策划的关键所在。因此，任何施工企业在推行商务策划时，都必须从“开源”与“节流”两种思路双管齐下。

(1) 施工企业如何实现“开源”增收

实施“开源”增收措施的主要对象是业主单位，一般认为要以三个方面为重点：承包合同、优势单价、技术与造价有效结合。重点强调这三个方面，其目的是为变更索赔提供有效依据，争取最大收益。

① 合理利用承包合同中有利条款。

承包合同是项目实施的最重要依据，是规范业主和施工企业行为的准则，也是成本造价控制人员应重点研究的项目文件。国内建筑市场的饱和以及建筑企业之间的激烈竞争，造成了建筑市场为卖方市场的现状。卖方市场的表现之一就是业主取得了市场优势地位，比施工企业有更多的话语权。在这种情况下，承包合同条款通常更多的体现业主的利益，并使施工企业在竞争中处于较为不利的地位。但这并不是说成本控制人员在合同条款有效利用方面无所作为。合同的基本原则是平等和公正，汉语语义有多重性和复杂性的特点，这造成了部分合同条款可多重理解或者表述不严密，个别条款甚至有利于施工企业。这就为成本控制人员有效利用合同条款创造了条件。在合同条款基础上进行的变更索赔，依据充分，最具说服力，索赔成功的可能性也比较大。

另外，因招标投标制度在国内建筑市场的广泛实施，特别是低价中标的现实，施工企业中标项目的利润已经很小，个别情况下甚至没有利润。在这种情况下，项目实施过程中能否依据合同条款进行有效的变更和索赔，成为项目是否赢利的关键。缺乏合同依据的费用索赔不能为项目带来利润，甚至会造成利润流失。

② 合理利用优势单价。

优势单价是指中标项目中利润空间比较大的合同单价。众所周知，我们在投标的过程中，为了在中标后谋取更大的利润，会在投标过程中采取不平衡报价的投标方法。不平衡报价的前提是针对工程量清单报价，因为在投标单价中有的子目单价利润较低，有的子目单价利润比较高，特别是施工过程中工程量变更增加可能性比较大的子目，而这些利润比较大或工程量变更增加的合同单价就是我们的优势单价。

合理的利用优势单价，就是在施工的过程中，尽量利用设计变更，增加优势单价的工程数量，从而谋取更大的利润。我们知道，工程施工中实现设计意图可以有多种方式，它们各有优缺点，常常是多选一的问题。比如基础工程，可以采用浆砌块石工艺，也可以采取浆砌片石，甚至可以采取干砌块石，当然也可以采取片石混凝土浇筑、混凝土浇筑、钢筋混凝土浇筑等，都可以达到设计要求的基础强度。当然上述方案有的造价高，有的造价低，有的施工速度快，有的施工速度慢。具体到项目的成本控制人员，考虑工程造价高低是次要的，因为是业主单位埋单，成本控制人员考虑的重点是如何多赚取利润。合理利用优势单价，特别要注意抓住设计变更的有利机会，利用不同的施工工艺的特点，尽力说服业主，增加优势单价项目工程数量，增加赢利。

③ 技术人员与造价控制人员紧密配合。

技术与经济紧密配合应体现在项目实施的各个阶段，但确定项目施工方案的时候尤为重要。技术人员因本身工作特点的限制，对施工成本方面的了解不足，编写施工方案的时候，对方案是否体现了本单位的利益要求往往被忽视。很多时候，提出的施工方案虽然能够完成设计要求，但从经济方面考量，却不是最优化的，甚至在完全没有必要的情况下，大大地缩小了施工企业的利润空间。另外，在遇到复杂地貌或恶劣施工环境的时候，他们为确定合理的设计变更方案，也要充分地征求施工单位技术人员的意见，这就为施工单位影响设计从而为自己谋取合理利益提供了条件。

在这些情况下，以确保达到设计要求为前提，为谋取更大的项目利润，技术人员应提出能够达到设计意图的几套方案给成本控制人员进行比较论证，并将论证的结果作为确定施工方案的量化依据。施工单位提出的施工方案，应便于施工且利润空间较大，应避免自己搬起石头砸自己脚的情况出现。最优化的方案提出后，技术人员应充分利用施工工艺的特点，全力强调该方案的优点和对工程项目的适用性，提高业主单位通过的可能性。

（2）施工企业如何实现“节流”创效

“节流”创效的重点工作是加强项目材料费用、劳务分包费用、施工机械费用以及施工措施费用的控制。其中，对材料费用的控制是难点。

1）材料费用控制。

材料费用控制是指对项目施工消耗的物资材料进行数量和价格控制，将物资材料费用控制在合理的范围内。材料费用控制有两个重点，一个是材料消耗数量的控制，一个是材料购买价格的控制。

① 材料消耗数量控制。一般建议采用的材料消耗数量控制方式为：根据项目特点分块，以块进行消耗量控制，块的范围不能过大；要求工长在提出材料计划的时候进行材料计划数量的计算，并附上计算书，供成本控制人员审核。成本控制人员审核的主要内容是工程数量是否正确，以及材料损耗的额度是否合理。其中，损耗额度的审核比较简单，根据现场实际情况和工长加强协商就可以了。但审核工程数量是否正确的工作就比较烦琐了，消耗时间比较长，不利于施工材料的及时进场。通常建议项目成本控制人员提前抽出时间集中突击计算各个部位的工程数量，并按照部位编制成表格形式。当工长提出材料计划的时候，把工长计算的工程数量和表格对比，如果符合就通过，如果差别较大就校核一遍，确定正确结果。这样，审核材料计划确定材料消耗额度的工作就可以在较短的时间内完成了。

当然，材料消耗数量的控制必须配套一定的奖惩措施，节约了要进行奖励，非必需的原因超耗浪费要承担损失，以提高大家节约材料的积极性。具体的奖惩措施项目部可根据实际情况自行制定。

② 物资材料购买单价控制。施工企业为杜绝物资管理的漏洞，现在普遍实行了大宗物资设备采购招标，杜绝了物资管理中的较大漏洞，因此物资招标制度是值得提倡的，但在实践中必须注意不能使物资招标流于形式，要广泛征集投标厂家，避免暗箱操作给企业造成损失。成本控制人员必须参与招标过程，必要的时候根据项目中标情况提出材料设备参考价，以便相关部门进行正确决策。小宗

物资材料的购买现在基本延续项目部独自负责的情况，建议成本控制部门定期进行材料单价比较，并参考项目中标单价情况提出费用比较清单，以便于掌握市场材料单价波动情况，做到心里有数，亦有利于形成部门之间的相互协调、相互监督。

2）劳务分包费用的控制。

纯粹的劳务分包费用在项目成本中的比例比较低，通常情况不超过15%。但因为劳务分包在实践中通常会包含一部分施工企业不易进行控制的小型机具和易耗材料费用，所以，劳务分包费用总额有时也比较可观。施工企业进行劳务分包的时候，除了劳务谈判确定分包队伍外，劳务招标也是经常采用的方式。通过招标方式确定劳务队伍，这样对施工企业以合理低价选择优秀的劳务队伍是有利的。建议：

① 施工企业尽可能采纳比较有竞争力、有信誉的劳务队伍参与施工。

② 不要无原则压低劳务分包单价，要对劳务分包的成本做到心里有数，避免吸纳低于成本价的劳务队伍进场施工。

③ 可能的情况下，拿出部分资金用于奖励劳务队伍，规定在施工质量、进度、安全达到较高要求的情况下，劳务队伍可获得奖励，以提高劳务队伍施工积极性，施工企业、劳务队伍达到双赢。

案例 4-1：中铁某局南水北调穿黄工程降本增效点滴

南水北调中线穿黄工程自2005年9月27日开工兴建以来，中铁××局集团穿黄项目部就把责任成本管理作为项目管理的重中之重，并且坚持每月15日左右召开一次经济活动分析会，通过计划与实际的对比和分析，强化措施，整改不足。

“干好一件事情有多种方法，对于我们施工企业来说，一个好的方案能够带来较大的收益。”该项目部项目经理吴庆红说，“南水北调中线穿黄土建工程在国内创造了多个第一，有全国最深的地下连续墙和旋喷地基加固处理，盾构一次性穿越3450m的复合地层，包括快速穿过600m水面主河道地段，并且在地面以下40m的富水砂层始发等，这些特点决定了穿黄工程施工的高风险性，因此，要成功完成这些高、难、险任务，必须要有切实可行的施工方案。”吴庆红把对方案的预控作为责任成本管理的根本，始终坚持超前研究、超前制定。一上场就确定了超深地下连续墙施工、高喷加固、复合地层掘进、盾构换刀、600m主河道段等九大重难点，并进行了深入的讨论和研究，多次组织技术人员到类似工程去学习、取经、调研，对现有力量无法解决的问题，通过召开专家会等方式确定实施性施工方案。北岸竖井开挖到40m深时要对基坑底部进行加固，他们经过反复的技术经济比较后，最终选择了单管旋喷坑底加固方案，在实施过程中仅用了35天时间就完成了节点施工任务，较其他施工方案缩短工期近2个月，经济效益相当可观。北岸竖井为直径18m、深50m的圆形结构，在竖井内衬结构施工时，他们决定选择施工方便、容易改造的滑模，技术人员对模板方案进行了反复的优化，不仅使该套模板成功地应用于下部异形结构的施工，而且稍加改造后又用于南岸15m竖井结构内衬的施工，单就内衬模板一项就比原施工方案节约成本几十万元。

同时，吴庆红也颇有感触地提到："变更索赔是一本万利，关键是选好角度和找准切入点，打好'擦边球'。"根据原招标文件及设计图纸，北岸竖井地下连续墙厚1.4m，接头方式采用V形钢板接头。通过分析投标方案及工程量清单后发现，若按照原方案施工将面临巨大的亏损。项目部及早着手变更工作。在进行地连墙施工前，发现国内外的成槽机械均是1.5m厚的铣轮，若要定做1.4m厚的铣轮，且不说要增加很多成本，而且工期也不允许，在业主召开北岸竖井地下连续墙施工技术专题研讨会时，他们据理力争要求将厚度调整为1.5m，同时将V形钢板接头改为铣接头。然而，铣接头是一种新的施工工艺，其定额价非常高，业主会同意吗？经过吴庆红他们反复做工作，陈以利弊，最后得到了业主的同意和支持，这样，项目部就重新分析单价，套用较高定额，一举创下了近千万元效益。北岸竖井始发侧、背洞口侧地基加固处理原设计是采用普通旋喷桩的施工工艺，经过分析比较，普通旋喷桩不会产生经济收益，他们建议采用更能保证施工质量的双高压三重管的施工工艺，后来经过现场验证性试验，双高压三重管施工桩径更大，施工效率更高，最终变更成功，工期提前，项目部也获得不菲效益。

"项目管理从费用构成的方面考虑，首先是要降低材料的各种费用。"吴还特别强调材料管理对成本控制的重要性。项目部对30多个超过10万元的项目进行了招标，同时把好零星材料的采购关，加大对市场的调查频率，坚持多元化、货比三家的采购程序，卡死价格。申购材料时，申购单上必须要有现场技术人员的签字，并说明使用部位；制订好中、长期物资消耗计划；每月25日左右，项目部召开一次施工进度专题会，对物资材料消耗计划进行讨论，形成纪要，并严格执行；材料、备品配件实行数字化管理，在材料库房配齐电脑和人员，严格保管和发料制度，并定期对库房进行盘点和考核，实现了零库存目标；同时开展技术创新，盾构机部分配件逐步实行了国产化。

实现效益最大化，控制非生产性开支也是一个不可忽视的重要环节。也就是人们常说的"既抱西瓜也拣芝麻"。在穿黄项目部，你就能亲身体验到厉行节约、勤俭持家的良好风气。项目部开发出内部网站，将各级来文、最新施工进展上传到网站，实行文件共享，还进一步开通了QQ群、MSN和电子信箱等通信工具，既提高了办公效率，又节约了纸张；采用双面打印和双面复印，提高了纸张的使用效率；办公用品实行招标采购；对空调、热水器、路灯、电脑等电器集中使用，并加装定时装置，降低空耗；严格控制招待费用，实行审批制度；对每台车辆建立台账，每月定期进行油料分析，持卡加油，并要求驾驶员及时更换空气滤清器和保持合适胎压等。虽然这些都是不起眼的小事情，但从穿黄项目部的实践来看，只要坚持做下来，一年也能节约几十万元的费用。

在案例4-1中，中铁××局集团穿黄项目部从施工方案的选择、变更索赔，与材料费用与非生产性开支控制等角度，阐述了该项目部利用“开源”“节流”思想进行增效创收的做法与效果。但这些思路与方法并不是灵光闪现出来的，而是通过事前周密详细的策划而得出的，这样才能在具体的施工过程中应对自如。

4.2 商务策划的要点

商务策划是一种对未来所采取的行为与决定而事先做的准备过程，是有效地组织各种策略方法来实现战略的一种系统工程。依照施工企业的特点，工程项目商务策划是针对工程项目，在符合相关法律、法规及企业管理制度的条件下，通过对工程项目的精细化管理，以达到项目效益最大化和风险最小化为目的的经济性策划。应当说，项目管理的全过程以及每个阶段，都应当开展充分的策划活动。从工程项目实施的时间节点来看，包括项目招标投标阶段、合同谈判签约阶段、开工后项目实施过程阶段、项目竣工结算阶段等，都需要进行周密的策划。

4.2.1 项目投标阶段的策划

招标投标是在市场经济条件下进行大宗货物的买卖、工程建设项目的发包和承包，以及服务项目的采购和提供时，愿意成为卖方（提供方）者提出自己的条件，采购方选择条件最优者成为卖方（提供方）的一种交易方式。我国工程建设领域的招标投标制度是随着建筑市场的形成而逐渐建立和完善起来的。从发展趋势看，招标投标所涉领域还在继续拓宽，规范化程度也正在进一步提高。投标流程及相对应的招标流程如图4-1所示。

招投标作为一种特殊的市场行为，具有以下特点：

① 程序确定。按照目前各国做法和国际惯例，招标投标的程序一般都有法律、法规的规定，一般不能随便改变。当事人必须严格按照既定程序和条件进行组织与执行。

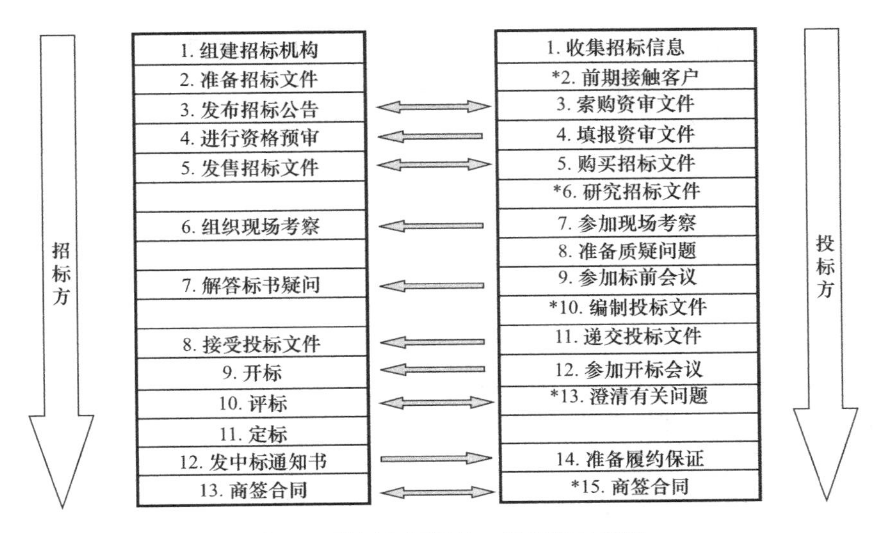

图 4-1 投标与招标的一般流程对照图

② 透明度高。招标与投标需按照本国的国家法律、法规规定，同时要置于公开的社会监督之下，透明度高，可以有效地防范不正当的或者违法的交易行为。

③ 公正客观。招标投标全过程自始至终按照事先规定的程序和条件，本着公平竞争的原则进行。在招标公告或者投标邀请书发出后，任何有能力或者资格的投标者均可参加投标，招标方不得有任何歧视某一招标方的行为。同样，评标委员会在组织评标时也必须公平、客观地对待每一个投标者。

④ 一次成交。一般交易往往在进行多次谈判之后才能成交。而在招标投标过程中，投标方与招标方不会进行相互讨价，投标方在规定时间和地点交出投标书之后，不参与评标过程，最后由招标方公布最后的中标结果。

基于以上特点，招标投标对于获取最大限度的竞争，提高采购的透明度和客观性，促进采购资金的节约和采购效益的最大化，杜绝腐败和滥用职权，都具有至关重要的作用。但也由于投标报价一旦确定便无法更改，在投标阶段对其风险进行管理策划就显得尤为重要。

在建筑施工企业，投标阶段策划的责任主体是公司的市场营销部门，主要的工作内容包括以下四个方面：

(1) 研究、分析招标文件。

招标文件是业主发布指导整个工程项目招标过程中所遵循的基础性文件，是投标和评标的基础，也将成为合同的重要组成部分。它是投标人（施工企业）准备投标文件和参加投标的依据，同时也是招标人（业主）与投标人（施工企业）签订合同的基础。按照建设部在［2002］256 号文《房屋建筑和市政基础设施工程施工招标文件范本》中推荐使用的招标示范文本包括以下几个方面内容：

第一章，投标须知及投标须知前附表；

第二章，合同条款；

第三章，合同文件格式；

第四章，工程建设标准；

第五章，图纸；

第六章，工程量清单（如有时）；

第七章，投标文件投标函部分格式；

第八章，投标文件商务部分格式；

第九章，投标文件技术部分格式；

第十章，资格审查申请书格式。

在此阶段，应仔细深入地研究招标文件，并充分领会和理解招标文件的全部内容，包括合同条件、承包商的责任和报价范围以及各项技术要求，以便在编制投标书和计算报价时做到心中有数，以避免在报价中发生任何遗漏或者不合理情况，甚至出现投出不符合业主要求的"废标"。

其中，应重点核算工程量表，通常可对招标文件中的工程量清单进行重点抽查。抽查的方法可选工程数量多、对总造价影响较大的项目，按设计图纸和工程量计算规则计算，将计算结果与工程量清单所列数值核对。

案例 4-2：某二级公路改扩建项目投标的案例

某公司在参与某二级公路改扩建项目的施工投标时，发现招标文件出现问题，将长 20km、宽 5m 的现有混凝土路面铲除估算为 $10000m^2$。经过现场踏勘后，该公司更进一步证实了招标文件中的 $10000m^2$ 是错误的，应为 $100000m^2$。于是，他们在控制总报价较低的前提下，将铲除旧路面的单价报高，同时调低其他项目单价。开标时，该公司以最低价中标。项目执行过程中，监理工程师才发现了这个问题，业主试图通过变更设计来挽回损失，拟取消"铲除旧路面"项目，然而，在工程量清单中却找不出其他可以替代这个项目的子项目。最终，业主只能为此付出代价。

研究招标文件的过程中，应组织相关人员对拟建工程的施工现场进行考察、踏勘，收集编标所需资料，必要时，可以做挖探坑和钻孔取样等地质考察工作，或请专家咨询。同时研究在投标前所获的全部信息和数据，特别是招标文件中的施工条件与工程量的真实性，变化幅度和隐含的设计变更，费用变化的可能性，做到心中有数。

勘察施工现场主要是了解工程的自然条件、施工环境条件及市场状况，这些条件是工程施工的制约因素：

1）自然条件调查。自然条件调查包括气象资料（平均气温、最高气温、日照、降雨等）、水文资料（洪水及自然灾害情况）、地质情况（地质构造及特征等）。

2）施工条件调查。包括：

① 工地现场状况：工程现场的地形、地貌、地上或地下障碍物、业主提供的用地范围，现场的四通一平情况，是否可能按时达到开工条件，要考虑场地的情况对施工布置有何影响，分析不利因素。如果业主提供的施工场地与招标文件不符，则在施工中就有机会提出索赔。

② 土地的合法性：工程用地是否已经全部征用，用地范围内是否存在移民或拆迁户。如果移民搬迁没有完成，势必影响施工单位进场，工程进度受到拖累，施工中的工期索赔就会出现。

③ 施工现场的交通状况：已有的道路长度、等级、需新建的场内道路、进出场交通状况以及有无特殊交通限制等。

④ 当地供电方式、位置、距离以及电压：例如，水电工程大多地处偏远山区，供电情况一般较差，因此要注意招标文件有关供电条款的叙述是否与实际相符。

⑤ 工程所需的各种料源情况：例如，水利水电工程、高速公路、港口筑坝工程等大都要用到土料、石料以及砂石骨料，这三种料源的储量、质量及其分布至关重要，土料质量关系到坝体或围堰的防渗质量，石料及砂石骨料的分布及储量将影响到工程的投标报价。

案例 4-3：现场踏勘影响投标报价的两个实例

[实例 1]：某水电站工程招标文件中写明“工程开始施工后的 1 个月内提供电网供电至工地，此前承包商自行解决施工用电问题”。而承包商考察现场时，找当地供电部门了解情况，发现提供用电至少要在工程开工 6 个月以后。为此，承包商在报价时提高开工 1 个月内使用柴油发电的单价，由于量少，对工程总价影响不大，评标时业主未引起注意。该承包商中标后，实际情况是工程开工 8 个月后业主才提供电网供电，此前的用电费用按照合同条款规定采用投标时承包商所报电价与实际用电量进行计算。此承包商就是利用了现场考察情况与招标条件不符这一因素，在投标报价时留下伏笔，施工期间做好了用电记录，有准确的凭证，为以后取得索赔成功奠定了基础。

[实例 2]：某水库工程，招标文件明确在库区左岸下游 1km 处设置砂石骨料

场，土料场位于上游左岸0.8km处，其质量和储量均满足施工需要。承包商在考察现场时，发现土料场覆盖层平均厚度约1m，远大于招标文件注明的0.4m；而砂石骨料天然级配严重不合理，大石块含量最多，而砂的含量极低，且含泥量严重超标，在砂石骨料生产中，砂是控制条件，如果仅通过筛分天然骨料获取砂，则弃料率非常高，如果采用人工破碎制砂，调整弃料率，其质量又达不到规范的要求。经过认真考察，只有距工地75km处有天然砂石骨料场，砂的质量和储量均能够满足施工要求，采用此料场的可能性大。于是承包商在投标报价时，标书中注明土料场覆盖层厚度按招标文件的0.4m考虑，适当提高覆盖层剥离单价；砂石骨料按招标文件提供的下游天然料源进行设计和生产，且压低砂的生产单价。

工程开工后，土料场和砂石骨料场的情况如现场考察所见，土料场平均厚度约1.7m，工程所用砂从距工地75km的料场进行开采和运输，承包商为此提出索赔，索赔中砂的价格由38.2元/m^3，提高到183.2元/m^3，砂的用量为15320m^3，仅此一项就获得索赔222.14万元，同时，对于土料场的覆盖层厚度差也给予了相应的补偿。

（2）测算工程成本，合理锁定投标价格。

在研究招标文件和现场踏勘的基础上，依据图纸、工程量清单和技术规程，拟定初步施工方案，进行成本计算和分析，再按工程量清单表逐项填报，工程量清单的报价应是一个综合单价，不仅包括人工费、材料费、机械费，还包括管理费和利润，再加上一定的风险费用。因此，投标价是结合工程实际、市场实际和企业实际，充分考虑各种风险后，提出的包括成本、利润和税金在内的综合单价。通常情况下单价是固定的，工程结算都是以不变单价乘以实际完成的工程量进行计算的。可见，单价的合理与否直接影响着投标单位盈亏程度，投标报价时，投标单位需要很好地把握好单价的分寸，既不影响中标，又能在结算时得到更理想的经济效益，同时使精度也可以接受。

建筑行业常用的有五种报价法：

1）不同条件报价法：施工条件差的特殊工程，报价可高一些；施工条件好，工作简单，工程量大的报价可低一些。

2）不平衡报价法：项目总报价确定后，能够早日收账的子目报价可适当提高；设计图纸不明确、预计今后工程量会增加的子目单价可适当提高；工程内容解说不清楚的，则可适当降低单价，待澄清后可再要求提价；在同一个工程中可采用不平衡报价法，不以提高总标价为前提，要避免过高过低，以免导致投标作废。具体做法是：

① 对能够早日结账的子目（如基础工程、土方开挖桩基等）的清单综合单价可以报得较高，以利资金周转，存款也有利息，对后期的子目（如机电设备安装、装饰部分等）价格可适当降低。

② 预计以后工程量会增加的子目，单价可适当提高，这样做在最终结算时可多赚钱，将工程量可能会减少的综合单价降低，工程结算时损失不大。

③ 设计图纸不明确或有错误的，估计今后会修改的子目，可以提高单价，而工程内容说不清楚的，则可以降低单价。这样有利索赔。

④ 暂定项目，对这类项目要具体分析，分析它会做的可能性，对以后一定要做的施工部分，其单价可高一些。估计到不一定发生的可低一些。

⑤ 对于能准确计量的子目，如土方工程，或没有工程量只报单价的子目，如土方中挖淤泥、岩石等单价，单价起点宜高一点，这样做既不影响投标总价又存在多获利机会。当合同因建设单位的风险、暂时停工、特殊风险、解除履约、建设单位违约时中途受阻或终止履约时，不平衡报价的结果，将使施工单位已经收回项目的大部分工程款，在很大程度上减少了不可预见的风险损失。

虽然不平衡报价对投标人可以降低一定的风险，但报价必须要建立在对工程量清单表中的工程量风险仔细核对的基础上，特别是对于降低单价的项目，如工程量一旦增多，将造成投标人的重大损失，同时一定要控制在合理幅度内，还要详细了解评标细则中对分项报价的评审标准，防止幅度超出计分范围，导致个别清单项报价不合理而废标。如果不注意这一点，有时招标人会挑选出报价过高的项目，要求投标人进行单价分析，而围绕单价分析中过高的内容压价，以致投标人得不偿失。

3）区别报价法：计日工单价要区别对待，如果不计入总价，可以报高些，如果计入总价，则要分析后合理报价。

4）多方案报价法：对于一些招标文件，如果发现工程范围不够明确，条款不清楚或很不公正，或技术规范要求过于苛刻时，则要在充分估计投标风险的基础上，按多方案报价处理，即按原招标文件报一个高价，然后再提出，某某条款作某些变动，报价可降低多少，由此可报出一个较低的价，这样可以降低造价，吸引业主，规避风险。

5）增加建议方案报价法：有些工程项目中，如一些施工方案、设计规划不同等因素，使得工程造价、工期等受到较大的影响。因而可以提出推荐方案，投标者应抓住机会组织有经验的设计和施工工程师，对原招标文件的设计和施工方案进行仔细研究，提出更合理的方案，在新方案中突出改善质量、工期和节省投资等优势来吸引业主，增加中标几率。这种新的建议方案能够降低总造价或提前竣工。但要注意：新方案报价是供招标人比较的，对原招标方案需要报价。增加建议方案时，不能提供的太具体，应保留方案的关键技术。防止业主将此方案交给其他承包商。同时还应把建议方案设计的比较成熟些，有很好的操作性，避免后患带来的损失。并且还要做好对原招标方案的报价。这个方法在国际工程中又称为“设计替代方案”。

6）高报价投标方法：在一些特殊项目中（如保密项目、环保项目、园林绿化项目），往往施工单位掌握其中关键技术，而且竞争对手又较少时，报价可适当提高。

（3）找出项目盈亏点和风险点，制定投标策略

投标决策即是寻找满意的投标方案的过程。投标决策可以分为两个阶段，投标决策的前期阶段与投标决策的后期阶段。

投标决策的前期阶段必须在购买投标人资格预审资料前后完成，主要工作是公司依照对招标工程与业主情况的调研和了解程度，以及自身的实际能力（包括企业资质等级、施工能力、技术能力、信誉等）来决策是否投标。

如果决定投标，即进入投标决策的后期阶段，是指从申报资格预审至投标报价（封送标书）前完成的决策研究阶段。主要是研究倘若去投标，是投什么性质的标，是盈利标、保本标，还是亏顺标；以及采取什么样的身份去投标，是独立投标、联合投标，还是分包等，从而形成企业的投标策略。

案例 4-4：联营手续缺失的教训

中国某公司想以最快的速度及最小的投资在泰国承揽工程，决定与当地一家有社会背景的公司联营合作，但是投标时，并没有办理联营合作的手续，从法律角度来讲，工程实际为中国公司独立投标。该工程是世界银行贷款项目，中标后便以中国公司的名义承包，由当地公司执行。执行过程中，因当地公司技术力量薄弱，管理不当，工期过半时，工程仅完成了 20%。随着泰国执政党的下台，当地公司宣告破产。世界银行了解到工程的实际进展后，便与当地政府联名要求中国公司做实质性的介入，否则将不允许中国公司再承包世行的投资项目。面对这样的被动局面，中国公司只能投入很大的人力、物力和财力来确保工程按时按量完工。

投标策略的灵魂是知己知彼。企业在决定要参加投标并已对项目进行了投标可行性的研究，作出进行投标的决定后，首先要仔细研究招标文件，吃透招标文件，充分响应招标文件有关工期、投标有效期、质量要求、技术标准和要求、招标范围等实质性内容，要“逐字逐句”看，全面领会，然后再根据自己和工程实际情况采用一定的投标策略和报价技巧，以达到中标的目的。

工程量清单模式下的招标投标已经推广，工程量清单是招标文件的组成部分，同时也是合同的组成部分，投标人只能充分理解工程量清单，如发现清单存在错误，也不可以擅自修改，否则视为修改合同，按废标处理。投标人虽然不能直接修改清单中的错误，但必须清楚地知道清单中存在的问题。参与投标的投标人在收到招标文件后，应认真根据招标说明、图纸、地质报告等资料，计算主要清单工程量，复核工程量清单。常用的投标策略有：

① 提高投标人经营管理水平策略。这种投标策略是依靠提高企业经营管理水平来降低工程成本和投标报价，从而提高企业竞争能力，这是企业采取的最根本的策略，自实行工程量清单以来，我国一直提倡有实力的承建商建立自己的企业定额，有实力企业由于资金充裕，购买力强，团购能力强，根据自己企业实际情况，编制相应的企业定额，使自己企业在市场中处于优势地位。

② 微利和保本策略。主要适用于承包商任务不足或刚到新地区、进入新领域，为打入该地区或该领域的承包市场，开拓新的工程施工类型；投标项目风险小，施工工艺简单、工程量大、社会效益好的项目；投标报价以微利和保本为目标而争取中标。为承包商保持正常经营运转和开创市场、建立声誉打下基础。

③ 低报价高索赔策略。低报价高索赔是国际惯例的特点之一，索赔是一种正当的权利，合同是建设单位和承包商都必须遵守的，只有双方共同履行才能保证合同的正常履行。投标前充分研究项目信息、项目范围、设计图纸、项目实质性要求，有经验的投标人即使确认发包人的条件隐藏着巨大风险，也不会正面变更或减少条件，而是利用详细说明、附加解释等十分谨慎地附加某些条件。这是有经验的投标人常用的技巧，为中标后的索赔留下伏笔。

因此，按一定的策略得到初步报价后，应当对这个报价进行多方面分析。分析的目的是探讨这个报价的合理性、竞争性、盈利及风险。投标决策者为确保投资决策的准确可行，把握一定的决策规律，则要注意以下几个方面问题。

① 从企业的经营战略（包括企业的经营能力、经营需要、中标的可能性等）和投标项目的客观条件（工程的获利前景、影响程度、建设单位的信誉、施工条件等）两者同时分析，并进行工程成本与预算成本的比较，从经济上明确该不该投标。

② 从实际出发，拟订施工方案，组织施工设计，看质量和工期有没有保证，即从技术上决策能不能做。

③ 科学的决策都建立在广泛的调查研究、全面准确信息的基础上。因此，在编制投标书之前，在熟悉招标文件的同时，应进行广泛地调查研究，深入了解招标工程的投标环境。

所谓投标策略还包括如何应用投标报价技巧的策划。建筑行业常用的技巧包括：

① 突然降价法。报价是一件保密的工作，但是对手往往通过各种渠道、手段了解对手情况，因此在报价时可以采用迷惑对方的手法，即先按一般情况报价或表现出自己对该工程兴趣不大，到快投标截止时，再突然降低。采用这种方法时，一定要在准确投标报价的过程中考虑好降价的幅度，在临近投标截止到日前，根据情报信息与分析判断，最后一刻决策，出奇制胜。如果采用突然降价法而中标，因为开标只降总价，在签订合同后可采用不平衡报价法调整工程量表内的各项单价或价格，以期取得更高的效益。

② 不平衡报价法。所谓不平衡报价，就是对施工方案实施可能性大的报高价，对实施可能性小的报低价。

③ 先亏后盈法。承包商为了打进某一地区，依靠自身的雄厚资本实力，采取一种不惜代价、只求中标的低价投标方案，应用这种手法的承包商必须有较好的资信条件。

④ 优惠取胜法。向业主提出缩短工期、提高质量、降低支付条件，提出新技术、新设计方案等，以此优惠条件取得业主赞许，争取中标。

⑤ 以人为本法。注重与业主、设计院以及当地政府搞好关系，邀请他们到本企业样板用户进行实地考察，以显示企业的实力和信誉，求得理解与支持，争取中标。

⑥ 扩大标价法。这种方法也比较常用，即除了按正常的已知条件编制价格外，对工程中变化较大或没有把握的工作，采用扩大单价，增加“不可预见费”的方法来减少风险。但是这种作标方法往往因为总价过高而不易中标。

⑦ 联合保标法。在竞争对手众多的情况下，可以采取几家实力雄厚的承包商联合起来控制标价，一家出面争取中标，再将其中部分项目转让给其他承包商分包，或轮流相互保标，确定投标最终报价。

（4）制定项目风险化解的解决措施

针对从招标文件中分析出来的风险以及所采取的投标策略中存在可能的，应建立相应的预防响应措施，及确定针对项目风险的对策。风险响应措施是指通过采用将风险转移给另一方或将风险自留等方式，建立如何应对风险的手段，包括有风险规避、风险转移、风险减轻等策略。

4.2.2 项目签约阶段的策划

首先，项目签约前，施工企业应先对合同文本进行分析评审，其评审的内容主要包括：承包合同的合法性分析、承包合同的完备性分析、承包合同风险评价等。合同文本分析是一项综合性的、复杂的、技术性很强的工作，它要求分析人员必须熟悉与合同相关的法律、法规，精通合同条款，并对工程环境有全面的了解，同时还需具有合同管理的实际工作经验。这就要求在进行合同分析时，需要公司各类专业人士的参与，一般而言，施工企业是通过制定企业内部合同会签制度来组织合同分析评审工作的。

（1）合同合法性分析

合同合法性是指合同依法成立所具有的约束力。对工程项目合法性的审查，基本上从合同主体、客体、内容三方面加以考虑。结合实践情况，在工程项目建设市场上无效合同主要有这几种：

① 没有经营资格而签订的合同，即签订双方是否有专门从事建筑业务的资格，这是合同有效、无效的重要条件之一。

② 缺少相应资质而签订的合同，即施工企业在投标时需具备与所投工程项目相适应的资质条件。

③ 违反法定程序而签订的合同，主要是指那些在《招标投标法》中明确规定需进行招标投标的项目而未按规定进行招标或招标投标程序违反了公平、公正的原则等。

④ 违反关于分包和转包的规定所签订的合同。

⑤ 其他违反法律和行政法规所订立的合同。如合同违反法律和行政法规，也可能导致整个合同的无效或合同的部分无效。例如，发包方制定承包单位购入的用于工程的建筑材料、构配件，或者指定生产厂、供应商等，此类条款均为无效。

（2）合同完备性分析

合同条款的内容直接关系到合同双方的权利、义务，在建设工程项目合同签订之前，应当严格审查各项合同条款内容的完备性，尤其应注意以下内容：

① 确定合理工期。工期过长，不利于发包方及时回收投资；工期过短，则不利于承包方对工程质量以及施工过程中建筑半成品的养护。因此，对承包方而言，应当合理计算自己能否在发包方要求的工期内完成承包任务，否则应当按照合同约定承担逾期竣工的违约责任。

② 明确双方代表的权限。在施工承包合同中通常都明确甲方代表和乙方代表的姓名和职务，但对其作为代表的权限往往规定不明。由于代表的行为代表了合同双方的行为，因此，有必要对其权利范围以及权利限制作出一定约定。

③ 明确工程造价或工程造价的计算方法。工程造价条款是工程施工合同的必备和关键条款，但通常会发生约定不明的情况，往往为日后争议与纠纷的解决埋下隐患。而处理这类纠纷，法院或仲裁机构一般委托有权审价单位鉴定造价，这势必使当事人陷入旷日持久的诉讼，更何况经审价得出的造价也因缺少可靠的

计算依据而缺乏准确性，对维护当事人的合法权益极为不利。

④ 明确材料和设备的供应。由于材料、设备的采购和供应引发的纠纷非常多，故必须在合同中明确约定相关条款，包括发包方或承包商所供应或采购的材料、设备的名称、型号、规格、数量、单价、质量要求、运到达工地的时间、验收标准、运输费用的承担、保管责任、违约责任等。

⑤ 明确工程竣工交付的标准。应当明确约定工程竣工交付的标准。如发包方需要提前竣工，而承包商表示同意的，则应约定由发包方另行支付赶工费用或奖励。因为赶工意味着承包商将投入更多的人力、物力、财力，劳动强度增大，损耗亦增加。

⑥ 明确违约责任。违约责任条款订立的目的在于促使合同双方严格履约合同义务，防止违约行为的发生。发包方拖欠工程款。承包方不能保证施工质量或不按期竣工，均会给对方以及第三方带来不可估量的损失。在审查违约责任条款时，要重点关注：首先，对于位于责任的约定不应笼统化，而应区分情况作出相应约定；其次，对双方违约责任的约定是否全面具体。

（3）合同风险评价分析

工程承包合同中一般都有风险条款和一些明显的或隐含的对承包商不利的条款，它们会造成承包商的损失，因此是合同风险分析的重点。通常在工程承包合同中，常见的合同风险主要有以下五种。

① 合同中明确规定的承包商应承担的风险。承包商的合同风险首先与所签订的合同的类型有关。如果签订的是固定总价合同，则承包商承担全部物价和工作量变化的风险；而对成本加酬金合同，承包商则不承担任何风险；对常见的单价合同，风险则由双方共同承担。

② 合同条文不全面、不完整导致承包商损失的风险。由于合同条文的不全面、不完整，而没有将合同双方的权、责、利关系全面表述清楚，没有预计到合同实施过程中可能发生的各种情况，引起合同实施过程中的激烈争执，最终导致承包商的损失。

③ 合同条文的不清楚、不细致、不严密，导致承包商蒙受损失。合同条款的不清楚、不细致、不严密，承包商不能清楚地理解合同内容，造成损失。这可能是由于招标文件的语言表达方式、表达能力，承包商的外语水平，专业理解能力或工作不细致，以及做标期太短等原因所致的。

④ 发包方提出单方面约束性的，权、责、利不平衡的合同条款的风险。发包商为了转嫁风险提出单方面约束性的，过于苛刻的，权、责、利不平等的合同条款。明显属于这类条款的是，对业主责任的开拓条款。这在合同中经常表现为："业主对……不负任何责任"。

⑤ 其他对承包商要求苛刻条款的风险。其他对于承包商苛刻的要求，包括：承包商大量垫资承包；工期要求太紧，超过常规；过于苛刻的质量要求等。

在合同评审工作结束后，通常将合同审查结果以最简洁的形式表达出来，交承包商和合同谈判的主谈人。合同主谈人在谈判中可以针对结果与对方谈判，同时还应在谈判落实审查表中提出建议或对策。

常见的合同审查表的格式见表 4-1。

合同审查表示例 **表 4-1**

审查项目编号	审查项目	合同条文	内　容	问题和风险分析	建议或对策
	……	……	……	……	……
J020200	工程范围	合同第 13 条	包括在工程量清单中所列出的供应和工程，以及没有列出的但为工程经济地和安全地运营必不可少的供应和工程	工程范围不清楚，甲方可以随便扩大工程范围，增加新项目	(1) 先定工程范围仅为工程量清单所列； (2) 增加对附加工程重新商定价格的条款
	……	……	……	……	……
S060201	海关手续	合同第 40 条	乙方负责缴纳海关税，输入材料和设备的入关手续	该国海关效率太低，经常拖延海关手续，故最好由甲方负责入关手续	建议加上"在接到到货通知后××天内，甲方完成海关放行的一切手续"
	……	……	……	……	……
S070506	外汇比例	无	无	这一条极为重要，必须补上	在合同谈判中要求甲方补充该条款，美元比例争取达到70%，不低于50%
	……	……	……	……	……
S080812	维修期	合同第 54 条	自甲方初步验收之日起，维修保持期为 1 年，在这期间发现缺点和不足，则乙方应在收到甲方通知之日一周内进行维修，费用由乙方承担	这里未定义"缺点"和"不足"的责任，即由谁引起的	在"缺点"和"不足"前加上"由乙方施工和材料质量原因引起的"
	……	……	……	……	……

综上所述，签约阶段应认真分析合同的合法性、条款完备性以及条款的风险性，具体包括承包范围、计价及承包方式、价款调整方式及范围、价款支付方式、工程结算审核程序及审核时限、工期与质量违约等条款，形成合同审查表，

供合同谈判小组制定合同谈判策略，以便使发包人和承包人在谈判签约时双方权利、义务趋于平衡。

其次，进行上述分析评审的同时，还要制定合同谈判的策略。因为一个工程项目的实施是否成功，除了工程的施工能够保证进度、质量等要求外，中标前的合同谈判也至关重要。在现场勘查和对招标文件进行研究的基础上，签订一个有利的合同是项目成功的基础。在工程建设中，由于业主处于建筑市场的有利地位，往往在合同中强加一些不平等甚至苛刻的条款，承包商如果迫于竞争的压力或者疏忽，对这些条款不提出异议，则合同一旦签订，具有法律效力，在施工过程中，承包商就有可能处于被动局面，甚至造成经济损失。例如，在某工程中，承包商为了中标，投标报价几乎是工程成本价，最后中标后，合同价为 1780 万元，合同条款按业主的意见办理。在合同实施过程中，业主将部分工程项目分包给其他施工队伍，分包的工程价款约 500 万元。为此，承包商向业主提出取消被分包工程项目应摊销的管理费及临建设施摊销费，但业主不予认可。承包商提出索赔的理由是管理人员是依据原合同工作量所含管理费进行配置的。事实上，合同工作量的降低，其所含管理费也随之降低。而业主的理由是原合同中没有关于减少工作量应给予索赔的条款。仔细查看施工承包合同，承包商才发现，合同中已注明：此合同为总价承包合同，但若发生变更，以实际发生的工程量调整其结算价款。而对业主取消合同中某些工程项目（分包给其他施工单位），给承包商造成的损失，合同中无法找到能给予承包商相应补偿的条款。最后，经过承包商的据理力争，业主同意支付取消工程项目价款的 1%作为补偿，但承包商仍遭受了较大的损失。这个工程的教训说明在合同谈判阶段，受急切中标思想的影响，忽略或不敢坚持对合同条款提出公正合理的要求，必然造成施工过程中索赔的被动与失败。

4.2.3 项目施工阶段的策划

工程施工阶段是使工程设计意图最终实现并形成工程实体的阶段，也是最终形成工程产品质量和工程使用价值的重要阶段。

施工阶段主要的责任主体是项目经理部。项目经理部是由项目经理在企业的支持下组建并领导、进行项目管理的组织机构。施工阶段商务策划的工作思路侧重节流，既要“内部挖潜”，又要“外部使劲”。主要工作包括成本管理策划、施工方案选择、管理模式选择、分包策划、二次经营策划、风险管理策划与关系协调策划等。

（1）成本管理策划

包括企业层次合理测算计划成本（即项目实施过程中可支出的最大控制额

度，下同）和确定项目经理的责任成本目标，坚持“标（即中标的合同价格）本（即项目经理的责任成本）分离”的原则，避免“合同价减去若干点”作为项目承包基数的做法；也包括项目层次在项目实施过程中成本控制的策划，从组织措施、技术措施、经济措施等多方面以及人工费、材料费、机械使用费、措施费等直接费的控制，专业分包费用的控制，间接费的控制等方面，寻找并制定全员、全方位、全过程成本控制的新思路和新方法。

（2）施工方案的选择

施工组织设计应体现降低工程成本的措施，选用经济合理的施工方案。如在基础施工阶段，土方机械的合理选用和配合、基坑围护方案、井点设置等都对工程成本产生较大的影响。

（3）管理模式的选择

对于具体的工程项目，应根据项目自身的特点、建筑条件、项目实施战略、合同方式、项目目标等，通过定性、定量分析，选择最为合适的项目管理模式。一般，在选择项目管理模式的时候也需要考虑自身项目管理能力、项目及环境情况、项目类型、规模和影响等因素。

（4）分包策划

做好分包的策划，包括甲方指定分包和专业分包单位的资格预选和招标投标工作，科学确定分包模式，合理设计和起草分包合同及采购合同，加强与分包单位的沟通和对接，做到分包策划出效益。

（5）二次经营策划

所谓二次经营就是甲、乙双方签订合同后在执行合同过程中的一切商务经济行为，施工企业的二次经营一般指合理利用变更，谋取经济效益的行为。“一次经营抓任务，二次经营抓效益”，二次经营是施工企业经营过程的一个有机环节，也是贯穿于工程施工全过程的重要经营行为。

（6）风险管理策划

商务性策划中的风险管理策划主要指投标风险的化解和施工中及施工后可能遇到的法律问题的风险化解。投标风险化解即不平衡报价中低价、亏损子目的风险、投标时清单漏项的风险、材料和劳务价格上涨的风险等；施工中及施工后可能遇到的法律风险，包括施工过程中具有法律效率的各种文书、函件的收集和管理、相关策划输出的合法合规性，项目行为的合法有效性、施工合同履约规范性、分包及物资采购规范性、依据合同条款收取工程款及时性等，及时发现法律风险，解决风险问题。

（7）关系协调策划

项目施工生产的顺利进行，离不开良好的外部环境。根据各岗位工作性质和需要，分工合作，建立全方位、多层次的关系协调网络，是项目商务策划的另一项重要工作。需协调关系的各相关方包括从各级政府建设主管部门、参与项目建设的投资者、业主、设计、监理单位，环保、消防、卫生、劳动、公安等部门一直到项目周边居民社区。

工程项目商务策划的关键在于施工过程中的落实，因此对每一项策划都应分清责任，必要时通过签订目标责任状明确目标和奖惩办法，将责任落实到人，并按阶段及时进行考核兑现。本章第 4.3 节将详细介绍施工阶段商务策划的主要内容。

4.2.4 项目结算阶段的策划

项目结算是指建筑工程施工企业在完成工程任务后，依据施工合同的有关规定，按照规定程序向建设单位收取工程价款的一项经济活动。

(1) 项目结算策划的作用和要点

项目结算的主体是施工企业，其目的是施工企业向建设单位索取工程款，以实现“商品销售”。由于建筑工程施工周期较长，占用资金额较大，及时办理项目结算对于施工企业具有十分重要的意义：

① 项目结算是反映工程进度的主要指标；

② 项目结算是建设单位编制竣工决算的主要依据；

③ 项目结算是考核经济效益的重要指标。

根据项目结算类别的不同，结算策划的主体可能是项目部（如工程价款结算），也可能是公司主管职能部门（如工程竣工结算）。项目结算阶段策划的要点在于：

① 资料收集整理，侧重设计变更、量、价变化的策划；

② 结算书报出前与所有分包锁定结算值，完工后 1 个月内全面完成内部结算；

③ 落实结算目标成本、确保值、结算报出时间、结算一审、二审完成时间、结算责任人，制定结算措施。

(2) 项目结算的分类

建筑产品价值大、生产周期长的特点，决定了项目结算必须采取阶段性结算的方法。项目结算一般可分为：工程价款结算和工程竣工结算两种。

1) 工程价款结算。指施工企业在工程实施过程中，依据施工合同中关于付款条款的有关规定和工程进展所完成的工程量，按照规定程序向建设单位收取工程价款的一项经济活动。

工程价款结算方式包括以下 4 种：

① 按月结算方式。即实行旬末或月中预支，月终结算，竣工后清算的办法。跨年度竣工的工程，在年终进行工程盘点，办理年度结算。我国现行建筑安装工程价款结算中，相当一部分是实行这种按月结算方式。

② 竣工后一次结算方式。即建设项目或单项工程全部建筑安装工程的建设期在12个月以内，或者工程承包合同价值在100万元以下的工程，可以实行工程价款每月月中预支，竣工后一次结算。当年结算的工程款应与年度完成的工作量一致，年终不另清算。

③ 分段结算方式。当年开工，且当年不能竣工的单项工程或单位工程，按照工程形象进度或工程阶段，划分不同阶段进行结算。

④ 目标结算方式。将合同中的工程内容分解成不同的验收单元，当施工企业完成单元工程内容并经有关部门验收质量合格后，建设单位支付构成单元工程内容的工程价款。目标结算方式实质上是运用合同手段和财务手段对工程的完成进行主动控制。

2）工程竣工结算。指施工企业按照合同规定的内容，全部完成所承包的单位工程或单项工程，经有关部门验收质量合格，并符合合同要求后，按照规定程序向建设单位办理最终工程价款结算的一项经济活动。

竣工结算是在施工图预算的基础上，根据实际施工中出现的变更、签证等实际情况由施工企业负责编制的。

在工程施工过程中，由于遇到一些原设计无法预计的情况，如基础工程施工遇软弱土、流沙、阴河、古墓、孤石等，必然会引起设计变更、施工变更等原施工图预算中未包括的内容。因此在工程竣工验收后，建设单位与施工企业应根据施工过程中的实际变更情况进行竣工结算。

竣工结算的方式包括以下4种：

① 施工图预算加签证结算方式。该结算方式是把经过审定的原施工图预算作为工程竣工结算的主要依据。凡原施工图预算或工程量清单中未包括的“新增工程”，在施工过程中历次发生的由于设计变更、进度变更、施工条件变更所增减的费用等。经设计单位、建设单位、监理单位签证后，与原施工图预算一起构成竣工结算文件，交付建设单位经审计后办理竣工结算。这种结算方式，难以预先估计工程总的费用变化幅度，往往会造成追加工程投资的现象。

② 预算包干结算方式。预算包干结算也称施工图预算加系数包干结算。即在编制施工图预算的同时，另外计取预算外包干费。

$$预算外包干费 = 施工图预算造价 \times 包干系数$$

$$结算工程价款 = 施工图预算造价 \times (1 + 包干系数)$$

式中，包干系数由施工企业和建设单位双方商定，经有关部门审批确定。

在签订合同条款时，预算外包干费要明确包干范围。这种结算方式，可以减少签证方面的扯皮现象，预先估计总的工程造价。

③ 每平方米造价包干结算方式。该结算方式是双方根据一定的工程资料或概算指标，事先协定每平方米造价指标，然后按建筑面积汇总计取工程造价，确定应付的工程价款。

④ 招标投标结算方式。招标单位与投标单位，按照中标报价、承包方式、承包范围、工期、质量标准、奖惩规定、付款及结算方式等内容签订承包合同。合同规定的工程造价就是结算造价。工程竣工结算时，奖惩费用、包干范围外增加的工程项目另行计算。

（3）收集、整理各种与工程结算相关的文件和资料

收集、整理竣工项目资料是编制工程结算的基础，它关系到工程结算的完整性和质量的好坏。因此，施工过程中，必须随时收集项目工程施工的各种资料，并在工程验收前，对各种资料进行系统整理，为编制工程结算提供完整的数据资料。资料收集整理，侧重设计变更，量、价变化的策划。

（4）项目结算的依据

项目结算书应由承包人编制，发包人审查，双方最终确定。建设项目结算的编制依据以下资料：

① 国家有关法律、行政法规；

② 合同文件；

③ 设计、施工图及竣工图；

④ 工程变更/洽商记录、技术经济签证；

⑤ 工程预算定额、费用定额及其他取费标准；

⑥ 工程竣工验收报告和验收单；

⑦ 工程质量保修书；

⑧ 双方确认的有关签证和工程索赔资料；

⑨ 其他相关资料。

（5）项目结算书的编制

结算书的编制及审核程序如下：

① 对分包单位“预（结）算”：根据分包合同、施工图纸、设计变更及签证等资料，审核分包结算。

② 结算书编制：根据施工图纸、合同文件、设计变更等资料编制竣工结算书。

③ 结算书初审：根据招标文件、合同文件、设计变更、经济洽商等相关资料对工程结算书进行初审。

④ 结算书评审：组织项目经理、项目总工、生产经理、各专业工程师、项目预算员对结算书进行评审。

⑤ 结算书调整：根据评审结果对结算书进行调整。

⑥ 对结算书的二次审核：对调整后的结算书进行二次评审。

⑦ 根据结算资料对项目预算进行审核：根据招标文件、合同文件、设计变更、经济洽商等相关资料对工程结算书进行审核。

⑧ 结算书的审核和审定：根据招标文件、合同文件、设计变更、经济洽商等相关资料对工程结算书进行审核签署审核意见报总经理审定。

（6）工程结算书必须具备的内容

1）总封面。包括：建设单位名称、工程名称、结构形式及层数、建筑面积、结算造价、单方造价及甲乙双方的签字盖章等内容。

2）目录。包括：编制总说明、造价汇总表、工程结算书、工程量计算书等内容。

3）编制总说明。包括：工程概况、承包范围、工程质量、工期、编制依据及其他需要说明的问题等。

4）工程结算书。包括：

① 按清单模式：单位工程费用汇总表、分部分项工程量清单计价表、措施项目清单计价表、其他项目清单计价表、零星工作项目计价表、分部分项工程量清单综合单价分析表、主要材料价格表等内容。

② 按取费模式：建筑工程费用汇总表、建筑工程预算表、材料价差表、主要材料汇总表、其他项目费表、组织措施项目费、技术措施费分部分项表等内容。

（7）工程结算报告的编制与递交时间：

① 在工程竣（完）工前30天内，或按合同条款约定的时限，将工程结算书初稿编制完毕；

② 工程结算书初稿编制完毕，需经项目技术负责人核对确认，并由商务经理、项目经理审核确认，项目在上报结算书前应对项目实际成本进行分析汇总，与结算初稿进行对照分析，确保工程结算资料没有缺项、漏项；

③ 商务经理（或造价员）对每项变更的增报内容，要做好与分包结算的分析对比，以便有针对性地与业主办理预结算；

④ 公司工程预结算中心对结算报告进行审核，确定合理的目标结算值，明确结算时限和分工，并在分管领导的主持下，制定切实可行的结算策略、方案和措施；

⑤ 根据公司审核意见，项目部对结算书做进一步的修改完善，并在工程竣

工验收报告经业主认可后28天内（或按合同约定时限），向业主递交经公司批准的竣工结算报告及完整的结算资料，并应在报送业主的结算书签收单上显示业主主要相关人员的姓名、结算报价金额以及签收日期。

在工程款回收上，要做好施工中的“验工报表”工作，及时确定收入，实现过程结算和过程收款；要与甲方财务人员沟通好关系，及时掌握甲方的资金信息，把握收款的先机。在结算中，要注意“有理有节”，不能处处占尽“风光”，让负责审核的人员感到处处在让步，使其从专业上产生“抗拒心理”，小项该放则放，大项必须抓住，只有让审核人员觉得有得有失、产生“心理平衡”时，自己才不至于吃亏；太过于斤斤计较并不利于工程结算工作。

案例4-5：某水电工程集团瀑电项目部对外结算管理办法

为了有效地、科学地组织对外计量工作，加强对外计量的管理，确保工程价款及时到位，做到“颗粒归仓”，根据瀑布沟工程的实际情况，特制定本管理办法。

第一章　总　则

第一条　本办法中的统计结算是指项目部对监理工程师和业主（大渡河开发公司）的统计结算。

第二章　部门职责

第二条　项目部商务部为对外结算的归口管理和具体执行部门，负责组织并办理喷锚支护、混凝土、砌石、基础处理等结构物工程量的计量签证，负责收集、归总与结算有关的工程量、质量检测及变更索赔等证据证明类签证资料，编制统计结算报表，办理结算。

第三条　工程技术部负责土建工程结算的技术支持，机电部负责金属结构、机电安装工程的技术支持，负责及时提供技术图纸、设计修改通知，以及施工技术方案（含变更、补偿项目的技术方案），参加对外计量的工程量阶段清结和竣工决算，配合商务部办理月度结算的工程量计量。

第四条　测绘大队负责大体积土石方工程的测量收方及工程量计算，并提供由监理工程师签署的工程量计算表和收方断面图，为结算提供有效力的签证资料，并参加业主、监理工程师对土石方工程量的审查。

第五条　质量安全部负责提供整个工程项目单元工程质量验收及评定资料，以满足业主、监理工程师的要求。

第六条　试验中心负责及时提供对外结算所需要的检测资料。

第七条　切块工程项目的统计结算由承担相应的切块工程项目施工单位按合同要求收集、归总相关结算资料，及时办理对外结算，按时提供相关结算资料给商务部备案。

第三章 结算程序

第八条 对外结算按如下程序进行：

测量收方（签证）→技术部复核→形成结算报表初稿提交监理工程师→监理工程师审核后返回→填报正式报表→提交监理工程师→业主审定→返回结算报表→财务结算→汇总分析说明。

第四章 工程量签证的管理

第九条 土石方开挖、回填工程（一般指大体积）的工程量由测绘大队每月收方，将测量收方图及工程量计算资料一份每月22日前送技术部，技术部根据合同项目划分进行复核，必要时由测绘大队进行复测。技术部复核后返回测量大队，送测量监理工程师审核，然后送交商务部形成一份结算报表初稿提交计量、合同监理工程师初审。

第十条 喷锚支护、混凝土、砌石、基础处理等项目（不限于上述项目）由商务部牵头组织，与各施工单位共同完成其签证工作，并于每月25日前形成结算报表初稿提交监理工程师。

第五章 报表管理

第十一条 商务部根据每月签证、合同工程量报价单、变更（补偿）审批表以及各相关部门、单位提供的有效资料编制工程量统计结算报表，提交监理工程师审核、业主审定。

第十二条 工程统计结算报表经业主审定返回后，商务部根据业主、监理工程师规定的份数，复印后，最后提交监理工程师、业主。监理工程师、业主审核返回的统计结算报表，转交一份给财务部门，财务部门办理财务结算。

第十三条 商务部根据月结算报表对项目部当月对外结算分合同项目进行整理汇总，汇总表分送项目部有关领导，并作为对内结算的依据。

第十四条 商务部负责统计结算台账的编制，每个月结算工作结束后，还应做统计结算工作小结，对结算中存在的差异和问题，特别是对未及时结算项目进行详细说明。

第十五条 统计结算报表及签证资料由商务部保存。

第六章 竣工结算

第十六条 工程完工后，及时办理竣工验收。

第十七条 竣工验收后，商务部牵头负责竣工决算工作，项目部各有关部门及有关施工单位参加。

第十八条 竣工结算后，应及时办理质保金退还、履约保函的返还。

第七章 其 他

第十九条 若因施工单位的原因导致完成的实物工程量不能及时签证，影响结算的，应视情况给予暂停相应部分的内部结算，并从当月结算中扣减当月相应部分结算额的利息。

第二十条 项目部各部门完成对外结算的成效作为效绩工资考核依据之一。项目部将对对结算工作有突出贡献的人员给予奖励，奖励办法另外制定。若不按时提供相关结算资料，视情节轻重给予当事人 100～500 元/每次的处罚。

第二十一条 本办法自发布之日起的执行。

4.3 施工阶段的商务策划

本章第 4.2.3 节已经介绍了施工阶段商务性策划的要点，由于施工阶段商务策划的策划主体主要是项目经理部，而项目经理部的组成大多为工程技术人员，他们中的多数人对于项目商务活动的特点、规律和一般方法不是很清楚，这往往是造成项目实施的结果成为“花钱赚吆喝”的事业，“优质”未必得到了“优价”的回报。因此，本章特以专门的一节来分析和介绍施工阶段如何以有效的商务策划，帮助项目取得预期的收益。

项目中标并签约后，以项目经理为首的项目管理团队经公司授权负责项目的实施，即以施工活动完成公司向业主所作出的承诺。然而，施工阶段的活动并非仅仅是将资源进行组合的生产技术活动，将各种资源进行组合时要讲究“优化”二字，优化组合的结果是业主能得到不低于预期的价值增值，施工企业则能够获得不低于预期的利润。这就需要进行商务性的策划以期取得这种结果。

施工阶段商务策划的内容很多，其中最为重要的是六项：合同管理的策划、分包方案的策划、对外关系的策划、成本管理的策划、风险管理的策划和二次经营的策划。

4.3.1 合同管理的策划

工程承包合同是发包方（建设单位）和承包方（施工单位）为完成商定的建筑安装工程，明确相互权利、义务关系的协议，也是承包方（施工单位）在工程项目上一切行为的主要依据。因此，合同中对承发包双方的责、权、利究竟是怎样约定的？承包方如何在不违背合同约定的情况下谋取自身的合法权益？合同条文中的风险条款有哪些等？承包方只有在认真分析、判断，并准确掌握合同真实意图的基础上，才谈得上遵守合同和严格执行合同。一个项目的商务策划应围绕项目的合约进行，需要解决的问题是在满足项目合约的前提下如何获得最好的效益。合同管理策划的程序有三步：

（1）组织合同交底

由于工程的投标和签约都是在公司市场营销部门主持下进行的，但合同执行却是由项目经理为首的项目管理团队组织的。市场营销部门的投标策略、合同谈判策略以及对合同条文的背景和真实意图的理解，必须原原本本交代给项目经理和他的团队，才谈得上在合同实施过程中兑现投标、签约时的承诺和使营销活动所策划的策略成为现实。合同交底即是为达到这个目的而开展的一项活动。

合同交底应分两个层次进行，第一层次是公司市场营销部门给项目经理（也可包括项目部其他主要领导成员）交底，第二层次是项目经理给项目经理部全体管理人员交底。

合同交底的内容应包括：

① 工程概况，包括工程名称、业主基本情况、设计单位、工程特点、结构形式等。

② 业主招标文件的主要内容，包括招标范围、承包方式、工期要求、质量要求、计价依据（如工程报价方式约定、工程量约定、工程量单价约定、材料价格约定、措施费约定、业主暂定价等）以及风险条款。

③ 招标答疑件主要内容，影响工程价格重点问题是哪些。

④ 合同主要条款，包括承包范围、工期及违约责任、质量及违约责任、合同价款及调整（如合同价格、确定合同价款方式、可调整的内容等）、付款方式、结算方式、合同风险条款、合同重点条款等。

⑤ 工程的投标报价情况，包括投标价格的组成和报价说明（如投标报价采用的计价方式、材料价格依据、图纸清单做法不详内容等）、不平衡报价的组成、存在风险。

⑥ 投标时对工程成本的测算情况，包括各类主要材料的含量、机械设备、料具、临建、管理人员的配置方案、机械、劳务、材料、料具价格确定、主要措施项目费用明细、措施项目、规费及其他费用控制指标等。

⑦ 风险条款控制措施，包括招标文件部分、答疑部分、合同文件部分和投标报价部分。

⑧ 合同风险提示，包括有哪些风险因素、对风险的分析、建议的控制对策合影达到的目标等。

⑨ 工程投标技术方案简述（可以仅注重涉及技术经济的部分）。

（2）项目经理组织项目部全体管理人员学习和研究合同

项目部接受了合同交底后，项目经理应组织项目部全体管理人员一句句、甚至一字字地学习和研究施工合同文本（包括招标文件、施工合同的附件、补充协议等），并做到反复推敲，字斟句酌，并从中分析出存在的漏洞和面临的风险。

学习与研究的内容主要有：

① 工期奖罚条款。工期奖罚条款是为了加强项目管理，确保项目管理目标的实现，结合公司有关文件规定，根据项目实际情况所指定的。主要包括奖励标准（是否获市级，区级检查表彰）、质量处罚标准（如钢筋工程质量、模板质量、墙砖体工程、装饰工程，如抹灰、楼地面、屋面施工等）。

② 现场施工条件具备情况。施工现场工地必须具备良好的施工环境和作业条件，进入施工现场的所有人员必须遵守施工现场安全管理规定。建立安全组织保障体系，制定和完善安全生产管理制度，人员到位责任到人。现场入口危险作业部位应设置必要的提示、警示等各种安全防范标志，避免可能发生的意外伤害。

③ 进度款。进度款是指在施工过程中，按逐月（或形象进度、或控制界面等）完成的工程数量计算的各项费用总和。工程进度款的计算主要涉及两个方面：一是工程量的计量；二是单价的计算方法。单价的计算方法，主要根据由发包人和承包人事先约定的工程价格的计价方法决定。

④ 工程款付款条件。工程进度款的支付是否按当月实际完成工程量进行结算，工程竣工后办理竣工结算。

⑤ 工期奖罚。有时业主为使工程尽早投入使用，会在合同中约定工期奖罚的条款，以刺激施工单位加快工程的进度；但有的业主却不要求提前，只要求合理工期。那么，在施工合同中，应约定有否工期提前奖励，工期拖延惩罚的约定，奖罚是否对等，奖罚标准是多少等。

⑥ 计价原则。计价原则涉及两个方面：一是单价的计算方法，主要根据由发包人和承包人实现约定的工程价格的计价方法决定。二是工程价格的计价方法，可调工料单价法将人工、材料、机械再配上预算价作为直接成本单价，其他直接成本、间接成本、利润、税金分别计算。

⑦ 设计变更限额。在保证使用功能的前提下，按分配的投资限额控制设计，严格控制技术设计和施工图设计的不合理变更，以确保总投资额不被突破。限额设计要贯穿可行性研究、初步勘查、初步设计、详细设计、施工图设计各个阶段，并在每一个阶段中贯穿于每一道工序。

⑧ 可签证条款及内容。施工过程中的工程签证，主要是指施工企业就施工图纸、设计变更所确定的工程内容以外，施工图预算或预算定额费中未含有而施工中又实际发生费用的施工内容所办理的签证，如由于施工条件的变化或无法预见的情况引起工程量的变化。

⑨ 风险条款。由于物价上升所造成的工程所用的钢材、水泥及建筑劳务用工价格持续上涨给建设工程项目成本、工程合同价款调整和工程造价结算带来一

定影响，合同的某些约定对施工单位过于苛刻等。

（3）根据学习分析出的施工合同中存在的漏洞和存在的风险，制定具体的应对措施。

案例 4-6：某工程合同分析及对策（节录）

某大型商业广场项目位于××市 CBD 中央商务区，项目占地面积 275.67 亩，总建筑面积约 25.5 万 m^2，地上部分由 23 个单体工程组成（地下室连通），商业部分地上三层，地下一层，酒店式公寓五层。该工程单层地下室面积达 $67000m^2$，结构设计复杂，圆弧及线条造型多，现场组织和施工管理难度大。某建筑公司中标该项目施工，中标价××万元，合同工期 430 天，质量要求为合格。土建部分合同范围不包括桩基、基坑支护降水、室内二次装修和铝合金门窗等。

项目在投标过程中，经过业主的多轮谈判压价，该工程的造价被压得很低，建筑公司按照投标线的成本测算，工程中标价基本在成本线的边缘。并且，按照招标文件的约定，该工程施工合同条件苛刻，项目在公司的支持下，组织公司相关部门、项目班子成员和主要相关管理人员召开专门的商务策划会议，收集并讨论项目实施各个阶段，在开源节流方面应注意控制的问题。本工程施工合同条件苛刻，但不表示没有漏洞。因此，项目部加强了对施工合同的学习、做到字斟句酌，并对主要相关管理人员进行了交底和讨论。经过对招标文件、施工合同等进行反复推敲，从中分析出存在的漏洞和面临的风险，并制定了具体的应对措施如表 4-2（局部）。

应对措施 **表 4-2**

序号	情况说明	分析对策	责任人
1	工程投标时设计图纸不完善，中标后不断补充和修改图纸	清点投标领用图纸并加盖投标图纸印章，编制清单和业主重新办理核对交接手续	经营部
2	现场住宿场地紧张，合同约定不得在建筑物地上部分安排住宿	言外之意在地下室部分住人是可以和业主协商的	项目经理
3	如未完成当月进度计划，则进度款相应扣减 20%待赶上进度后支付	报送的施工进度总计划必须确保绝对保守	技术部
4	甲供材按 100%从当月进度款中扣除，但合同对甲供材扣量系进场量还是进预算量约定不明	根据招标文件约定，和业主协商甲供材按报量扣除，在报量总额不变的情况下相应减少甲供材报量	经营部
5	工程完工后只支付 80%，其余在结算完后才支付	施工过程中尽量将变更签证确认随进度报量，平时资料准备好	经营部

续表

序号	情况说明	分析对策	责任人
6	因承包人造成工期拖延的，在拖延期间的材料上涨价差由承包人承担	言外之意，因非承包人原因工期拖延材料涨价的费用应予签证，密切关注材料价格信息，及时办理签证	物资部
7	提前三个月报送甲供材计划，承担报送不及时导致的一切责任	加强工作计划的前瞻性，办理好计划的签收记录	技术部
8	水泥价格上下浮动超出5%按同期市场价调整价款	进一步和业主协商价格调整依据，密切关注材料信息价格和市场价格，争取价差最大化	物资部
9	合同约定关于保险、发包人投保内容：按规定投保	利用政府关于统一征收社会保险费的规定，将社保费纳入到业主投保范围，保证该项收入	项目经理
10	1周内累计停水停电超过10小时的可以顺延工期，承包人应自备200kV发电机	看似矛盾却不矛盾，如停水停电采用发电机施工（功率不能满足现场负荷）可以要求索赔发电费用，且因此影响工期应予顺延	动力部

4.3.2 分包方案的选择

工程分包（包括专业分包和劳务分包）是施工企业弥补资源不足的一种有效手段，是国际工程建设市场经常采用的一种模式。自20世纪80年代起，国内工程市场上也开始采用这种方式。在法律层面，政府和行业主管部门也出台了一系列法律法规，对规范施工企业工程分包起到了积极作用。但是由于种种原因，因分包管理不到位造成的安全、质量事故仍时有发生，给总承包企业造成了巨大经济损失。2009年发生在上海的“楼脆脆”、发生在昆明新机场的垮桥事故及湖南的凤凰桥倒塌事故，都是失败分包行为酿成的苦果。

工程分包策划是合理进行工程分包的首要前提。工程分包策划就是对需要分包的工程，按照策划的依据、把握策划的原则、采用合适的方法、遵循一定的程序进行分析，主要解决分包工程如何划分标段、采用何种分包模式、什么时候确定分包商等相关问题，找出最优的工程分包方案，以实现期望目标的过程。

(1) 施工企业加强分包商管理的主要措施

1) 完善分包商准入管理，加强分包商的动态管理。

① 施工企业在遴选分包商时，要对分包商的法人资格、企业资质、市场准入资格、企业信誉、类似项目经验、项目完成绩效、企业财务状况、人力和设备状况等真实性进行慎重审查，确保分包商身份真实合法。企业通过自身接触、外部行业协会交流或者相关方反馈等多个途径获得更多的信息，在企业层面建立和

充实分专业、分等级的分包商信息库，并在公司内部实现共享。

② 根据工程特点，选用合适的分包商，在使用过程中进行动态管理。动态管理内容包括：定期或者不定期核查分包商分包工程的施工能力、验证入场资源等，以此对分包商的表现进行评价和对分包商花名册进行动态调整。在对分包商进行动态管理过程中，企业可以采用正负双向的激励措施，对表现最佳的分包商进行奖励，对有恶劣行为的分包商实施淘汰，并不允许企业内部再次使用。

③ 提供沟通交流，建立合作伙伴关系。

在分包商关系管理上，德国最大的工程承包商豪赫蒂夫公司每年组织分包商论坛，为分包商提供沟通交流的机会，并组织其对复杂项目如何协作、有效完成进行研讨等。国内像中交四航局二公司等一批施工企业也进行了有益尝试，措施有：制定“最佳分包商计划”，培养最佳分包商，定期对表现最佳的分包商进行奖励，扩大和深化在专业领域的合作，与之建立长期、稳定、利益共享的伙伴关系；为优秀的分包商开通绿色通道，在相关方面提供一定的优惠政策，包括公司在任务分工、合同订立、价格确定、工程款支付、工程结算等方面给予优先政策，简化管理程序，甚至采取议标方式对其进行发包等。

2）合法合规开展分包活动，加强分包合同管理。

完善工程分包有关的制度和流程，明确分包审批程序，形成一套系统化、规范化，同时也易于执行的操作程序。通过制度确保分包是在有合法必要的条件下进行的，避免违法分包和随意分包；在确定实施分包后，要加强内部各级对于分包工程的管理审批工作。中铁二局早在2002年就出台《劳务分包及管理实施办法》，规范公司劳务分包管理工作，并在此后进行修订完善；中石化在《工程承包商安全管理规定》、《工程建设企业施工分包管理办法》中，要求直属企业将分包商纳入企业管理范围，指出分包商发生安全事故要追究工程发包单位的责任，企业要督促分包商建立健全相应的安全管理规章制度并抓好落实。

在分包合同管理上，总承包企业在合同谈判阶段就应对双方相应权责进行详细约定，制定的分包合同在确保合法有效的基础上，还要尽可能细致和准确地明确总包和分包商之间的工作范围和协调配合责任，使总分包界面责任明确、专业协作有法可依，防止参与方互相推诿责任，避免不必要的纠纷和分歧，降低分包风险，同时，要注意防范分包的隐形风险。企业要遵循“先签合同后开工”的原则，杜绝分包商先进场，后签订合同，避免因受分包商要挟而陷于被动境地。

3）加强现场工程分包管理，并做好服务工作。

总承包企业在分包工程管理中的核心工作是组织、指导、协调、控制各分包商的工作。总承包企业在工程实施中应认真履行合同责任，对分包工程进行跟踪监督和动态管理，确保分包商认真履行分包合同，及时预测风险和分析偏差，采取有效措施，消除风险。在分包质量管理方面，避免以包代管，严格各个环节的管理；在分包进度管理方面，企业应根据项目实际情况合理制订工程分包计划，依据分包合同严格检查分包商资源投入，加强进度统计和考核，并做好现场服务和配合工作；在分包安全管理方面，企业要加强对分包商安全体系建立和完善、安全交底、安全培训、劳动保险等工作的监督，强化分包过程控制，持续开展分包安全隐患排查治理活动，落实责任，降低分包安全风险。

劳务分包方的“实名制管理”是建设部一再强调的管理措施，但这项措施的实施始终不理想，以致在本现场接受了安全教育和安全交底的劳务工人没有在本工地干活，在本工地干活的却又没有接受本工地的安全教育和交底，安全事故往往就此发生。“实名制管理”的难度确实较大，但“方法总比困难多”，只要开动脑筋，办法总是会有的，就看是否认识了这项措施的重要意义。

此外，总包方还要配合分包商做好分包实施中的服务和指导工作，为分包商创造有利的作业条件。总包方对分包商的服务可以体现在灌输先进的管理经验和管理模式；对分包商的管理方法和形象建设进行指导；协助分包商进行内外关系协调等方面。

(2) 分包模式和分包方案选择的原则

1) 工程分包的形式。

工程的分包主要是两种方式：专业分包和劳务分包。

① 专业分包，即施工总承包单位将其所承包工程中的专业性较强的专业工程或分部分项工程发包给具有相应资质的其他建筑企业来完成。

② 劳务分包，即施工总承包单位或者专业承包单位将其承包工程中的劳务作业发包给劳务分包单位来完成。劳务分包形式主有3种：包工包料的方式（亦可称为大包、全包等）、只包工不包料的方式（又可称为包清工）和包工、包一部分周转材料及小型工具的方式（又可称为扩大的劳务分包）。劳务分包采用哪种分包方式也要按实际情况来进行策划。

2) 分包方式的原则。

不论采用哪一种分包的方式，都要遵循以下原则：

① 合法合规的原则。目前工程分包受法律、法规、规章、制度的约束较大，工程分包策划应以合法合规为前提，防范或规避法律方面的风险。例如，不能把分包异化为转包、挂靠，后者是国家明令禁止的行为。各级领导及商务管理人员应提高法律法规意识，及时掌握法律法规的变动情况。

② 利益主导的原则。就是以利益为主导因素，以利益为先决条件。首要考虑项目的利益，也要考虑分包商的利益，合理把握尺度，实现互利共赢。

③ 整体策划的原则。就是要处理好整体利益与局部利益、近期利益与长远

利益的关系。

④ 客观可行的原则。策划必须基于项目内外部环境资源要素，从实际出发，不能脱离客观条件的允许，方案要可行，能够或便于操作。

⑤ 随机制宜的原则。方案的制定应符合项目的特点。在执行过程中，应根据实际情况把握好调整或修正的力度。

（3）工程分包方案选择的依据

① 工程施工承包合同（与发包人签订的合同）。

②《中华人民共和国合同法》及与工程分包有关的法律法规、部门及地方的规章制度。

③ 公司颁发的《工程分包管理办法》、《在建工程管理实施细则》、《合同管理办法》或其他有关工程分包管理的相关制度。

④ 工程项目的特点、施工方案。

⑤ 拟投入的人力资源、机械设备状况，项目自身的技术水平、施工能力。

⑥ 目前市场分包商的能力、数量等状况。

案例 4-7：某工程钢结构分包模式的选择

北京某工程钢结构分包模式选择时，比较了两种形式：钢结构制作、安装整体分包，钢结构制作、安装分别分包。两种方案的比较如下。

方案一：制作、安装整体分包（表 4-3）：

方案一 **表 4-3**

序　号	分项工程名称	工程量（t）	报价（元）	合价（元）	综合单价（元）
1	钢柱制作安装	540	10400	5616000	
2	钢梁制作安装	230	9345	2170050	
3	螺栓费用	17560	5	87800	
4	吊车机械费			200000	
总计				8073850	10485.52

方案二：制作、安装分别发包（表 4-4）：

方案二 **表 4-4**

序　号	分项工程名称	工程量（t）	组装单价（元）	合价（元）	综合单价（元/t）
1	钢柱钢梁材料费	770	5253	4044810	
2	制作及运输	770	20000	1540000	
3	安装	770	1200	924000	
4	螺栓费用	17560	5	87800	
5	吊车机械费			200000	
6	其他不可预见费用			300000	
总计				7096610	9616.38

两种方案比较（表4-5）：

方案一与方案二比较　　表4-5

模式类别	总价格（元）	技术管理	质量标准	安　全	进　度
方案一	8073850	主要技术管理由分包队伍进行，项目管理相对轻松	质量主要是靠制作厂家及安装队伍决定	安全决定于项目管理及安装队伍	一致
方案二	7096610	技术管理难度加大，主要是制作尺寸及运输的控制，但项目能力足以满足要求	分开管理，对质量无影响	安全管理主要在吊装和安装上，素质取决于安装队伍	一致

结论：采取第一种方案虽然项目的管理较为轻松，只对一个分包队伍，但成本增加97.7万元以上。采用第二种方案主要管理难度在制作与安装队伍的配合协调上。同时要求项目技术深化能力及技术管理能力能够满足专业要求。对加工厂家的下料尺寸可以准确控制，对于安全和质量除了加工厂家外，对队伍的素质主要是在安装工序上，因此项目应采取方案二，组装分包，同时选择过硬的钢结构安装队伍。

4.3.3　对外关系的策划

良好的外部关系是项目生产经营顺利开展的保证，对外关系协调策划就是为了创造这样的外部环境，应根据各岗位工作性质和需要分工合作，授予相关人员相应的权力，建立全方位、多层次的关系协调网络。

全方位多层次的关系协调网络的建立见表4-6。

关系协调网络　　表4-6

序号	对接对象	协调人员	协调目标
1	业主总经理	项目经理	加强工作过程中的沟通，保证项目各项工作的顺利进行，确保经济目标的实现
2	业主技术主管	项目总工	加强过程交流，确保施工的正常进行及经济目标的实现
3	业主各部门	项目副经理/对口部门	保证施工生产的正常进行及二次经营策划的实现
4	设计院	项目总工	加强交流，争取有利的变更及二次经营策划的实现
5	监理总监	项目经理部副经理	加强沟通，取得监理单位的大力支持，确保施工生产的顺利进行
6	现场监理	现场工长	保证施工过程的畅通和现场签证的确认
7	质监站	质量负责人	确保各项质量检测的顺利通过
8	安监站	安全负责人	确保各项安全检查的顺利通过
9	实验室	技术负责人	报告各项试验结果及时、且第一时间获知
10	造价管理部门	商务经理	建立良好关系，寻求在定额及相关造价文件方面有利的解释
11	行政主管单位领导	项目经理	确保各项检查和创优工作顺利通过，并取得良好的社会信誉
12	行政单位主办人员	项目副经理/对口部门	保证工程相关工作顺利进行
13	派出所	项目书记	建立良好的关系，维护项目施工正常秩序
14	当地村民	项目书记	合法处理村民关系，保证项目生产不受干扰

4.3.4 成本管理的策划

项目工程成本管理的策划是预测成本、评估风险，并使施工过程中成本管理有章可循的活动。工程项目成本管理是根据企业的总体目标和工程项目的具体要求，在工程项目实施工程中，对项目成本进行有效的组织、实施、控制、分析和考核等管理活动，以强化经营管理，完善成本管理制度，提高成本核算水平，降低工程成本，是实现目标利润、创造良好经济效益的过程。建筑施工企业在工程建设中实行施工项目成本管理是企业生存和发展的基础和核心。在施工阶段搞好成本控制，达到增收节支的目的是项目经营活动中更为重要的环节。

（1）工程项目成本的界定

特定的会计主体为了达到一定的目的而发生的可以用货币计量的代价称为“成本”。一般意义上的产品成本包括：

① 生产过程中实际消耗的原材料、辅助材料、外购半成品和燃料的原价和运管摊销费用；

② 为制造产品而耗用的动力费；

③ 企业生产单位支付给职工的工资、奖金、津贴、补贴和其他工资性支出以及职工的福利费；

④ 生产用固定资产折旧费、租赁费（不包括融资租赁费）、修理费和低值易耗品的摊销费用；

⑤ 企业生产单位因生产原因发生的废品损失，以及季节性、修理期间的停工损失；

⑥ 企业生产单位为管理和组织生产而支付的办公费、取暖费、水电费、差旅费，以及运输费、保险费、设计制图费、试验检验费和劳动保护费等。

根据财政部、建设部《建筑安装工程费用项目组成》（建标［2003］206号）文件，建筑安装工程费用由直接费、间接费、利润和税金组成，见表4-7。

建筑安装工程费用项目组成 表4-7

<table>
<tr><td rowspan="8">建筑安装工程费</td><td rowspan="4">直接费</td><td rowspan="3">直接工程费</td><td>人工费</td></tr>
<tr><td>材料费</td></tr>
<tr><td>施工机械使用费</td></tr>
<tr><td>措施费</td><td></td></tr>
<tr><td rowspan="2">间接费</td><td>规费</td><td></td></tr>
<tr><td>企业管理费</td><td></td></tr>
<tr><td>利润</td><td></td><td></td></tr>
<tr><td>税金</td><td></td><td></td></tr>
</table>

表4-7所列建筑安装工程费用项目中，除利润及税金外，全部构成建筑安装工程的成本。

（2）工程项目成本的测算

加强成本控制，首先要抓成本预测。成本预测的内容主要是使用科学的方法，结合中标价和项目的施工条件、机械设备、人员素质等对项目的成本目标进行预测。

1）工、料、费用预测。

首先分析工程项目采用的人工费单价，再分析工人的工资水平及社会劳务的市场行情，根据工期及准备投入的人员数量，分析该项工程合同价中人工费是否包住。

材料费占建安费的比重极大，应作为重点予以准确把握，分别对主材、地材、辅材、其他材料费进行逐项分析，重新核定材料的供应地点、购买价、运输方式及装卸费，分析定额中规定的材料规格与实际采用的材料规格的不同，对比实际采用配合比的水泥用量与定额用量的差异，汇总分析预算中的其他材料费，在混凝土实际操作中要掺一定量的外加剂等。

机械使用费：投标施工组织设计中的机械设备的型号，数量一般是采用定额中的施工方法套算出来的，与工地实际施工有一定差异，工作效率也有不同，因此要测算实际将要发生的机使费。同时，还得计算可能发生的机械租赁费及需新购置的机械设备费的摊销费，对主要机械重新核定台班产量定额。

2）施工方案引起费用变化的预测。

工程项目中标后，必须结合施工现场的实际情况制定技术上先进可行和经济合理的实施性施工组织设计，结合项目所在地的经济、自然地理条件、施工工艺、设备选择、工期安排的实际情况，比较实施性施工组织设计所采用的施工方法与标书编制时的不同，或与定额中施工方法的不同，以此据实作出正确的预测。

3）辅助工程费的预测。

辅助工程量是指工程量清单或设计图纸中没有给定，而又是施工中不可缺少的，例如混凝土拌合站、隧道施工中的三管两线、高压进洞等，也需根据实施性施工组织设计做好具体实际的预测。

4）大型临时设施费的预测。

大型临时工程费的预测应详细地调查，充分地比选论证，从而确定合理的目标值。

5）小型临时设施费、工地转移费的预测。

小型临时设施费内容包括：临时设施的搭设，需根据工期的长短和拟投入的人员、设备的多少来确定临时设施的规模和标准，按实际发生并参考以往工程施工中包干控制的历史数据确定目标值。工地转移费应根据转移距离的远近和拟转移人员、设备的多少核定预测目标值。

6）成本失控的风险预测。

项目成本目标的风险分析，就是对在本项目中实施可能影响目标实现的因素进行事前分析，通常可以从以下几方面来进行分析：

① 对工程项目技术特征的认识，如结构特征、地质特征等。

② 对业主单位有关情况的分析，包括业主单位的信用、资金到位情况、组织协调能力等。

③ 对项目组织系统内部的分析，包括施工组织设计、资源配备、队伍素质等方面。

④ 对项目所在地的交通、能源、电力的分析。

⑤ 对气候的分析。

总之，通过对上述几种主要费用的预测，即可确定工、料、机及间接费的控制标准，也可确定必须在多长工期内完成该项目，才能完成管理费的目标控制。

案例 4-8：SN 水电站工程成本测算

SN 水电站选定正常蓄水位为 520m，库容为 0.30 亿 m^3，可自行调节。水电站装机容量为 100MW，年发电约为 4 亿 kW·h。

SN 水电站属于大中型工程。工程枢纽由混凝土重力坝、厂房、泄水闸和开关站等主要建筑物组成，全长为 350m，坝顶高程为 485m，最大坝高为 48m。

本案例涉及的工程是 SN 水电站工程的一个部分，本项目的主体工程包括厂房、泄水闸、重力副坝、尾水渠导墙、开关站以及闸门和金属结构安装工程，也包括一些电器设备安装工程和机电设备埋件及接地网工程等。合同总金额约为 1.2 亿元。

为了做好成本管理，该工程制订了一个成本预测计划，先有针对性地收集整理预测资料，然后形成一个初步的预测。在此基础上，进一步考虑影响工程成本水平的各种因素，如物价变化、劳动生产率等。综合初步成本预测以及各种因素，最后确定预测成本，包括人工费、材料费、机械使用费和其他直接费用等。由于该水电站工程比较庞大，需要对各个分组工程的成本进行单独预测，最后形成整个工程的成本预测，如表 4-8 和表 4-9 所示。

主要材料预算价格组成表 表 4-8

名称及规格	单　位	价格（元）			
		材料原价	运杂费	采保费	预算价
P.O.32.5 水泥	t	210	6	4	220
P.O.42.5 水泥	t	210	6	4	220
钢筋	t	2100	10	30	2140
炸药	t	5950	27	120	6097
原木		750	50	16	816
汽油	kg	4	0.2	0.06	4.26
钢板（Q235 中厚）	t	4500	25	70	4595
型钢	t	4400	25	65	4490

人工预算单价表 表 4-9

序　号	项　目	计算式	单价（元/工作日）
1	标准工资	256 元/月 Ï12 月÷244 天	12.59
2	副食粮油补贴	50 元/月 Ï12 月÷244 天	2.46
3	施工津贴	5 元/工作日	5
4	夜餐补贴	(2+3)÷2Ï20%	0.5
5	节日福利基金	标准工资 Ï3Ï7÷244 天 Ï35%	0.38
6	职工福利基金	Σ（1～5）Ï15%	3.14
7	工会经费	Σ（1～5）Ï3%	0.63
8	劳动保险基金	Σ（1～5）Ï35%	7.33
9	待业保险基金	Σ（1～5）Ï1%	0.21
10	劳动保护费	标准工资 Ï15%	1.89
11	合计	Σ（1～10）	34.13

这里以分项工程“接缝灌浆”为例来说明单价的预测。该分项工程工作内容包括安装、开灌浆孔、通水检查等，预测的单价是 1480.15 元，具体数值如表 4-10 和表 4-11 所示。

单价分析表 表 4-10

编　号	名称及规格	单　位	数　量	单价/元	合计（元）
1	直接费	元			1263.69
1.1	基本直接费	元			1216.31
1.1.1	人工费	工作日	14.7	18.96	278.71
1.1.2	材料费	元			510.7
(1)	钢管 Φ25mm	m	10	15.42	154.2
(2)	钢管 Φ23mm	m	7	2.5	17.5

续表

编 号	名称及规格	单 位	数 量	单价/元	合计（元）
(3)	管件	kg	6	6	36
(4)	水泥 42.5 级	t	1	207	207
(5)	水	t	200	0.48	96
1.1.3	机械使用费	元			390.33
(1)	灌浆泵	台班	0.275	125.65	34.55
(2)	灰浆搅拌机	台班	0.275	62.11	17.08
(3)	离心水泵单级单吸 30kW	台班	1.867	165.23	308.48
(4)	胶轮车	台班	3.06	2.71	8.29
(5)	载货汽车	元			21.93
1.1.4	其他费用	元			36.57
1.2	其他直接费	元			47.38
2	间接费	元			120.05
3	其他费用	元			0
4	利润	元			48.43
5	税金	元			47.98
	合计	元			1480.15

合同单价汇总表 **表 4-11**

组 号	分组工程名称	报价金额（元）
1	一般规定	3243859
2	施工导流和水流控制	2981873
3	土方明挖	3282196
4	石方明挖	810244
5	高压喷射注浆防渗墙	3729726
6	支护	13013
7	钻孔和灌浆	1842966
8	土石方填筑	973586
9	混凝土工程	85360764
10	砌体工程	863020
11	钢结构的制作及安装	467792
12	闸门和启闭机的安装	4207794
13	预埋件埋设	190968
14	建筑与初装修	1248171
15	观测设施	2363916
合计（A）		111579906
备用金（B）		8926392
总报价（A+B）		120506298

（3）工程项目成本控制方法

① 偏差控制法。偏差分析控制法是通过对实际执行数同控制目标进行比较，发现偏差并找出偏差原因的一种方法。预算编制和实施实际上是对预期的财务经营状况的一个全面的估价，但这样的一种预期毕竟是一种静态的过程。在实际经营过程中，会发生各种各样的情况。为了能够达到控制的目的，则需要对预算执行实际状况不断地同原预算进行比较，分析差异，监督预算执行状况。

② 成本分析表法。作为成本分析控制手段之一的成本分析表，包括月度成本分析表和最终成本控制报告表。月度成本分析表又分直接成本分析表和间接成本分析表两种。

月度直接成本分析表主要是反映分部分项工程实际完成的实物量和与成本相对应的情况，以及与预算成本和计划成本相对比的实际偏差和目标偏差，为分析偏差产生的原因和针对偏差采取相应的措施提供依据。

月度间接成本分析表主要反映间接成本的发生情况，以及与预算成本和计划成本相对比的实际偏差和目标偏差，为分析偏差产生的原因和针对偏差采取相应的措施提供依据。

③ 施工图预算控制法。施工图预算的编制分为工料单价法和综合单价法。

工料单价法是目前施工图预算普遍采用的方法。它是根据建筑安装工程施工图和预算定额，按分部分项的顺序，先算出分项工程量，然后再乘以对应的定额基价，求出分项工程直接工程费。将分项工程直接工程费汇总为单位工程直接工程费，直接工程费汇总后另加措施费、间接费、税金生成施工图预算造价。

综合单价法即分项工程全费用单价，也就是工程量单价，它综合了人工费、材料费、机械费、利润、税金，以及采用固定价格的工程所测算的风险金等全部费用。

④ 费用变更的控制。项目不同阶段的变更管理异常重要，它可能是工程项目的施工最终能否实现预期效益的根本。

案例 4-9：SN 水电站工程的成本控制中的工程变更

案例 4-8 所介绍的 SN 水电站工程在施工过程中，出现了一些问题，如工程变更、质量问题、工期问题、安全问题、工程索赔等，这些因素影响了工程的成本控制。

该工程的变更包括改变出口位置、闸室底板施工、增加设立观测点等。下面以闸室底板施工为例进行介绍。

工程变更的原因是闸室底板进行最后一层过流面施工时，由于面层的混凝土水化热较大，在高温季节容易产生裂隙，所以，为了保证过流面混凝土浇筑质量，经各方有关负责人商定变更原闸室底板施工方案。改进施工方法引起的新增费用为133765.38元。具体的新增费用计算如下：

（1）二次清理费用。二次清理费用表如表4-12所示。

二次清理费用表　　表4-12

项　目	面积（m^2）	单价（元）	费用（元）
消力池凿毛	850	24.50	20825.00
闸室底板二次清理	1950	20.80	40560.00
闸室底板凿毛	525	24.50	12862.50
合计	3325		74274.50

从表4-11中可以看出，新增的二次清理费用为74247.50元。

（2）闸室钢筋费用。闸室钢筋费用用表如表4-13所示。

闸室钢筋费用表　　表4-13

项　目	单　价	数　量	费　用
增加插筋钢筋量	5.80元	3004kg	17423.20元
增加帮条钢筋量	15.50元	2680kg	41540.00元
钢筋除锈	56.60元	9.8t	554.68元
合计			59517.88元

因此，闸室底板施工对工程费用的增加共计133765.38元。

（以下略）

4.3.5 风险管理的策划

在工程项目管理的各个阶段，风险管理贯彻始终。风险首先是一种不确定性，其次它与损失密切相关，所以从本质上讲，工程风险就是指的在工程建设中所发生损失的不确定性。在工程项目的投标、签约和执行的全过程中，都存在不能预先确定的内部和外部的干扰因素，这种干扰因素可归为工程风险。

（1）工程项目风险的定义和特点

工程项目风险是所有影响工程项目目标实现的不确定因素的集合。

工程项目在其寿命周期中的风险，即工程项目在决策、勘察设计、施工以及竣工后投入使用各阶段，造成实际结果与预期目标的差异性及其发生的概率。项目风险的差异性包括损失的不确定性和收益的不确定性，工程项目风险管理通常研究的是损失的不确定性。风险管理是通过对风险的识别、分析和控制，以最低的成本使风险导致的各种损失降到最低程度的管理过程。

① 风险的存在具有客观性和普遍性。作为损失发生的不确定性，风险是不

以人的意志为转换的客观存在，而且在项目的全生命周期内，风险是无处不在、无时不有的。只能降低风险发生的概率和减少风险造成的损失，而不能从根本上完全消除风险。

② 风险的影响常常不是局部的、某一段时间或某一个方面的，而是全局的。例如，反常的气候条件造成工程的停滞，会影响整个后期计划，影响后期所有参加者的工作。

③ 不同的主体对同样风险的承受能力是不同的。人们的承受能力和收益的大小、投入的大小、项目活动主体的地位和拥有的资源有关。

④ 工程项目的风险一般是很大的，其变化是复杂的。工程项目的设计与建设是一个既有确定因素，又含有随机因素、模糊因素和未确知因素的复杂系统，风险的性质、造成的后果在工程建设中极有可能发生变化。

项目风险充斥于项目管理全过程，对其分类有多种方式，表 4-14 是可参考的工程项目风险分类。

工程项目风险分类 **表 4-14**

组织性风险	商务性风险	技术性风险	社会与环境性风险
公司管理风险 人员任用风险 管理模式风险 制度风险 信息风险	合同风险 分包风险 人工涨价风险 材料设备涨价风险 工程款回收风险 项目合同条件变更风险 成本管理风险 中介机构履约风险 业主履约风险	工程质量风险 项目安全风险 工程工期风险 “四新”应用风险 资源配置风险	项目自身风险 法律法规风险 自然灾害风险 地质条件风险 第三方风险 工地环境风险 社会监督风险

(2) 商务风险的对策研究

风险对策就是指风险的处理策略。风险处理的手段有多种多样，但基本手段不外乎三种：破财消灾、紧急自救、风险转移。

① “破财消灾”，即不得不以必要的牺牲，换取风险真正发生时可能造成的更大损失。例如，某企业投资因选址不慎而在河谷建造工厂，保险公司不愿为其承担保险责任。当投资人意识到在河谷建厂将不可避免要受到洪水威胁，且又别无防范措施时，他只好放弃该建厂项目。虽然他在建厂准备阶段耗费了不少投资，但与其厂房建成后被洪水冲毁，不如及早改弦易辙，另谋理想的厂址。

② 紧急自救，即对难免发生的某些失误及时采取补救措施。例如，某公司在投标承包中东地区一项皇宫项目时，误将纯金扶手译成镀金扶手，按镀金扶手报价，仅此一项就相差 100 多万美元，而承包商又不能以自己所犯的错误为由要

求废约。风险已经注定，只有寻找机会让业主自动提出放弃该项目。于是他们通过各种途径，求助于第三者游说，使国王自己主动下令放弃该项工程。这样承包商不仅避免了业主已注定的风险，而且利用业主主动放弃项目进行索赔，从而获得一笔可观的额外收入。

③ 风险转移，即对于某些承包商的风险，对另一些承包商则并不一定构成风险。例如中国一家承包商以低价标获取非洲某国的一项大型公路项目。该承包商在当地没有基地，所有物资及人员都必须由国内调拨。若坚持独家实施该项目，势必亏损严重。该承包商经过分析比较，决定将工程的大部分转包给另一家在当地已有施工设备和人员的公司，只留下很小的一部分任务自己完成，从而转移了风险，而这一风险对于承接转包任务的承包商则不再是风险了，因为他具有足够的条件承接这项任务。

项目组织性风险、技术性风险和社会环境性风险通过战略性策划和技术性策划都应当得到解决的方案和措施，商务性策划中的风险管理策划应当解决的是商务性风险。根据表 4-14 的划分，项目商务风险主要有合同风险、分包风险、人工涨价风险、材料设备涨价风险、工程款回收风险、项目合同条件变更风险、成本管理风险、中介机构履约风险、业主履约风险等。本书在第 4.2.2 节介绍了项目签约阶段的商务策划，第 4.2.4 节介绍了项目结算阶段的商务策划，第 4.3.1 节至第 4.3.4 节又通过施工阶段合同管理的策划、分包方案的策划、成本管理的策划，以及后文第 4.3.6 节将介绍的二次经营的策划等部分，实际上都已经涉及了化解商务风险的诸多策划内容。本节关于风险管理的策划主要介绍投标风险如何化解的策划，以及如何规避施工过程中的和工程竣工校验后可能出现的法律风险的策划。

投标风险化解的策划要做好投标预算的交底工作，将项目商务策划和投标预算调整策略结合起来，利用策略调整和投标预算编制说明指导项目开展二次经营。

在项目施工全过程中，还要关注项目的合法有效性、合同风险的前期控制、施工合同履约规范性、分包及物资采购规范性等，及时发现法律风险，解决风险问题。

案例 4-10：项目投标风险化解

深圳某工程合同造价 9000 余万元，两座单体建筑，建筑面积共约 7000 多 m^2，主体均为钢筋混凝土框架结构，屋面采用压型钢板系统。

工程的合同条件为：10％预付款，每个月进度款支付为报送审核进度完成量的 85％，工程完工支付总进度款的 90％，结算完支付 95％，材料可调价差，钢材、水泥、混凝土超过5%可调价差。

该工程单层面积大，层高高，首层层高达8.94m，高支模架体的搭设及拆除难度高，周转材料用量大。另外，混凝土超长结构，抗裂要求高；钢结构施工跨度大，最长达25m。

根据项目投标时的不平衡报价、投标的失误以及上述特点，项目部分析了投标风险并制定了风险的化解措施。详见表4-15：

风险的化解措施　　表4-15

序号	内容	原因	对策
1	混凝土外加剂	投标时没有按图纸考虑混凝土总量约3万m^3	同业主协商按漏项处理，同时争取设计院变更添加剂材料，由SY-G变更为高效UEA
2	钢结构安装	投标安装成本太低，项目亏损约40万元	以钢结构要求精度高，工期紧为由积极同甲方协商，争取安装由业主委托第三方安装
3	砌体量价亏损	材料量及市场规格造成量亏损约40%	拟通过设计变更形式对材料进行变更，试探业主底线，弥补亏损项目
4	材料价差5%亏损	由于合同内要求价差超过5%才能调整，合同采用第三期信息价，价格高	除了尽量说服甲方进行调差外，尽量缩减钢筋用量，在图纸会审时就明确⌀18以上三级钢筋采用辊轧直螺纹套筒连接
5	周转材料及措施费用下浮多	由于投标原因，当时定价下浮时此项重点下浮	通过对施工工序的调整，及桩基施工单位的延误工期，对周转材料进行充分周转使用

4.3.6 二次经营的策划

一般来说，施工项目管理可分为五个阶段：投标与签约、施工准备、施工、收尾和用后服务阶段。第一阶段的营销工作称为“一次经营”，其后四个阶段的营销活动为“二次经营”，二者之间的界限就是签订合同。

“一次经营”和“二次经营”之间的关系非常密切，既相互关联，又有所区别。“一次经营”与“二次经营”是互为因果、相互促进、相互制约的。“一次经营”既是二次经营的前提，又是“二次经营”的基础。如果项目管理的第一阶段企业没有中标，则项目管理自动终止，也就谈不上“二次经营”；如果所签订的项目质量太差，与业主很难打交道，合同条款又不利，则在“二次经营”中很难取得理想的成效。“二次经营”既是“一次经营”的重要延续，又为以后的“一次经营”创造条件。由于市场竞争的原因，企业往往在“一次经营”中通过低价中标，如果不能通过“二次经营”获得一定的补偿，则项目就会微利，甚至发生亏损，所以在“一次经营”之后必须继续开展经营活动，提高项目收益和资金流。同时，通过“二次经营”加强甲、乙双方的关系和高质量的履约，为下一次承接后续工程创造更好的条件。因此，可以说二者的根本目的都是为了提高企业的收益，都是为了企业的生存和发展。

“一次经营”与“二次经营”之间有明显的区别，主要表现在四个方面：阶段目标不一致，营销主体不一致，营销对象不一致，营销职责不一致。前者的阶段目标是为了赢得有一定利润的合同，后者的阶段目标则是提高项目收益，并为今后的项目承接创造条件。前者的营销主体是以企业层次为主，以营销人员为主，项目经理参与，而后者的营销主体是以项目层次为主，以项目经理为主，以营销人员为辅，在项目管理后四个阶段中，除用后服务阶段外都是以项目经理部为主体；在用后服务阶段，由于此时项目经理部大多已经撤销，因此也是以企业层次为主体。前者的营销对象主要是业主和招标代理，后者的营销对象则主要是业主、设计、监理、审计。前者的营销职责主要是投标签合同；后者的营销职责主要包括：变更控制、索赔签证、工程结算、工程款回收、回访服务等。

二次经营是项目管理的重要内容，是一次经营的必要补充、重要延续，也为一次经营创造条件。二次经营作为企业适应市场竞争的新手段，需要特殊的策略和技巧。

（1）二次经营的几个重要理念

①“二次经营”的前提是诚信履约。

诚信履约既是塑造企业品牌的重要手段，也是有效实施“二次经营”的前提条件。只有坚持“经营之道在于诚，盈利之本在于信”的原则，对业主讲合同、守信誉，奉行“业主第一，用户至上，以诚取信，服务为荣”的理念，讲策略而不失诚恳，重办法而不失信用，才能赢得业主的信任，建立良好的关系，从而为“二次经营”铺平道路。例如：某公司施工的一个大学教学楼工程，在进行一万多平方米的竖向工程时，贴广场砖按定额价结算明显将亏损 10 多万元，但甲方处在开学前，必须按期完成。这家公司在讲明亏损原因后，取得了甲方的理解与承诺，如期完成了广场工程，甲方主管领导非常感激，在后期其他方面给予了超额的补偿。

②“二次经营”是为了赚取合理的利润。

双赢是当今市场竞争中非常重要的观念，赚取合理的利润，符合甲乙双方的利益，有利于长远的发展。非法所得是不可取的，二次经营应有一定的限度和原则。例如：某公司在湖北的一项工程，采用强大的公关手段，获得了许多额外的索赔和签证，但在几年后的结算审计时问题被暴露出来，给甲乙双方都带来了麻烦，损害了企业的信誉。

③“二次经营”的重要目的是赢得业主的信任，建立牢固的合作伙伴关系。

开展二次经营必须从长远利益出发，在项目管理过程中要切实做到“急业主之所急，想业主之所想”，实践“今天的质量是明天的市场，企业的信誉是无形的市场，用户的满意是永恒的市场”的理念，树立“接一个工程，交一批朋友，拓一方市场”的思想，优质高速地建好每一项工程，为承接后续工程提供有力保证，力争与业主“第二次握手”、“第三次握手”。建筑公司通过承接一期工程，连续承接后续二期、三期、四期工程的案例很多。建立长期的合作伙伴关系，既能缓解“一次经营”的压力，又能降低一次经营的成本，也是二次经营的最高境界。

④“二次经营”主要是创造和策划出来的。

“二次经营”不可能自然得到，需要主动争取、精心策划和有力实施。如某公司在一项商业广场工程施工中，该工程合约规定总承包商不得收取业主指定分包商的管理费用，如果这一条款生效，这家公司将损失近千万元。对此，他们找到了当地政府颁布的有关法规，根据法规规定，总承包商必须分担分包的管理责任，他们认为一旦工程发生质量安全事故，承担责任的首先是总包商，毋庸置疑的是总承包商承担了分承包商的管理责任和管理风险，必须获得分包商的管理费。据此，他们提出如果分包商不支付这笔费用，可待总包施工工程完工后，再注册进场。最终，这家公司提供的法律依据得到了业主的支持。

（2）二次经营的策略和技巧

在项目管理过程中，要自始至终贯穿一个“变”字，搞好策划工作，对照合同条款和市场行情，积极寻求变更，在变中取胜，在变中获利，变不利为有利。这要求项目人员一方面要具备良好的专业素质，另一方面就是“先算后干”，在工程施工前就认真研究招标文件、承包合同、投标报价书等，对合同中的不利条款、投标报价书中低于目前市场价的子目、投标书中的漏项等进行认真分析，在施工前就制定预控措施，提前做好策划。

根据“变”的来源，二次经营可以分为四种类型：主动型、被动型、自然型、政策型。自然型和政策型仅在极少业务领域存在，而主动型和被动型则是广泛存在于所有项目施工中。主动型二次经营即由施工承包方主动提出的变更要求，被动型二次经营非施工承包方提出变更要求，施工承包方必须予以响应。后者即人们常说的“签证索赔”。

1）主动型二次经营

主动型二次经营就是要对照合同条款和市场行情，积极寻求变更，在变中降本增利；分析项目潜在盈利点、亏损点、索赔点等，围绕经济与技术紧密结合展开主动性的变更活动，通过合同价款的调整与确认、认质认价材料的报批、签证等，增强盈利能力。

主动型二次经营的“变”主要体现在以下几个方面：

① 变更材料品牌、设备型号。

材料设备投标价如果比市场价低，就要想办法，通过变更设计改变材料的品种、规格、型号，以达到高于投标价或“消灭”投标时的低价的目的。

案例 4-11：材料变更实现双赢

中原某省一项工程，原设计地下室回填为 1∶6 水泥焦砟填充，这部分实际工程量为 1577.5m3，由于投标策略因素，工程量投标时调减了 1161.67m^3，投标工程量为 415.83m^3。收入单价 124.24 元/m^3，支出单价 159 元/m^3，亏损额 199159.78 元。采用该材料回填，施工较为简便，质量也易于控制；但货源组织困难且单价较高；虽有利于减轻建筑物的自重，但本工程用于地下室，这个优势得不到发挥。项目部于是根据当地实际情况决定变更材料为素土回填，理由是该地区土质较好，施工质量容易保障；货源组织容易，且单价低；同时素土填充层基本上都在地下室，该工程地下水位较高，工程设置了用于抵抗浮力的抗拔桩，增加地板荷载有利于抗浮。采用素土回填收入单价 25.15 元/m^3，支出单价 22 元/m^3，亏损额减少到 24246.88 元。而变更后增、减的工程量均可按照投标量调减，这样，变更后实际增加效益 17.49 万元，同时，在施工时还可设法签证人工倒运土方的费用。有可能实现不亏反盈的效果。

材料变更的结果是施工单位降低了施工难度，增加了效益，同时业主也得到了实惠，降低了工程造价。

② 调整施工方案、变更施工工艺和质量标准。

对明显要亏损或不可能赚钱的，通过施工方案的调整、优化或施工工艺的变化，也能取得很好的效益。

案例 4-12：施工方案调整获效益

中水某工程局承建的红叶二级水电站首部枢纽工程，因施工技术复杂、地下渗水严重、施工场地狭窄等一系列不利施工因素，使得工期压力和成本控制的难度非常大。在业主、监理、设计、施工四方共同努力下，采取二期提前截流、右岸护坦齿槽改为防渗墙等一系列重大施工方案调整，使总工期提前了约一个月，施工成本和施工质量、安全都得到有效的控制。

例如，按照招投标文件，水电站工程闸坝导、截流均在枯水期进行，二期截流时间为开工当年的 11 月初，导流时段为 11 月至翌年 4 月底，在枯水期围堰保护下进行 1 号泄洪闸、1 号铺盖、右岸护坦、右岸海漫、右岸储门槽、右岸挡水坝及右岸防渗墙等施工。

若按原导流方案施工，其正常施工进度是：防渗墙施工，开工当年 11 月初截流，11 月底具备开钻条件，次年 4 月底完成右岸全部防渗墙施工（因右岸防渗墙均为深孔，平均深度在53m左右，加之地层复杂，地层架空严重，地下渗水特大等特点，5个月完成防渗墙的施工已为最快速度)，5月15日完成平台拆除与平台开挖，5月底完成防渗墙戴帽混凝土施工，6月进行坝体混凝土浇筑。根据前面所述，工程导流为枯水期导流，围堰需在5月上旬拆除，从而意味着右岸挡水坝、1号铺盖混凝土施工无法进行，要进行混凝土浇筑只有再到枯水期11月初再次截流后进行，大约在开工后第三年1月完工，这才具备挡水发电条件，如此施工总工期约滞后7个月，这是合同工期所不允许的。

要满足合同工期要求，唯一的解决办法就是将二期截流提前，在汛期到来前将坝体混凝土浇出水面。

开工当年8月底，施工单位会同业主、监理、设计等单位就二枯提前截流事宜进行了认真仔细的分析，决定将二期截流提前到开工当年9月初（实际截流时间为9月7日)。二期截流提前实现首先得源于将原一孔过流改为两孔过流，满足了10月份和翌年5月份过流要求，其次是改砂壤土麻袋围堰为浆砌石围堰。上述方案的实施使二枯坝体混凝土在汛期前均浇出了水面。

实际工程进度是：开工当年9月7日截流，防渗墙9月底开钻，第二年2月底完成防渗墙混凝土浇筑，3月底完成防渗墙平台开挖与防渗墙戴帽。4月完成坝体混凝土浇筑，总工期提前一个半月。

③ 变采购方式。

项目的主材报价过低，实际采购会亏损，在尝试其他方法失败时，就致力于自己采购，以避免亏损。如某公司施工的武汉某工程所需油罐、集分水器，业主指定由武钢一家压力容器厂家供应。由于需先付预付款，并且要款到提货，认定的价格偏低，在上交总包管理费后将亏损3%。对此，项目部建议由业主采购，经过几番协商，最终由业主供货。

案例4-13：变更采购方规避亏损

某集团六公司以235万元左右的报价投标某市财富大厦消防工程，为了中标以保证公司的消防施工业绩，提升公司的消防资质，硬着头皮压低了30万元的造价，中标价为勉强保本的204.7349万元。其中主材设备占136万元，是甲方定死的材料设备价，人工、机械和辅材仅有68万元左右，也就是说该工程真正的承包价仅有68万元。甲供主材、设备占合同价的60%还多。合同经过多方洽谈、协商，基本上按招标文件执行，但又约定，合同外的项目可按工程所在省2003年定额执行；二类取费，可调材料据实调整。安装专业材料费是利润的最大增长点。如何把主材、设备从甲方手中拿出来，成为二次经营的主攻方向。

甲供第一批钢材进场时，经项目部验收，发现质量不合格，薄厚不均，无法套丝。再加上当时甲方工期要求较紧，抓住一点，项目部向甲方提出，由于甲供材料供应不及时以及材料质量不合格等原因影响工期，要求工期顺延。甲方有关责任人感到责任重大，无法向其老板交差，就提出甲方不再供应材料，由项目部自行采购。经过双方协商，达成对项目部非常有利的协议：第一、货到经双方验收合格后7天100%支付材料款，而不是按合同的70%付款。第二、甲方预付35万元款项作为第一批材料款。第三、经双方调查、认可的材料价格可加5%的管理费，加到材料报价当中。再适当提高一点材料单价。结果，材料利润基本接近10%～15%左右。达到理想效果，且基本没有资金风险。

④ 变合同范围和分包单位。

一方面，通过严格管理，优质高速，得到了业主的肯定后，争取项目扩充部分的施工；另一方面，根据合同单价的高低、少算、漏算等情况，积极进行有利的工程分割，对分包合同范围和分包单位重新界定和划分，转嫁亏损项目实现整体赢利。

案例4-14：通过合同分包共担亏损风险

2004年5月，中铁某局郑州公司中标河南某高速公路第二合同段，工程合同造价为5672万元，主要工程包含：开封东互通一处（含大桥1座，中桥2座，涵洞10道，土方30余万m^3），中桥1座，涵洞6道，土方74万m^3。合同工期为2004年8月1日至2005年9月30日，共14个月。项目部从地方协调、技术管理、安全管理、质量管理、施工组织、成本控制、资金管理等多方面入手进行明确分工，落实到个人，同时积极协商解决各方面的难题，科学安排施工，在总分包各方的共同努力下，在业主、监理的抽检中，每次都是全部合格，并且每次都超额完成总监办下达工程计划。

基于工程进度、工程质量一度在全线名列前茅，2005年年初还连续两次获得流动红旗。然而相邻的一标却连续2次仅仅完成下达计划的52%。2005年3月下旬，业主公司强行将一标的部分工程分割给二标施工，工程量包括孙寺互通立交连霍南桥梁（包含特大桥1座，大桥2座，中桥3座，天桥1座）。在分割后一标工程在工程质量和进度方面仍然落后。2005年5月业主对一标进行二次分割，分割工程包括一标范围内全部涵洞工程，路基土方工程。至此，分割工程达1.2亿元，总工程造价达1.7亿多元。

分割后项目部土方量达到约140万m^3，项目部分析哪怕业主给予补偿1元（$km \cdot m^3$），这也是笔不小的收入。项目部在接受业主强行分割一标工程量后认真进行工程数量的审核，对现场与设计图纸进行核对。在核算清楚工程量并做好单价分析后，向业主呈报了原施工合同工程量清单无单价项目。经多次沟通，最终确认：属分割一标工程的单价及原合同无单价项目均可以重新核定。他们和业主合同部进行谈判，并且紧紧咬住此部分为分割一标工程，况且从一标整体清单单价看，一标单价采用不平衡报价方式，桥梁部分桩基单价超高，但分割工程时桩基已基本施工完毕，下部结构和上部结构单价偏低，所以分割工程单价一定要比一标原合同价高，项目部才能接受。经过和合同部的沟通，其也感觉项目部说的合理，最后给该项目核定的单价比较合理，也达到了项目部平衡原二标低价中标的目的。

路基附属工程在开工之时进展较慢，加上地方势力要求路基附属部分由他们施工。项目部依据这种情况，考虑如果自己安排队伍施工，施工过程中必然会遇到这些地方势力的干扰。同时，考虑原合同清单报价中路基附属工程价格偏低，如果自己施工，这部分将会亏损 80 万元左右。项目部于是同意将路基附属工程尽可能从二标施工范围剥离出去。经多次同业主进行深度沟通，业主也考虑到项目总体工期的要求，最终同意将路基附属工程从二标项目中剥离出来，由业主再安排其他施工单位进行独立施工，该部分工程业主直接对路基附属施工单位进行计量。

合同范围的这一增一减，降低了自身的亏损，获取了应得的利润。

⑤ 变设计。

主要通过对图纸进行变更，包括从数量和质量的变化以达到消灭或减少亏损、增加盈利的目的。

案例 4-15：变更设计增盈减亏

某公司施工的某热电厂循环水管道防腐，原设计施工工艺为：内、外壁喷砂除锈 2.5 级，内壁刷 801 底漆 2 道、面漆 2 道，外壁刷 804 涂料 5 油 2 布。由于该设计造价较高，且不利于机组安全运行，项目技术人员根据以往经验，对施工图设计提出变更建议：外壁改为动力工具除锈，防腐层设计不变，内壁防腐层改为刷红丹防锈漆 2 道，除锈工艺不变。项目部就此事与业主、设计、监理进行专题讨论，达成一致意见。此施工工艺不但大大降低了成本，同时也为机组稳定运行提供了保障，项目部也降低成本 21 万元。

案例 4-16：设计变更扩大利润

内蒙古舍霍公路施工项目部在施工中选择了三项工程进行方案变更：旧路基

土方翻挖变更，过山段储雪场扩堑变更，二灰碎石结构层性质变更。他们根据内蒙古高寒地带的特殊性，从质量角度提出平坡段不再翻挖，而是上填土以降坡度，利于冬季行车，过山段增将1.5m储雪场扩为5m，以免大雪封路。当地富产砂砾，而且用水泥比较白灰料价减亏，通过试配，他们提出以水泥砂砾代替水泥石灰稳定碎石基层，通过与设计、监理及业主反复洽商，以上方案得以通过。三项变更在减亏及增加费用上取得利润近300万元。

2）被动型二次经营

“被动型二次经营”即业内习惯称呼的“签证索赔”。索赔是指在工程承包合同履行中，当事人一方由于另一方未履行合同所规定的义务而遭受损失时，向另一方提出补偿要求的行为。如施工图纸拖延或不全、工程变更（包括已施工而又进行变更和项目增加或局部尺寸、数量变化等）、恶劣气候条件以及因业主未能提供相关资料，承包商又无法预见的情况（如地质情况、软基处理等，该类项目一般对工程数量增加或需重新投入的新工艺、新设备）等，都应构成索赔的理由。

工程签证索赔是一项庞大的、复杂的、系统性很强的工作，要充分理解合同内容、施工图、技术规范，重证据、讲技巧，踏踏实实做好签证索赔基础资料的收集，在合同实施过程中寻找和发现签证索赔机会，积极处理索赔事件，切实维护自身的合法权益，取得效益最大化。

在签证时，要安排好签证人选，填写好签证内容，注意签证方法。只有工程技术签证办好了，经济索赔就有据可依。

在索赔时，平时要把索赔申请按规定的时间提供出去，抓住有利时期，争取单项索赔，切忌最后算总账。单项索赔事件简单，容易解决，而且能及时得到支付。最后算总账比较困难：一是时间长，不易说清；二是积少成多，数额较大，谈判困难；三是失去了工程制约的有利条件；四是工程后期业主（或总承包商）往往提出“反索赔”，使问题复杂化，所以索赔一定要及时。

根据《建设工程施工合同（示范文本）》GF—1999—0201，索赔原因大致包括：

① 不可抗力引起的索赔，如地震、洪水等；

② 不能预见情况引起的索赔，如异常恶劣气候等；

③ 社会条件引起的索赔，如战争、通货膨胀，政策法规改变等；

④ 合同缺陷引起的索赔，如缺少必要条款无法确定双方义务，存在差错；

⑤ 发包人原因引起的索赔，如发包人要求赶工、迟延支付款项造成的损失等；

⑥ 工程师引起的索赔，如指令、通知错误、不合理干预施工等；

⑦ 承包人原因引起的索赔，如承包人提出建议、方案使发包方从中受益；

⑧ 第三方原因引起的索赔，如电力的中断、其他承包人的影响等；

⑨ 设计变更引起的索赔，如设计漏项，地质勘探不实等。

索赔事件发生后，要按照合同或者法律的规定提起索赔，索赔要能够保留证据，具有正当索赔依据，符合规定，才能够开展后续的协商、调节、仲裁或者诉讼。《建设工程施工合同》的索赔程序如下：

① 索赔事件发生后 28 天内，向工程师发出索赔意向通知；

② 发出索赔意向通知后 28 天内，向工程师提出延长工期和（或）补偿经济损失的索赔报告及有关资料；

③ 工程师在收到承包人送交的索赔报告和有关资料后，于 28 天内给予答复，或要求承包人进一步补充索赔理由和证据；

④ 工程师在收到承包人送交的索赔报告和有关资料后 28 天内未予答复或未对承包人作进一步要求，视为该项索赔已经认可；

⑤ 当该索赔事件持续进行时，承包人应当阶段性向工程师发出索赔意向，在索赔事件终了后 28 天内，向工程师送交索赔的有关资料和最终索赔报告。索赔答复程序与前述两步的规定相同。

案例 4-17：某项目二次经营策划（表 4-16）

某项目二次经营策划 **表 4-16**

序号	项目内容	预期目的	事　由	策略与措施
一	对合同外增加项目采取相应的报价策略			
1	基底清槽	签认综合单价及工程量	新增项	依据图纸算量按清单报价，争取人工费按市场价调整
2	基础垫层	签认综合单价及工程量	新增项	依据图纸算量按清单报价，争取人工费按市场价调整
3	基坑内土方公司留下的砂土外运	签认综合单价及工程量	基坑底砂土外运	做好现场记录，监理业主签认工程量
4	汽车坡道结构（含土方、支护、降水等）	签认综合单价及工程量	新增项	依据图纸算量按清单报价，坚持人工费按市场价报，合约部审后报业主监理签认
二	对土方公司桩基础遗留问题的相应策略			
1	基础底板及地下室外墙砖胎模	调整清单措施费	桩打进基础外墙内	桩打进基础外墙内，实际成本提高，力争算回增加的措施费
2	灰土桩	签认综合单价	清单缺项	做好现场记录，监理业主签认

续表

序号	项目内容	预期目的	事　由	策略与措施
3	西侧墙桩进外墙的处理	签认综合单价及工程量	桩打进基础外墙内	
三	对报价低的项目采取相应的变更策略			
1	结构、粗装修人工费	按市场单价签认	清单价低	找建委相关支持文件，力争按市场价签认
2	预制 BDF 薄壁箱体	签认综合单价	清单价低	与设计沟通更换做法或材料
四	对图纸会审中涉及费用部分的经济洽商			
1	地下室抗渗混凝土掺纤维	签认综合单价	清单缺项	市场询材料价格，报业主签认综合单价
2	施工缝橡胶止水带	签认综合单价	清单缺项	市场询材料价格，报业主签认综合单价
3	施工缝钢板止水带	签认综合单价	清单缺项	市场询材料价格，报业主签认综合单价
五	对因政府和业主原因造成的工程延期的相应策略			
1	因业主原因延期开工致使我方延期开工 2 个月，使主体结构施工进入冬期施工	延长工期、索赔冬季施工措施费及采暖费	延期开工 2 个月	收集整理相关的资料、及时签认工期
2	非我方原因造成的工程延期	延长工期	中非论坛	收集整理相关的资料、及时签认工期
六	对固定单价合同的工程量签认的相应策略			工程量按时结算，做好工程量的计算工作

(3) 二次经营需要强有力的组织保障和工作方法

1) 设置项目商务经理，为开展“二次经营”提供组织保障。

设置项目商务经理具有五大优点：

① 健全了项目领导班子，一般的项目管理班子均只设立了项目经理、生产经理、技术经理等岗位，班子成员中无人专职负责经济与成本工作；若设立商务经理，既是对项目班子的完善，也是以经济与成本管理为中心的项目管理体系的重要体现。

② 项目经理大多出身于工长、技术等岗位，对项目二次经营的理解与操作不易精细，而出身于预算或成本岗位的商务经理却更内行。

③ 项目经理事务繁多，精力有限，商务经理正好帮其分担成本管理的重任。

④ 在办理签证、索赔及结算时，项目商务经理要比预算员或工长更容易得到业主的尊重和取得良好的效果。

⑤ 观念的转变，现在的项目已由原来的生产型转变为生产经营型项目，项目应以成本管理为核心，以盈利为目标。设立商务经理，能保证专人专职把主要精力放在成本控制和二次经营上。

2）明确签证索赔相关岗位责任，形成二次经营责任体系。

签证索赔的承办人应本着“就近”和“有利”的原则安排。

由技术人员承办的签证：

① 发包方未按约定交付设计图纸、技术资料，批复或答复请求；

② 发包方指令调整原约定的施工方案、施工工艺、附加工程项目、增减工程量、变更分部分项工程内容、提高工程质量标准等；

③ 由于设计变更、设计错误、错误的数据资料等造成工程修改、返工、停工、窝工；

由施工人员承办的签证：

① 发包方未严格按约定交付施工现场、提供现场与市政交通的通道、接通水电、批复请求、协调现场内各承包方之间的关系等；

② 工程地质情况与发包方提供的地质勘探报告的资料不符，需要特殊处理的；

③ 发包方指令调整原约定的施工进度、顺序、暂停施工、提供额外的配合服务等；

④ 由于发包方错误指令对工程造成影响等；

⑤ 发包方在验收前使用已完或未完工程，保修期间非承包方造成的质量问题；
由财务人员承办的签证；

① 发包方未严格按约定支付工程价款的；

② 发包方拒绝或延迟返还保函、保修金等。

如此等等。签证索赔相关岗位责任见表 4-17。

签证索赔相关岗位责任 **表 4-17**

序号	项目	内容	技术签证主办部门	费用索赔主办部门	工期索赔	费用索赔
1	合同范围的变更	发包方增加或者减少合同工作内容，引起相应的费用索赔和工期索赔	技术主管部门	商务主管部门	▲	▲
2	设计变更	因原设计漏项、结构修改、提高质量等级等	技术主管部门	商务主管部门	(▲)	▲
3	甲供材料	甲供材料数量不足	材料主管部门	商务主管部门	▲	▲
		甲供材料不符合设计要求	技术主管部门	商务、材料主管部门	▲	▲

续表

序号	项目	内容	技术签证主办部门	费用索赔主办部门	工期索赔	费用索赔
4	返修、加固和拆除	因设计或发包方等原因，需对工程进行返修、加固和拆除	质量主管部门	商务主管部门	▲	▲
5	技术措施费	施工中采取了合同价中没有包括的技术措施和超越一般施工条件的特殊措施	技术主管部门	商务主管部门	(▲)	▲
6	交叉施工干扰增加费	由于发包方原因，造成几家施工单位发生平行立体交叉作业，影响工效，采取措施等发生增加费	质量、技术主管部门	商务主管部门	▲	▲
7	赶工措施费	由于发包方要求工期提前，工程必须增加人、材、机等的投入而增加的费用及夜间施工增加费	质量、技术主管部门	商务主管部门	▲	▲
8	图纸资料延期交付	由于图纸资料延期交付，无法调剂施工的劳动人数，停滞的机械设备的费用	质量、技术主管部门	商务主管部门	▲	▲
9	停窝工损失	由于发包方责任（如供应的材料、构件未按时供给，未及时提出技术核定单、计划变更、增加或削减工程项目、变更设计、改变结构、停水、停电、未及时办理施工所需证件及手续等因素）造成的停窝工的	技术主管部门	商务主管部门	▲	▲
10	机具停滞损失	因发包方原因，造成施工机具（包括解除车辆运输计划合同损失）停滞费用	设备主管部门	商务主管部门	▲	▲
11	材料积压或不足	由于发包方中途停建、缓建和重大的结构修改而引起材料积压或不足的损失	材料主管部门	商务主管部门		▲
		原材料计划所依据的设计资料中途有变更或因施工图资料不足，以致备料的规格和数量与施工图纸不符，发生积压或不足的损失	材料主管部门	商务主管部门	▲	▲
12	材料二次转运	凡属发包方责任和因场地狭窄的限制而发生的材料、成品和半成品的二次倒运，主要指与投标状况不符的情况	材料主管部门	商务主管部门	▲	▲
13	材料价差	合同约定暂估价材料或发包方指定档次或品牌的材料的材料价差	材料主管部门	商务主管部门	▲	▲
14	复检费和试验费	材料复检及试验费，包括对新结构、新材料的实验费以及对发包方供应的不带合格证的材料的检验，或建设单位要求对具有出场合格证明的材料进行检验，对构件进行破坏性试验及其他特殊要求检验、试验费用	质量、技术主管部门	商务主管部门	(▲)	▲
15	不可抗力	因不可抗拒因素、自然灾害等造成损失	技术主管部门	商务主管部门	▲	▲

续表

序号	项目	内容	技术签证主办部门	费用索赔主办部门	工期索赔	费用索赔
16	银行利息或罚款	发包方未按合同规定拨款或未按期办理结算引起的信贷利息和违约金	财务主管部门	商务主管部门	(▲)	▲
17	政策调整	因国家政策调整和市场价格波动以及与预算定额口径不符时所产生的量差、价差等	商务主管部门	商务主管部门	(▲)	▲
18	计划任务变更	计划任务变更造成临时人工遣散和招募费用的损失	质量主管部门	商务主管部门	▲	▲
19	指定分包	发包方指定分包引起的损失和工期延误	技术主管部门	商务主管部门	▲	▲
20	紧急措施	由于发包方的责任，在情况紧急又无法与发包方联系时，承包商采取保证工程和人民生命财产安全的紧急措施	质量主管部门	商务主管部门	▲	▲
21	工程质量	发包方要求的质量等级、验收标准及要求获得比合同要求更高的奖项	技术主管部门	商务主管部门	▲	▲
		工程质量因发包方原因达不到合同约定的质量标准	技术主管部门	商务主管部门	▲	▲
22	重新检验	发包方对隐蔽工程重新检验而进行剥落，且检验合格	技术主管部门	商务主管部门	▲	▲
23	发包方指令	发包方发出错误指令或者前后指令不统一	质量主管部门	商务主管部门	▲	▲
24	办理结算	发包方在收到竣工报告后无正当理由不办理结算	商务主管部门	商务主管部门		▲
25	保修	保修期间非承包商原因造成返修	质量主管部门	商务主管部门		▲
26	发包方违约	包括未按合同约定开工、未及时付款、未提供总包配合、未及时办理结算等	工程部、财务部	商务主管部门	▲	▲
27	其他签证	发包方临时租赁施工单位的机具	设备主管部门	商务主管部门	▲	▲
		发包方在现场临时委托施工单位做与合同规定内容无关的其他工作	质量主管部门	商务主管部门	▲	▲
		发包方借用施工单位的工人进行施工	质量主管部门	商务主管部门	▲	▲

二次经营工作是一个充满艺术又严谨的工作，对于一个确定的二次经营事件，基本上没有一个预定的明确的解决标准，它取决于项目管理者对于一次经营合同的了解深度，业主的现场管理水平及项目部的管理水平高低。二次经营事件的及时处理是否符合规定，签证是否合理合法，二次经营基础资料的完整性等都

对二次经营的成功与否有着重要的关系。同时，谈判技巧也是二次经营工作成功的关键因素，在谈判中要注意方式方法，不能一味的退让，也不能一味的咄咄逼人，要始终做到有根有据，据理力争，要以事实为前提，不轻易妥协，业主和设计方提出不同意见，应及时反驳，在不违背合同原则基础上，以公关为手段，协商解决在事实确认的前提下，事前应与相关方充分沟通在不违背合同原则的前提下，力求赢得各相关方认可。

总之，二次经营工作需要经过多次不懈的努力才能取得一定的成果，它也是一个项目能够取得好的效益的非常重要的因素，只有抓住二次经营工作的关键环节，二次经营工作才会豁然开朗。

4.4 商务策划过程中的注意事项

(1) 商务策划的核心：强调"先算后干"

精细筹划项目成本，建立目标成本控制体系，加强成本事前控制，是提升项目效益的基础。而能否精确测算成本控制指标，科学核定目标控制成本，不仅体现着项目部的管理水平，同时也是项目部能否真正落实精细化管理的重要前提。

通常出于竞争策略的需要，在进行项目工程投标时，对各单元工程基础单价采取的是不均衡报价。项目部在进行成本策划时，不能简单地沿用基础单价进行分解，而是依据施工组织设计，综合考虑工程施工实际，结合目标成本控制指标，以部分分项工程为单元，再次逐一精细测算、科学核定。

对于已核定目标控制成本，项目部应实施动态管理。即项目部应随时根据施工现场变化即时调整纠偏，包括在主合同与后续标段之间进行调配平衡。同时，项目部应坚持将某些单元测定的预期亏损，全由项目部承揽下来予以消化，决不下移分摊，并且将盈利单元的成本控制指标栓紧打足，决不松一把、放一马。这样可以使项目部的总成本严格控制在目标成本内。

"先算后干"，还表现在有效落实目标责任成本和完善目标成本控制体系方面。通过精细项目策划，将成本管理责任真正落实到各个责任单元，建立一套精细完整的目标成本控制体系，以多方共赢的成本管理理念，将成本责任与各方利益紧密挂钩，从而形成一条"从上到下，从内到外，环环相扣，风险共担"的成本控制链。

(2) 找出合同中所有风险点和盈利点，做到心中有数，在保证工期、质量的前提下，在开工之前找出合同中的所有风险点亏损点、盈利点，做到心中有数。

工程项目的进度控制是在既定工期内，对工程项目各建设阶段的工作内容、工作程序、持续时间和衔接关系编制计划，并将该计划付诸实践；在实施过程中，经常检查实际进度是否符合要求，对出现的偏差分析原因，然后采取补救措施或调整、修改原计划，直至项目完成。

工程项目质量控制是为了满足工程项目的质量要求而进行的控制活动，要保证工期质量，需要做到以下几点：①对影响质量的各种作业技术和活动制订质量计划，编制施工组织设计；②严格按照已确定的质量计划和施工组织设计实施，并在实施过程中进行连续检验和评定；③对不符合质量计划和施工组织设计的情况，及时采取有效措施予以纠正。

（3）扎实做好商务策划通过过程跟踪、落实，达到风险最小、效益最大化，扎实做好项目商务策划编制工作

在具体的施工阶段的各个过程中，项目经理和项目部门都要对每个环节进行检查监督。比如，在对外发包阶段，发包方企业需要制定合理的外包决策，细化和筛选可以外包的内容，确定具体的外包实现方式，选择合适的承包方，规范外包的实施流程，积极地进行外包项目管理，实现全方位、全过程、全天候的外包过程监控，将外包风险降低到最低程度，并且要选择具有核心竞争力的发包单位，保证工程质量的同时达到最大的经济效益。

因此，在商务策划的编制时，应进行详细周密的策划，保证每个环节的可靠性。比如，在投标阶段，必须研究招标文件和招标图纸，核对工程量清单和编制投标方案，测算工程投标成本，合理锁定目标，找出项目盈亏点和风险点，制定投标策略，制定项目风险化解的解决措施。在签约阶段，必须认真分析承包范围、计价及承包方式、价款调整方式及范围、价款支付方式、工程结算审核程序及审核时限、工期与质量违约等条款，并制定合适的合同谈判策略。在施工阶段，要进行成本对比分析、施工方案选择、管理模式选择、分包策划、二次经营策划、风险管理策划与关系协调策划等。在结算阶段，需要进行资料收集整理，侧重设计变更、量、价变化的策划，结算书报出前与所有分包锁定结算值；完工后1个月内全面完成内部结算，落实结算目标成本、确保结算报出时间、结算一审、二审完成时间、结算责任人、制定结算措施等。

（4）理顺商务管理体系，建立科学的商务管理制度

商务管理是施工企业生产经营活动的中心环节，是效益的源泉，也是市场开发和企业发展的基础。随着经济快速发展，建筑市场竞争日益激烈，业主的需求日趋苛刻，所以建立高效的商务管理体系有利于施工企业长远的发展。在商务管理体系中，必须明确企业和项目的职责、权责明确，规章制度健全。完善和提高管理手段，保证经营监控到位。避免出现责权不明，使项目无所适从；或过于大胆，企业难以实施监控，结果是肥了个人，害了企业；或畏首畏尾，难以获取所需资源，难以完成项目管理责任，缺乏积极性和创造性，不能达到项目管理最佳

效果。项目责任考核流于形式，配套措施不到位或执行不力，缺乏有效的动态管理机制，如干好不激励，使职工失去竞争热情。

（5）尽快提高商务人员的素质，培养一支精预算、会管理、善谈判的商务管理团队

商务人员是商务策划的主要实施者，商务人员的素质决定了商务策划的成功与否。商务策划人员应具备以下“四心”。

① 忠心。这是对于企业而言的。忠心实际上就是现在所说的职业化、职业精神、忠于职守。这是做人做事最重要的品质。我今天在五局干活，我就要忠于五局，忠于我的职责，忠于我的岗位，哪一天我到了八局、九局、十局，也是一样，这就是职业道德。可以借用“职业经理人”这个词，作为一个职业化的项目经理、商务经理或法务经理，一定要忠于职业、服从企业，不可三心二意。尤其是掌握签证权的一些岗位，私下里签个东西，盖个章，这种机会很多。为什么国有企业有的时候很多制度很繁琐，就是因为发生了很多这种情况，“假做真时真亦假，真做假时假亦真”，防不胜防，最后降低了效率。

② 诚心。这是对业主而言的。对业主要坦诚相待，站在业主的角度想问题，替业主排忧解难，这样才能实现双赢。比如，处于世界500强前列的沃尔玛，并没有什么高新的技术，只是一个零售商，场地是别人的，产品也是别人的，只是组装了资源再卖给客户。但这样一个既没有多大技术含量，也不自己生产产品的企业，为什么能做到全球第一？其中的奥秘很值得我们探讨和借鉴：沃尔玛的优势在于管理，经营理念是“永远低价”。正是因为沃尔玛准确地抓住了一般客户的心理——追求低价，这样坚持下去，薄利多销，才把企业做到了全球第一。我们作为施工企业也一样，只有树立一个正确的指导思想，多一点换位思考和逆向思维，反过来想想业主有什么要求，最关注的问题是什么？帮助业主把他最关注的问题解决了，这样才会取得业主的信赖，商务工作中该签的证才能签得回来。

③ 精心。这是对专业技术和业务工作而言的。我们提倡“一般员工用力工作，中层干部用心工作，高层领导用命工作”。作为商务管理人员，业务上应该精益求精，做好每一个环节，具有精心敬业的态度，这就不能务虚。很多人专业不精，是因为他不愿意去用心。能在世界500强的成员企业工作，我们要懂得感恩，要珍惜岗位，认认真真地工作，要把精力放在工作上，把专业做精。

④ 恒心。这是对遇到挫折和困难而言的。管理过程中，我们肯定都会遇到各种困难和挫折，恒心就是要求我们要正视问题，不要回避，要想办法去研究解决问题，并付之行动，持之以恒，不达目的誓不罢休。

（6）在项目成本管理，商务策划，结算管理上下工夫，努力提高企业的经济效益

在成本管理上，对外有业主合同、分包合同，对内也要有合同，这个合同就是价本分离。我们从市场接到的项目，质量有好有差，价格有高有低，每个项目、每个业主、每个地区的情况都不相同。价本分离的作用就相当于一把“砍刀”，把外部的不平衡、不公平转化成企业内部管理的相对公平。简单地说，就是要把企业经营效益和项目管理效益分清楚。价本分离要防止两种倾向：一种是干脆不做，采取大而化之的态度；另一种是做得很繁琐，时间很长，不利于操作。例如，一个项目几千种材料，在开工前就把每一根钢筋都算得很具体，丝毫不差，这个意义很小，对最终结果影响不大。如果出现这种情况，说明我们的基础管理经验数据积累工作不够强。同一类别、同一地区、同样结构类型的项目大体上的造价是多少、成本是多少，应该有个经验数，类似内部定额。这是项目成本管理的控制数据，需要长期坚持总结。当然，建筑项目很复杂，牵涉面广，有适当偏差是允许的，要考虑留有一定余地，在责任合同中，可以加几个可调整的条款，但这种例外条款不能太多。在项目商务策划中，商务策划是在价本分离的基础上进行的。商务合约交底策划是站在企业层面，这个商务策划则是站在项目层面来说的。作为项目经理，拿到价本分离责任成本合同后，就应思考如何去分解、策划，并将责任指标落实到人。商务策划可以说是项目实施过程中的战略管理。具体算量是一般商务人员的工作，但是商务策划一定是项目经理和项目商务经理以及区域公司总经济师的事。对商务策划的实践经验要及时总结，不仅要分析好的案例，失败的经历也要分析，“吃一堑，长一智”，学费不能白交。

施工企业的商务策划是一项内容繁杂的系统工程，我们必须抓住做好商务工作的关键环节，才能有效地促进企业的发展，实现企业的效益最大化。

(7)“一次经营”与“二次经营”要紧密结合

在一次经营和二次经营工作中，要克服普遍存在的两大问题：一是一次经营与二次经营由于营销主体的转变而发生脱节；二是一次经营与二次经营的绩效难以分清。一旦项目发生亏损，营销人员认为是项目经理部管理差，而项目经理部则认为是营销人员所承接的项目质量差，双方互相指责，责任不清，奖罚难以兑现，激励和约束机制不能有效的运行。因此，很有必要将一次经营与二次经营的职责、绩效考核与奖罚有机结合在一起。

① 一次经营与二次经营职责相结合，推行项目经营全过程负责制。一方面，企业的市场营销人员承接到项目以后，必须继续协助项目经理部做好施工中的经营工作，配合项目经理部直到全部工程款收回为止。另一方面，项目经理应尽可能早地介入项目的营销活动，积极参与，保证一次经营的质量，并与业主尽快建立良好的合作关系，从而为项目施工管理中的二次经营工作打下基础。推行项目经营全过程负责制，有利于分清责、权、利，有利于提高经营质量，有利于控制

工程拖欠款。

② 一次经营与二次经营绩效考核与奖罚相结合。绩效考核与奖罚为经营工作提供动力和导向。对一次经营与二次经营的绩效进行有效的考核与奖罚，其难点在于按照“标本分离”的原则，准确、合理地测算项目责任成本。那种项目中标后不搞“标本分离”，不管三七二十一，拍拍脑袋收几个点，将市场风险、经营风险以及计量风险全推给项目的做法是不可行的。按照“标本分离”的原则合理测算项目责任成本是一次经营与二次经营的分水岭，是一次经营与二次经营的分界线，是对一次经营质量的合理评估，是展开二次经营的准备工作，是树立科学的发展观和正确的政绩观的重要措施，也是法人管项目的重中之重。没有详细的成本测算，做不到“先算后干”，是搞不好二次经营的。

只要准确地测定了项目成本，再结合资金支付情况和工期、质量、安全的要求，就能很好地考核一次经营的绩效，从而进行合理的奖罚，促进一次经营质量的提高。责任成本目标太高会形成“不费力、无风险、稳收入”的现象，难以促进项目成本管理水平的提高，也影响二次经营的积极性。

要做到准确测算责任成本目标，关键在于分地区编制企业内部消耗定额。企业内部定额既与地区定额相关，也与企业的管理水平（包括项目管理水平）相关。要编制企业内部定额，需要对大量的项目成本数据进行分析来确定，并经过一定的时期之后还须根据现状进行调整，企业内部定额是一个动态定额。此外，要合理测算项目责任成本目标，还必须坚持以下原则：①标本分离；②以内部施工预算和施工方案为基础；③项目不承担投标风险和市场风险，但必须承担管理风险和技术风险；④责任成本费用必须是预计项目直接发生的，且便于成本核算；⑤在企业层与项目层充分沟通的基础上确定；⑥实事求是地动态管理。

对企业营销人员和项目经理部进行奖罚，一定要从项目承接、成本控制、工程结算、工程款回收等分阶段进行，确定阶段性目标，按阶段考核奖罚，从而提高企业营销人员与项目经理搞好二次经营的积极性，并防止产生大量的拖欠款。

5 项目策划管理

项目策划在建筑施工企业中已经越来越受到重视，然而，多数企业并未全面理解项目策划的内容和要求。项目策划是指通过调查研究和收集资料，在充分占有信息的基础上，针对项目的决策、实施和生产运营，或者决策、实施和生产运营的某个问题，进行组织、管理、经济和技术等方面的科学分析和论证，为项目建设的决策、实施和生产运营服务。

项目策划是项目管理过程中的一项重要活动，同项目管理的其他过程相互联系又相互制约。项目策划质量的高低对项目管理的成败具有决定性的作用，因此，必须以强有力的组织和制度保证，确保项目策划的高质量和高水平。

5.1 项目策划的组织和职责

5.1.1 不同组织层次在项目策划中的职责和任务

企业应有高层管理者分别主管项目各项策划工作，同时应分工相关的主管职能部门和协管职能部门。

项目启动后，项目策划应与工程投标同步开始。项目策划主要体现企业对项目履约的管理预期和管理导向。在项目策划的全部活动中，公司高层管理者、公司相关职能部门和工程项目经理部分别承担相应的策划任务。企业的企划部门或人力资源管理部门主管战略性策划，工程管理部门或技术管理部门主管生产技术性策划，商务管理部门或成本管理部门主管商务性策划。

在各类项目策划活动中，战略性策划以公司为主进行，生产技术性策划以项目经理部为主进行，商务性策划则根据不同的策划阶段分别由公司相关部门和项目经理部组织进行。但是，公司的职能部门是对包括项目部在内的下属单位具有计划、组织、指挥权力的部门，在项目策划活动中，有义务、也有责任对各项项目策划进行规划、指导、监督和评价。

公司相关职能部门在项目策划中的主要职责是：

① 制定公司项目管理策划管理办法，对公司项目管理策划实施情况进行检查、督促、考核。

② 组织公司直营项目的策划、各类项目管理策划书的审批、交底。

③ 对重点工程项目策划进行直接管理。

案例5-1：某企业公司、分公司、项目部项目策划责任划分表（表5-1）

项目策划责任划分表 **表5-1**

序号	岗位（部门）	职责分配	备 注
1	公司主管生产副总经理	审批特大、直管项目策划书	
2	公司生产管理部	（1）制定公司项目策划制度 （2）组织特大、直管项目策划书的编制 （3）审批大型项目策划书 （4）建立公司特大型、直管、大型项目策划管理书台账 （5）局属重点项目策划书上报局审批	
3	公司其他相关部门	参与编制特大、直管项目策划书以及过程验证、检查、考核等	
4	分公司生产经理	组织大型项目策划	
5	分公司生产管理部	（1）组织中型、小型、特小型项目策划书编制 （2）建立分公司项目策划书台账	
6	分公司其他相关部门	（1）参与项目策划书的编制 （2）为项目提供服务与支持	
7	项目部	（1）参与项目策划 （2）编制项目实施计划书并组织实施	

案例5-2：某公司不同组织层次在项目策划中的职责规定（表5-2）

某公司不同组织层次在项目策划中的职责规定 **表5-2**

序 号	策划名称	版本修订	编 制	会 签	审 核	审 批
1	《项目管理策划大纲》	项目管理部	业务板块 项目管理部 人力资源部 综合管理部		业务板块负责人	公司总经理
2	《项目成本策划大纲》	合约商务部	合约商务部		业务板块负责人	公司总经理
3	《项目管理实施策划》	项目管理部	项目管理部 项目经理部	人力资源部 合约商务部 综合管理部 业务板块	业务板块负责人	公司总经理
4	《项目成本实施策划》	合约商务部	合约商务部 项目经理部		业务板块负责人	公司总经理

续表

序号	策划名称	版本修订	编制	会签	审核	审批
5	《项目商务合约管理策划》	合约商务部	合约商务部 项目经理部		业务板块负责人	公司总经理
6	《项目管理目标责任书》	项目管理部	项目管理部 合约商务部 业务板块 项目经理部	项目经理	业务板块负责人	公司总经理
7	《项目解体策划》	项目管理部	项目管理部 项目经理部	人力资源部 合约商务部 综合管理部 业务板块	业务板块负责人	公司总经理

案例 5-3：某公司关于商务策划各相关部门主要职责的规定（表 5-3）

某公司关于商务策划各相关部门主要职责的规定　　表 5-3

部门	职责
公司市场营销部门	组织投标评审、合同谈判和签订工作，及时根据投标情况向相关部门和项目经理部进行投标和合同交底。负责投标和签约阶段商务策划工作
公司商务管理部门	参与投标评审和合同谈判，负责施工、结算阶段的商务策划，指导、监督、检查项目商务策划编制及实施情况，考核项目商务策划实施效果，定期分析项目商务策划实施效果的总结与评价资料，不断完善商务策划管理工作
公司技术管理部门	参与各阶段商务策划评审工作，指导、督促项目设计变更等技术经济分析策划。专业公司设计部与技术部共同负责项目变更的指导和策划工作
公司材料管理部门	参与各阶段商务策划评审，负责材料市场信息价格的准确提供，指导、督促、检查材料费用控制计划的科学编制和有效实施
公司设备管理部门	负责设备租赁价格的及时准确提供及指导，帮助和检查相关费用控制方案的策划、优化及有效实施
公司施工管理部门	参与各阶段商务策划评审，指导、督促、检查项目做好进度控制和质量保证、安全文明施工等方案策划，督促、检查方案策划实施
公司财务部门	指导、帮助项目进行间接费、其他直接费等相关费用的测算，帮助项目进行税费策划，做好过程中费用发生的控制工作
项目经理部	按公司有关规定，编制项目施工及结算阶段的商务策划书，并按商务策划书的要求具体实施，根据过程实施情况，及时进行动态调整，编写项目商务策划实施效果总结报告

5.1.2　项目部相关岗位在项目策划中的职责和任务

项目策划是一个系统工程，它涉及项目的各个方面，要求项目部决策层、管理层及相关责任单位全员积极参与。为保证项目策划工作的顺利开展，应以项目经理、项目商务经理、项目技术负责人为首，组织项目部全体管理人员实施项目策划工作，还应制定出各责任单位（项目部各部门或岗位）的职责、工作目标、相应的奖罚措施。

(1) 项目领导班子：主要负责对施工承包合同向项目部全体管理人员的交底，组织项目部人员对合同的学习、分析，对图纸的审查、分析，统筹协调项目管理人员的策划活动，审核各类项目策划的输出。其中，项目技术总工主要负责组织技术及相关部门进行施工组织和技术方案的再设计，审定施工平面布置、临建设施方案、施工方案、施工进度计划及资源配置计划等，负责对工程项目的施工技术风险进行分析。商务经理主要负责项目商务策划的总体工作安排，组织制定项目策划的提纲和相关岗位人员的职责，组织相关部门或岗位人员根据再设计的施工组织设计和方案、进度计划和各类资源需求计划，对劳动力、机械设备、材料配置进行进一步的优化和策划，分析、测算项目成本，并做好资金流策划和风险规避方案策划，组织对策划进行修正和再次优化，负责对工程项目的商务合同条款和经济风险进行分析。

(2) 技术部：主要负责施工组织方案的再设计，优化施工方案、施工平面布置、施工进度计划、分年度施工计划；根据施工进度计划和施工组织方案编制相应的劳动力、施工设备配置和材料消耗计划。

(3) 综合办：根据项目经营管理模式，对项目施工管理人员配置和办公设备、设施配置进行策划。

(4) 机电物资部：根据再设计的施工组织方案和设备物资配置方案及市场调查情况，负责对项目施工所需设备及材料的来源、供应或采购方案、现场仓储管理等进行策划。

(5) 安全、质量和生产部门：根据再设计的施工组织方案并结合工程施工承包合同条款，分别负责对施工过程中的安全管理、质量控制、进度控制、文明施工、环境保护和职业健康等方面的主要措施和相应投入进行策划。

(6) 财务部：负责资金收支预算、资金筹措方案的策划，对各项上缴费用进行预测，与经营部共同对项目总成本和分项成本进行分析测算，并根据测算结果提出优化意见和措施。

(7) 合同预算部：负责对合同费用进行详细分解和分析，对合同价格水平进行分析、比较，找出与实际情况偏差较大的项目和对成本影响较大的因素，作出风险规避方案；根据项目策划的环节和项目成本的构成内容，负责组织制定各责任单位（岗位）需提供资料的标准、格式及要求；根据施工组织设计、进度计划和相关部门提供的各项策划资料和施工产值计划，进行预算分解；与财务部一起根据各项策划方案进行成本分析、测算，找出最经济合理的策划方案、对施工成本影响较大的因素和成本控制的重点；根据测算结果提出优化意见和措施，分析研究后据此对原策划进行修正和再次优化。

案例5-4：某公司项目策划任务表（表5-4）

某公司项目策划任务表　　表5-4

项目名称及编码					
项目基本情况					
项目策划工作安排					
序号	策划项目	要　点	责任部门或人员	完成期限	实际完成
1	项目管理目标				
2	项目部授权				
3	项目进度				
4	项目部管理团队				
5	分包采购方案				
6	物资采购方案				
7	施工机械、设备				
8	模板架料策划				
9	监测设备				
10	办公设备				
11	现场临建				
12	临水临电				
13	现金流管理				
14	税收策划				
15	保密策划				
16	文化风俗禁忌策划				
17	其他				

5.2　项目策划的制度和流程

5.2.1　规范策划管理的制度

企业应制定项目策划的相关规定，对各类项目策划的目的、组织、责任、策划过程、策划输出形式、策划方案实施过程中的调整优化等提出规范性要求。

案例5-5：中铁某工程局项目策划管理办法（摘录）

1. 项目经营总体目标的确定

项目部成立之后应结合工程施工承包合同的约定和企业生产经营责任制的要求，确定出合理的项目经营总体目标。一般来讲，主要内容有以下几个方面：

（略）

2. 项目经营模式的策划

在对合同进行初步分析的基础上，根据工程规模、工程特点、项目构成、工期长短及施工强度、合同价格水平、劳动力和机械设备等各种资源条件，并综合其他相关因素，确定项目的经营模式。对兼有自营和分包的经营模式，应初步划分自营和分包（协作队和局内专业化公司）工程的范围，并确定主要的分包方式、外协队伍的组织和选择形式等。

3. 项目组织机构的策划

（略）

4. 项目经营核算模式的策划

通过策划应建立起项目部对内对外的整体经营核算体系，并制定相应的经营核算管理办法，达到理顺和规范项目对内对外的各种经济关系的目的。

(1) 与业主的合同结算关系（略）

(2) 自营工程厂队考核模式的策划

实行两级管理的项目内部自营作业厂队一般通过制定内部单价，实行直接费成本考核，并辅以安全、质量、进度等各专项指标考核；对内部管理型厂队则可采用以作业型厂队平均效益水平为基础，综合其所管辖的协作队伍当月工程量完成情况、工程签证完成情况、现场施工记录和资料收集完成情况、现场施工组织和协调情况等几个方面和各专项指标进行考核。

(3) 实行三级管理的项目内部工程部的核算模式策划

实行三级管理的项目的内部工程部（即第二级管理单位）的考核以双方签订的内部经济责任制为依据，一般应综合考虑项目部需上缴的各项费用指标、适当的管理费和利润以及工程部需向后方上缴的费用等相关情况后协商确定。

(4) 管理层（职能部室）考核模式的策划（略）

(5) 企业内部专业化公司和外部分包协作队伍的核算

对工程分包管理的策划，主要根据局工程分包管理办法、内部专业化公司到局内项目点承揽工程有关规定，并结合施工承包合同中有关分包管理和民工队伍准入管理办法的相关规定，通过制定《分包招标管理实施办法》、《工程分包管理实施办法》、《工程分包招标文件（范本）》、《工程分包合同范本》、《分包工程竣工结算及队伍退场管理规定》等一系列管理办法和制度来实施，双方之间的核算关系通过签订分包合同来明确。

5. 施工组织技术方案再设计

施工组织技术方案设计是项目策划最根本和最基础的工作，其重点是对项目整体施工方案进行持续优化。

(1) 由总工组织技术等部门对合同条件、工程结构和特点、施工重点和难点进行认真的学习、分析和研究。

(2) 认真编制和优化施工组织设计（略）

6. 营业总收入的策划

主要根据合同总价、可预见的变更和索赔、合同规定的各种奖励进行计算，同时根据实施性进度计划细划分年度的营业收入。

7. 施工总成本的策划

项目点应根据各自的施工组织和经营模式对施工总成本进行划分，再分别对细分成本进行策划。施工总成本一般由直接费成本（包括分包工程成本、自营工程成本）、间接费成本（上缴企业费用、项目部管理费）和税金构成。

(1) 自营工程直接费成本策划

① 劳动力配置和人工费策划

由于分包工程成本中已包含了相应的人工费，所以此处仅指项目部内部的施工生产人员及其人工费的策划。

施工生产人员配置策划（略）

工资标准和费用策划（略）

② 施工设备配置及费用策划

（略）

③ 施工材料及费用策划

由机电物资部根据施工进度计划对施工材料的需求、来源（业主供应、自购）、供应或采购方案、供货商初选情况、市场价格初步询价情况、采购管理成本、现场仓储管理等进行策划，在对合同价格和耗量进行分析的基础上，根据施工方法和工艺所计算出的单耗、业主供应价格和市场实际价格等情况，对材料费用进行策划，并按分包和自营工程的范围划分计算出自营工程的材料费用。

(2) 分包工程成本策划

① 由局内专业化公司承担的工程：综合合同价格、市场行情、企业相关管理规定和项目实际测算分包价格并计算出分包成本。

② 由协作队伍承担的工程：在实施性施工组织及施工方法的基础上，综合参考合同单价和定额水平、各项上缴费用指标、项目部管理费用匡算情况、不同部位不同工程项目施工难易程度和投入大小以及市场价格行情等因素，测算分包价格并计算出分包成本。

(3) 施工临时工程的策划

主要指对施工通道、场地、生产生活营地及设施、供风、供水排水、供电、通风散烟、通信、照明和电视监控系统等临时工程及其费用进行策划。由项目自营的工程按自营工程直接费成本策划方法进行，由分包协作队伍实施的工程按分包工程成本策划方法进行，并分别列入相应的直接费成本项目中。

(4) 专项工程策划

主要指没有包含在工程项目单价中的需单独列支的爆破试验、施工期安全监测、物探测试、工程安全监测配合、阶段验收和竣工验收资料整编、安全、质量、文明施工及防洪度汛特殊措施、专项考核费用、各种试验、人身设备保险等专项工程及其费用的策划。其中拟委托专业机构实施的项目按市场行情测算费用并计入分包成本中；由项目部相关部室或厂队实施的项目测算出费用后分别计入自营工程直接费成本或间接费中；安全、质量、文明施工及防洪度汛特殊措施、专项考核费用分别由各专业职能部门在合同相应项目基础上，根据施工合同相关要求结合实际进行策划，经组织分析讨论后确定。

(5) 间接费成本的策划

间接费成本由上级机构管理成本和本级机构管理成本构成。

① 上级机构管理成本的策划。按企业相关管理规定和内部经济责任制所确定的各项上缴费用指标（分别以施工产值和工资总额为基数计缴）分项进行计算。

② 本级机构管理成本策划。主要由管理人员工资、住勤费、招待费、差旅交通费、办公费（含办公用固定资产折旧、修理、使用费及工具用具使用费）、工会经费、职工福利费、劳动保护费及其他税金等构成。

（略）

(6) 工程税金的策划

（略）

8. 项目资金流策划

(1) 资金收入策划

由财务部根据施工进度计划和分期产值计划、合同有关预付款支付和扣回、质保金扣留、业主供材款扣除的规定、工程完工后设备折现和材料回收等情况进行策划（需筹资时还要考虑通过业主借款、银行贷款或局内部借款等渠道的资金预算）。

(2) 资金支出策划

根据分年度产值计划、现场直接费用（内部厂队人工费、材料配件采购款、外协队伍分包工程款、专业化公司工程款等）和管理费用开支、上级机构费用等进行策划。

9. 风险规避方案的策划

通过前面的策划工作，可基本分析出项目管理过程中可能存在的风险，应根据国家和当地的法律法规、招标文件规定应由项目部承担的风险、合同价格的初步分析、市场材料价格的初步了解、当地劳务和设备租赁市场的行情、市场风险的预测、当地税务等有关规定进行认真分析研究，制定出规避、转移和降低风险的方案、措施和办法。

10. 项目策划成果的分析利用

根据策划得出的项目预期成本的盈亏结果，把各细分成本与相对应的合同分解项目费用进行对比，分析计算出每一细项的盈亏情况，找出影响成本盈亏的主要环节、关键因素及其原因，为有针对性地进行项目策划的修正和进一步优化指出明确的方向。

企业也可以针对不同类型的策划分别制定相关的管理规定。例如《施工组织设计管理规定》、《项目目标责任制管理办法》等。

《施工组织设计和施工方案管理规定》应符合《建筑施工组织设计规范》GB/T 50502—2009 的要求。

案例 5-6：某工业设备安装公司施工组织设计/施工方案管理办法（目录，节录）

第一章　目　的

第一条　为了使技术管理工作中的施工组织设计和施工方案满足项目施工要求，确保工程既定目标的顺利实现，特制定本程序。

第二章　适用范围

第二条　本程序适用于我司承接的工程项目施工组织设计/施工方案的控制。

第三章　职　责

第三条　项目管理部负责本程序的编制、修改并组织实施，组织有关部门对施工组织设计进行审核，对执行过程进行监督检查。

第四条　项目技术负责人负责组织施工组织设计的编制及施工方案的编审并实施。

第五条　总工程师负责对施工组织设计的审批。

第四章　工作程序

第六条　本公司产品实现策划的输出形式为：施工组织设计和施工方案。

6.1　施工组织设计：适用于公司承接的工程量在 200 万元以上的单位工程。

6.2　施工方案：对采用新技术、新工艺及结构复杂、技术难度大的分部、分项工程以及单位工程中主要的分部分项工程和列为关键过程、特殊过程的工序，应编制施工方案（专题施工方案）。单位工程施工方案适用于公司承接的工程量在200万元以下的单位工程或分部、分项工程。

6.3　施工组织设计/施工方案的编制依据《中建五局工业设备安装有限公司技术管理办法》的要求进行。

第七条　施工组织设计内容应至少包括：

7.1　目录；

7.2　工程概况；

7.3　管理目标；

7.4　施工组织机构；

7.5　项目管理人员职责；

7.6　施工所需资源配置；

7.7　主要施工方法及技术组织措施；

7.8　施工进度计划；

7.9　过程确认；

7.10　产品实现过程检验和试验的策划；

7.11　专题施工方案编制（方案名称、编制人、编制时间）；

7.12　环境因素、危险源辨识、识别评价和风险控制的策划；

7.13　目标/指标及管理方案编制计划，应急预案编制计划；

7.14　质量通病的预防，成品保护方案或措施；

7.15　质量、进度、文明施工、环境及职业健康安全管理目标、管理体系、管理措施；

7.16　施工平面布置；

7.17　本工程采用的规范、标准目录及应遵循的法律法规清单；

7.18　为实现过程及其产品满足要求需提供证据的质量记录；

7.19　施工组织设计经过公司相关部门审核批准后，项目技术负责人要对项目所有管理人员进行施工组织设计交底，交底要有交底记录，所有人员要签字。

第八条　施工方案的编制内容至少包括：

8.1　目录；

8.2　工程概况；

8.3　施工方法及技术要求；

8.4　施工资源配置计划；

8.5　施工进度计划；

8.6　施工技术组织措施；

8.7　技术复核项目；

8.8　项目环境与职业健康安全管理措施，成品保护措施；

8.9　所用规范、标准目录及应遵循的法律法规清单；

8.10　施工方案编制完成经技术负责人（或项目经理）批准后，要由编制人向相关管理人员和劳务队主要人员进行交底，交底要有记录；

8.11　主要专题施工方案编制：

1）特殊过程施工方案；

2）关键过程施工方案；

3）分部分项工程施工方案；

4）50kW 以上临时用电方案；

5）大型脚手架搭拆方案；

6）大型施工机械装拆方案；

7）冬雨期施工方案等；

8）成品保护方案。

第九条　施工组织设计/施工方案的管理

9.1　施工组织设计/施工方案由项目技术负责人组织编制完后，施工组织设计报公司项目管理部组织公司相关部门审核，施工方案由项目技术负责人组织审核。审核中如发现问题，应及时进行整改，整改后重新审核。施工组织设计由公司总工程师批准。施工方案由项目经理批准。施工组织设计在工程开工后 10 天内编审完毕，公司在一周内审核完成，施工方案在施工前一周内编制完成，并完成交度工作。

9.2　施工组织设计/施工方案批准后，以受控文件形式发放到公司项目管理部、项目经理部有关人员。文件发放执行《文件管理办法》。

9.3　必要时，项目经理部应对施工组织设计/施工方案进行补充和修订，并进行相应的审核批准。

9.4　施工组织设计/施工方案由项目经理部将其与工程其他竣工资料一起归档。

第五章　相关文件

《技术管理办法》

第六章　记　录

第十条　施工组织设计/施工方案审批表

10.1　见附表。

第十一条　施工组织设计/施工方案编制及审批。

11.1　管理目标主要内容包括：(略)

11.2　施工组织机构：(略)

11.3 项目管理人员职责按项目实际情况参照《公司项目管理办法》、《质量管理办法》、《安全生产管理办法》制定。

11.4 施工资源配置计划：

1）工程用电、用水配置计划：（略）

2）施工劳动力配置计划：（略）

3）施工机具和监视和测量设备配置计划：（略）

4）物资需要量计划：（略）

5）职业健康安全劳动保护及安全防护用品计划。（略）

11.5 施工方法及技术组织措施应包括：

——施工程序；

——主要施工方法和技术要求；

——技术复核的内容；

——防护内容及具体办法；

——施工技术组织措施。

具体要求如下：

（略）

1）施工程序：

① 整个工程应有一个粗线条的施工程序；

② 每个单位工程或分部工程要有一个详细的施工程序；要求施工程序：

a. 符合有关规程规范要求，做到工序正确；

b. 合理安排平行流水作业和交叉施工，确保工期。

2）主要施工方法及技术要求：

各分项工程主要编写内容包括：

① 设备安装（略）

② 管道安装（略）

③ 电气、仪表安装（略）

④ 非标制作安装（略）

⑤ 土方工程（略）

⑥ 混凝土施工（略）

⑦ 模板工程（略）

⑧ 钢筋工程（略）

⑨ 砌筑工程（略）

编制时的注意事项：（略）

3）技术复核的内容：在施工过程中，对重要的或影响全局的技术对象（过程)，必须加强复核工作，避免发生重大差错，影响工程质量和正常使用。技术复核项目应在施工方案中列出。

4）工程防护内容及具体方法：(略)

5）施工技术组织措施：(略)

11.6　特殊过程、关键过程的确认与控制：(略)

11.7　产品实现过程检验和试验的策划：

附表1　质量控制点参照表

附表2　过程检验一览表

附表3　最终检验一览表

11.8　质量、进度、文明施工、环境及职业健康安全管理措施：(略)

11.9　施工总平面规划：(略)

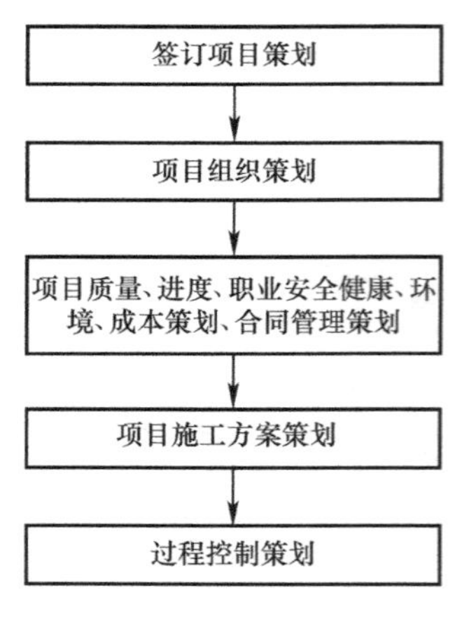

图5-1　项目策划的一般程序

5.2.2　项目策划的流程

项目策划的一般流程如图5-1所示，其流程如下：

(1) 相关人员进行分工，分别认真审阅施工图纸及相关策划依据，吃透施工承包合同以及其他各种资料文件所包含的内容和各种要求，对自己所负责部分提出初步策划意见。

(2) 召开策划人员会议，由策划人员分别提出自己的初步策划意见，全体成员集思广益，互相探讨，有无更先进的方法和工艺，相互之间有无相互矛盾的地方，最后形成策划输出。

(3) 对于大型、复杂的工程项目，可以根据工程的实际需要，分阶段进行多次策划。

5.3　项目策划的文档

5.3.1　关于项目策划管理的规定

公司在项目策划管理过程中应遵循“渐进明细”的原则。

项目策划必须在签署合同后合适的时间内完成（一般为1个月）。项目策划的深度依据这一期间内的项目信息的详细程度，做到在施工方法和技术策略已经确定的基础上，能够编制施工组织设计和预算成本。

项目策划是编制项目预算和项目实施计划的依据，是项目实施的纲领性文件，因此，编制项目管理计划需要整合一系列相关过程，而且要持续到项目收尾。项目管理计划需要通过不断更新来渐进明细，同时，更新也需要由实施整体变更控制过程进行控制和批准。当项目的实际情况与项目管理计划书的内容发生较大变动时，项目经理部必须对项目管理计划书的内容进行及时修订，并按照原审批程序重新获得审批。

项目策划过程以及其后的实施过程中应注意以下原则：

(1) 形成文件，指导过程：项目策划的输出应以某种形式的文件指导施工过程中的各项活动，文件应随客观情况的变化进行调整，同时，相关活动又应防止被文件内容所束缚。

(2) 结合实际，全员参与：项目策划涉及项目生产管理的各个环节，必须结合现场实际，很多策划是从技术和现场管理的角度出发，其策划方案讨论和具体实施落实的全过程必须要求全员共同参与。

(3) 对比分析，先算后干：在项目策划和实施过程中，针对每一分项工程，坚持做好收入支出的对比分析、实际成本和计划成本的对比分析、多方案比较的经济技术分析等，做到先算后干。

(4) 避免片面，强调综合：在对管理模式和方案选择的策划中，应强调人、材、机、管理费等综合成本最优，而不仅局限于单独的某一分项而言。

(5) 动态循环，持续改进：项目策划是一个动态循环的过程，随着项目的进展和环境的变化会不断增加新的内容，有些策划也需要在实施过程中不断地改进和完善。

5.3.2 指导策划活动的范本

项目策划的输出应形成文件，在施工过程中指导相关活动。公司应设计《项目策划管理办法》指导项目部和相关部门的活动（如案例5-5）；也可将项目策划的各项策划内容分别设计《策划书》一类的指导性文件（如案例5-7）。

案例5-7：某公司项目商务策划书范本（目录）

前　言

为化解履约风险，提高项目盈利水平，指引策划方向，统一策划格式，公司商务管理部在下发《××××公司项目商务策划管理办法》的基础上，特编制《项目商务策划书（范本）》，供各项目借鉴。

本范本由投标商务策划、签约商务策划、施工商务策划、结算商务策划四部分组成，并侧重于策划引起盈亏波动等经济指标变化的内容。各项目可结合自身实际情况相应添加文字描述或修改表格。关于劳务分包、专业分包、材料设备等招标计划及配置计划等日常事务性实施方案或规章制度等可在项目管理策划书中体现。

各项目应举一反三，通过项目商务策划取得更好的效益。

目　录

（1）主要工程量和单价策划汇总表

（2）针对结算中可能存在争议问题的策划

（3）对外关系策划

企业还可以设计一些表单用于项目策划。项目经理部组建后，在合同交底、设计交底并组织学习研究了合同文件和设计文件的基础上，项目部管理人员根据本岗位业务范围，对涉及的管理事项进行策划时，只需填好相关的表单，便完成了策划工作。

案例 5-8：某建筑装饰公司投标阶段商务策划表格（部分）

（一）工程概况（表 5-5）

工程概况 **表 5-5**

项目名称		项目地点	
建设单位		设计单位	
监理单位		结构类型	
建筑面积（m^2）		层数（地上/地下）	
合同价款形式			
总包合同范围			
指定分包工程			
工期目标及奖罚条款			
质量标准及奖罚条款			
安全（文明）施工目标及奖罚条款			
工程款支付方式及结算			
业主资信			
其他			

（二）编制原则

投标阶段商务策划侧重“开源”，重点分析、研究招标文件和合同条款，识别风险，制定报价策略，化解或减少投标风险，为后期工作做好铺垫。

（三）编制内容

1. 组织投标小组仔细研究招标文件和投标图纸，核对工程量清单，编制投标方案。

2. 依据拟采用的施工方案，结合市场行情合理测算标前成本。

3. 分析工程量清单中重大盈亏项，制定投标策略及后期应对措施。

4. 分析项目履约中可能出现的各类风险，制定项目风险化解的解决措施。

（四）投标阶段策划表格

1. 清单工程量差异表（表 5-6）

清单工程量差异表 表 5-6

工程量清单名称	单　位	招标文件提供清单量	自行核算工程量	差异量	差异幅度	报价策略

编制：　　　　审核：　　　　时间：

备注：1. 对于固定单价合同形式项目：清单量比自行核算量大时，在报价策略一栏中应填写“单价报低”；清单量比自行核算量小时，在报价策略一栏中应填写“单价报高”，投标总价保持不变。

2. 对于固定总结合同形式项目：差异量较大时首先在投标答疑中提出（属图纸不明确因素引起的不需提）。若建设单位在答疑中未解决，报价策略有：在单价中考虑、在措施费用中考虑、不考虑差异量拟定变更解除承包等方式化解差异量风险。

3. 预结算制项目不需填此表。

2. 潜在可能变更子项分析表（表 5-7）

潜在可能变更子项分析表 表 5-7

导致潜在变更方面	具体分析	涉及具体子项	报价策略	备　注
设计漏洞				
违背强制性条文				
不符合规范要求				
业主意图及以往同类工程做法				
清单描述错误、清单描述与图纸不一致				
非暂估价装饰面层材料（包括外墙涂料）				在投标报价书编制说明中需明确这些装饰面层材料的颜色、规格、品牌、产地等，在报价书中是按什么考虑的
同类工程已变更的内容				

编制：　　　　审核：　　　　时间：

3. 标前成本测算表（表 5-8）

标前成本测算表 **表 5-8**

工程名称： 货币单位：元

序号	费用名称	金额			计算说明	备注
		测算成本	合同金额			
1	劳务费					
2	材料费					
3	机械费					
4	专业分包费					
5	措施费					
	其中：临建、CI 费用					
6	现场管理费					
7	风险包干费用					
8	政府性费用（规费、保险等）					
9	税金					
10	土建测算成本小计					
11	安装测算成本小计					
12	暂列金额					
13	专业工程暂估价					
14	总成本					

商务管理部主任（管）： 成本经理：
分支机构经理： 时间：

案例 5-9：某建筑公司二次经营策划表格（表 5-9）

某建筑公司二次经营策划表格 **表 5-9**

设计做法		
拟变更做法		
经济技术分析		
项目	（设计做法）	（拟变更做法）
投标工程量		
实际工程量		
收入单价		
支出单价		
盈利		

续表

技术分析		
经济分析		
结论		
措施		
责任人	技术部落实、经营管理部配合	

5.3.3 激励措施

做好项目前期策划工作对项目管理有着非常重要的意义，为更好地推动项目前期策划工作的开展并提高策划的质量，项目部和企业两个层面均应设立相应的考核和奖励措施。

(1) 项目部的考核奖罚。项目部应在确定策划工作责任、目标和要求后，制定出相应的考核办法，对认真、准确、有效地完成责任范围内的工作任务的部门和人员给予奖励，对未按时完成任务或工作效果较差的部门和人员给予处罚；若项目策划成果通过审查并得到较好评价，则可对相关人员给予一定奖励。

(2) 企业层面的考核奖罚。对前期策划工作做得较好、效果明显的项目给予适当奖励；对要求开展但未开展前期策划或是策划工作明显较差的项目，则对主要责任人进行适当处罚。

案例 5-10：某建筑集团公司优秀施工组织设计（施工方案）奖管理办法（节录）

优秀施工组织设计、施工方案采取分级评选，分级管理。集团公司优秀施工组织设计、施工方案在子企业和总部有关事业部优秀施工组织设计、施工方案中评选。各子公司优秀施工组织设计、施工方案的评选办法由各单位自定，报集团公司公司备案。

集团公司优秀施工组织设计奖分设一等奖3项和二等奖10项；集团公司优秀施工方案奖分设一等奖2项和二等奖8项。

评选条件：

1. 为近两年内竣工工程的施工组织设计和施工方案，并具有示范作用；

2. 在施工程的施工方案如参加评选，其施工方案必须是已经通过工程实施完成的技术成果。

评审

在系统内外遴选不同专业专家组成评委会。评审采取召开评委会会议，评委现场打分的形式。

评审标准

1. 内容全面性、完整性（满分25分）

无论是从整体内容上，还是从工程实施的时间上，都应体现其全面性和完整性。凡涉及设计计算的内容，还应有设计计算依据、设计计算边界条件、设计计算过程、结果和结论等内容。

2. 实用性、针对性、科学性（满分40分）

施工组织设计、施工方案应经过严谨的论证，有指导性和实用性、可操作性，在贯彻实施过程中保持其严肃性。

3. 文字表达简洁、明确（满分15分）

文字力求简洁，图、文、表并茂，逻辑性强，层次分明、排版规范。

4. 技术、管理创新（满分10分）

在施工组织设计、施工方案中应积极采用先进的管理方法和施工技术，特别是针对工程特点、难点和重点的专项技术方案应有所创新，充分体现新技术的推广应用。

5. 降低成本措施（满分10分）

施工组织设计、施工方案的制定应进行技术经济的对比分析，与实施成本紧密结合，有操作可行的降低成本措施，并最终取得良好的经济效益和社会效益。

按照打分结果排序确定获奖项目，且一等奖分值不低于90分，二等奖分值不低于80分。

奖励

审定后的项目由集团公司颁发获奖表彰决定，并向获奖项目的单位及个人颁发证书，同时发放奖金，奖金数额为：

奖励等级	奖金
优秀施工组织设计一等奖	10000元/项
优秀施工组织设计二等奖	4000元/项

优秀施工方案一等奖　　　8000 元/项

优秀施工方案二等奖　　　2000 元/项

附：优秀施工组织设计（施工方案）奖推荐表（表 5-10、表 5-11）

一、项目基本情况　　表 5-10

申报单位		项目名称	
申报内容		申报等级	
工程类型		建筑面积（或工程总造价）	
主要编制人			
开工时间	年　月　日	竣工时间	年　月　日
工程质量情况		工程安全情况	
经济效益情况		实施兑现率	
（工程概况、主要分项工程施工方法、采用哪些新技术、技术创新点、主要经济技术指标、实施情况）			

二、推荐单位推荐意见　　表 5-11

（从施工组织设计及方案具有的指导性、技术先进性、降低成本及实施兑现率等方面作出评价） （单位盖章） 年　月　日

案例 5-11：某建筑公司项目商务策划奖励标准（表 5-12）

某建筑公司项目商务策划奖励标准　　表 5-12

效益额（A）	100 万元以内	100 万元～300 万元	300 万元以上
计算值（B）	$A\times10\%$	$100\times10\%+(A-100)\times6\%$	$100\times(10\%+6\%)+(A-300)\times3\%$
奖励	$B\times(0.5\sim1.5)$ 奖励时可根据难易程度适当乘上 0.5～1.5 的难易系数		

5.4 项目策划的基础工作

5.4.1 对项目的了解和分析

项目策划的核心思想是根据系统论的原理，通过对项目深入的了解和分析，实现对项目的有目标、有计划、有步骤的全面过程控制。对项目的分析可以具体到对项目目标、项目要素、项目环境等方面。对项目目标进行多层次分析、由粗到细，由宏观到具体；对项目的构成要素进行分析，分析其功能和相互联系以及整个项目的功能和运行机制；在考虑环境影响的前提下，分析项目过程中的种种渐变和突变以及发展和结果；分析项目环境的要素组成及其对项目的影响；预测项目在环境中的发展趋势等都是项目策划的重要思想依据，这些都是项目策划的基本框架。

5.4.2 对项目相关方的了解和分析

在工程项目中，项目相关方会直接或间接给项目本身带来很多利害关系。因此在项目策划过程中必须对项目相关方进行充分的了解和分析。主要的项目相关方包括：项目业主、政府、设计院、监理、材料供应商、专业和劳务分包商、银行、咨询工程师等。

5.4.3 对市场信息的了解和分析

在项目管理整个过程中必须不断地进行市场环境调查，并对市场环境发展趋向进行合理的预测。市场信息是确定项目目标，进行项目定义，分析可行性的最重要影响因素，是进行正确决策的基础。市场信息的了解和分析工作包括以下内容：

（1）项目周边自然环境和条件；

（2）项目开发时期的市场环境；

（3）宏观经济环境；

（4）项目所在地政策环境；

（5）建设条件环境（能源、基础设施等）；

（6）历史、文化环境（包括风土人情等）；

（7）建筑环境（风格、主色调等）；

（8）其他相关问题。

参 考 文 献

[1] 乌云娜. 项目管理策划. 北京：电子工业出版社，2006.

[2] 高秋利. 建筑工程全过程策划与施工控制. 北京：中国建筑工业出版社，2007.

[3] 徐友彰. 工程项目管理操作手册. 上海：同济大学出版社，2008.

[4] 乐云. 建设项目前期策划与设计过程项目管理. 北京：中国建筑工业出版社，2010.

[5] 刘武君. 重大基础设施建设项目策划. 上海：上海科学技术出版社，2010.

[6] 乐云. 工程项目前期策划. 北京：中国建筑工业出版社，2011.

[7] 杨高升. 工程项目管理——合同策划与履行. 北京：中国水利水电出版社，2011.

[8] 中建一局（集团）有限公司. 建筑工程项目质量策划指南. 北京：中国建筑工业出版社，2011.

[9] 曹萍. 工程项目建设实施策划的理论与实践. 西安科技大学学报，2007，(6).

[10] 李宜忠，张利荣. 项目施工管理策划的探讨. 人民长江，2008，(5).